环/保/公/益/性/行/业
科研专项经费项目系列丛书

大气二次污染

手工监测
标准操作程序

袁 鸾　岳玎利　郁建珍　钟流举　等编著

U0231249

化学工业出版社
·北京·

本书是《环保公益性行业科研专项经费项目系列丛书》之一。

本书系统地总结了我国大气二次污染概况和监测进展，介绍了国外多个国家大气二次污染监测及质量管理进展，主要内容包括概述、$PM_{2.5}$手工采样标准操作程序、$PM_{2.5}$称量与实验室分析标准操作程序、VOCs手工采样标准操作程序、VOCs实验室分析标准操作程序、数据确认与评估等。

本书具有较强的技术应用性和针对性，可供大气污染环境监测、环境工程等行业的科研人员、技术人员和管理人员阅读，也可供高等学校环境科学与工程及相关专业的师生参考。

图书在版编目（CIP）数据

大气二次污染手工监测标准操作程序/袁鸾等编著.
—北京：化学工业出版社，2019.7
（环保公益性行业科研专项经费项目系列丛书）
ISBN 978-7-122-34077-1

Ⅰ.①大… Ⅱ.①袁… Ⅲ.①空气污染-二次污染-大气监测-技术操作规程 Ⅳ.①X831-65

中国版本图书馆 CIP 数据核字（2019）第 049585 号

责任编辑：卢萌萌　刘兴春　　　　　　　　　　装帧设计：史利平
责任校对：宋　夏

出版发行：化学工业出版社（北京市东城区青年湖南街 13 号　邮政编码 100011）
印　　装：大厂聚鑫印刷有限责任公司
787mm×1092mm　1/16　印张 17　字数 333 千字　2020 年 1 月北京第 1 版第 1 次印刷

购书咨询：010-64518888　　　　　　　　　　　售后服务：010-64518899
网　　址：http://www.cip.com.cn
凡购买本书，如有缺损质量问题，本社销售中心负责调换。

定　　价：98.00 元　　　　　　　　　　　　　版权所有　违者必究

《环保公益性行业科研专项经费项目系列》
丛书编委会

顾　问：黄润秋

组　长：邹首民

副组长：王开宇

成　员：禹　军　陈　胜　刘海波

《大气二次污染手工监测标准操作程序》
编著人员名单

编著者：　袁　鸾　岳玎利　郁建珍　钟流举　周　炎　张　涛
　　　　　黄晓晖　陈多宏　叶斯琪　翟宇虹　赵　燕　谢　敏
　　　　　沈　劲

序 言

　　目前，全球性和区域性环境问题不断加剧，已经成为限制各国经济社会发展的主要因素，解决环境问题的需求十分迫切。　环境问题也是我国经济社会发展面临的困难之一，特别是在我国快速工业化、城镇化进程中，这个问题变得更加突出。党中央、国务院高度重视环境保护工作，积极推动我国生态文明建设进程。　党的十八大以来，按照"五位一体"总体布局、"四个全面"战略布局以及"五大发展"理念，党中央、国务院把生态文明建设和环境保护摆在更加重要的战略地位，先后出台了《环境保护法》《关于加快推进生态文明建设的意见》《生态文明体制改革总体方案》《大气污染防治行动计划》《水污染防治行动计划》和《土壤污染防治行动计划》等一批法律法规和政策文件，我国环境治理力度前所未有，环境保护工作和生态文明建设的进程明显加快，环境质量有所改善。

　　在党中央、国务院的坚强领导下，环境问题全社会共治的局面正在逐步形成，环境管理正在走向系统化、科学化、法治化、精细化和信息化。　科技是解决环境问题的利器，科技创新和科技进步是提升环境管理系统化、科学化、法治化、精细化和信息化的基础，必须加快建立持续改善环境质量的科技支撑体系，加快建立科学有效防控人群健康和环境风险的科技基础体系，建立开拓进取、充满活力的环保科技创新体系。

　　"十一五"以来，中央财政加大对环保科技的投入，先后启动实施水体污染控制与治理科技重大专项、清洁空气研究计划、蓝天科技工程专项等专项，同时设立了环保公益性行业科研专项。　根据财政部、科技部的总体部署，环保公益性行业科研专项紧密围绕《国家中长期科学和技术发展规划纲要（2006—2020年）》《国家创新驱动发展战略纲要》《国家科技创新规划》和《国家环境保护科技发展规划》，立足环境管理中的科技需求，积极开展应急性、培育性、基础性科学研究。"十一五"以来，环境保护部(现生态环境部)组织实施了公益性行业科研专项项目479项，涉及大气、水、生态、土壤、固废、化学品、核与辐射等领域，共有包括中央级科研院所、高等院校、地方环保科研单位和企业等几百家单位参与，逐步形成了优势互补、团结协作、良性竞争、共同发展的环保科技"统一战线"。　目前，专项取得了重要研究成果，已验收的项目中，共提交各类标准、技术规范1232项，各类政策建议与咨询报告 592 项，授权专利 629 项，出版专著 360 余部，专项研究成果在各级环保部门中得到较好的应用，为解决我国环境问题和提升环境管理水平提供了重要的科技支撑。

为广泛共享环保公益性行业科研专项项目研究成果，及时总结项目组织管理经验，环境保护部科技标准司组织出版"环保公益性行业科研专项经费系列丛书"。该丛书汇集了一批专项研究的代表性成果，具有较强的学术性和实用性，可以说是环境领域不可多得的资料文献。 丛书的组织出版，在科技管理上也是一次很好的尝试，我们希望通过这一尝试，能够进一步活跃环保科技的学术氛围，促进科技成果的转化与应用，不断提高环境治理能力现代化水平，为持续改善我国环境质量提供强有力的科技支撑。

中华人民共和国生态环境部副部长

黄润秋

前　言

2012 年国家颁布实施《环境空气质量标准》（GB 3095—2012）以来，珠江三角洲地区环境空气质量监测能力显著提高，大气 $PM_{2.5}$ 污染和重霾天气得到初步控制， $PM_{2.5}$ 区域年均浓度从 2015 年开始连续三年实现整体达标。 与此同时，珠江三角洲地区大气污染性质正在发生深刻转变，出现了新情况、新问题和新挑战，以 O_3 为代表的大气光化学烟雾污染问题逐步凸显，大气污染防治亟需从重霾天气应对及时向 $PM_{2.5}$ 和 O_3 污染协同防控转变。 按照国务院 2014 年出台的《大气污染防治行动计划》和 2015 年印发《生态环境监测网络建设方案》的要求，环境空气监测需要从单纯的质量浓度监测尽快推进到化学成分监测，为我国未来大气污染精准治理和空气质量精细化管理提供基础数据和科技支撑。

目前环境空气 $PM_{2.5}$ 和 O_3 等质量浓度监测网络和技术体系已较为完善，对于客观评估空气质量达标情况和进行空气质量改善目标责任考核发挥了十分重要的作用，但对于全面揭示大气污染成因来源和动态评估治理政策措施的成效而言，其数据支撑作用仍远远不够。 随着珠江三角洲地区未来 $PM_{2.5}$ 浓度进一步下降以及 O_3 污染问题逐步凸显，大气 $PM_{2.5}$ 和 O_3 污染协同控制的需求将更加突出，治理难度与经济社会成本也势必进一步加大。 因此，尽早谋划、科学设计及合理布局建设珠江三角洲地区大气二次污染成分监测网络，将大气污染物质量浓度监测逐步推进到 $PM_{2.5}$ 和光化学烟雾关键物种的化学成分监测，对未来解决珠江三角洲乃至其他地区 $PM_{2.5}$ 和 O_3 污染问题将有十分重要的基础支撑作用。

在 2014 年度环保公益性行业科研专项项目"珠三角区域空气质量达标管理关键支撑技术研究"的资助下，广东省环境监测中心与北京大学、中国环境监测总站、中山大学、香港科技大学等单位合作，开展了区域大气二次污染成分监测网络优化设计与示范应用研究，提出了新一代区域空气质量监测网络的优化设计技术、建设方案、质控质保体系和相关技术指南，并在珠江三角洲地区实现了示范应用。为及时进行成果交流、探讨技术进展、分享工作经验，项目组将研究形成的大气二次污染手工监测相关的标准操作程序著书出版，旨在与从事大气环境监测与环境科学领域的同仁和专家学者交流，并供从事环境管理、环境监测工作的有关技术人员、科研人员和高等学校环境科学与工程及相关专业师生参考。

　　本书由广东省环境监测中心的袁鸾高级工程师、岳玎利教授级高级工程师，香港科技大学的郁建珍教授和广东环境保护工程职业学院的钟流举教授级高级工程师等策划并负责提出本书编著的总体思路、框架体系及内容布局。　袁鸾、岳玎利、郁建珍负责全书内容和质量的审查。　全书以大气二次污染手工监测为主线，以满足实际操作应用为目的，力求做到理论与实践相结合并系统反映相关技术的最新进展。　全书主要内容和编著具体分工如下：第 1 章概述由岳玎利、钟流举、叶斯琪编著；第 2 章 PM$_{2.5}$ 手工采样标准操作程序由袁鸾、张涛、陈多宏、翟宇虹、黄晓晖、郁建珍编著；第 3 章 PM$_{2.5}$ 称量与实验室分析标准操作程序由周炎、袁鸾、黄晓晖、郁建珍、谢敏、沈劲、岳玎利、赵燕、翟宇虹、张涛编著；第 4 章 VOCs 手工采样标准操作程序由张涛、周炎编著；第 5 章 VOCs 实验室分析标准操作程序由周炎、钟流举、陈多宏编著；第 6 章数据确认与评估由黄晓晖、郁建珍、袁鸾、岳玎利编著。　全书最后由袁鸾、岳玎利和钟流举统稿、定稿。

　　本书出版和相关研究工作得到了中国环境监测总站、广东省环境保护厅、北京大学环境科学与工程学院、香港科技大学、香港环保署等单位的大力支持和帮助，在此表示衷心感谢！　特别感谢刘启汉教授、雷国强博士、陈凯琳博士对本书编著给予了全面指导和大力帮助。　十分感谢武汉天虹仪表有限责任公司、青岛众瑞智能仪器有限公司、培德国际有限公司等对本书撰写和出版提供了宝贵参考资料及仪器操作经验。　感谢化学工业出版社的领导和编辑在本书出版过程中付出的辛勤努力。

　　大气二次污染成分手工监测工作十分繁杂，涉及的监测仪器设备众多，新产品、新型号、新技术不断推陈出新。　由于技术条件和研究能力所限，书中不足和疏漏之处在所难免，敬请同行和专家学者指正。

编著者
2019 年 6 月于广州

目　录

第 3 章　PM₂.₅ 称量与实验室分析标准操作程序　　　71

第 4 章　VOCs 手工采样标准操作程序　　193

第 5 章　VOCs 实验室分析标准操作程序　　209

第6章　数据确认与评估　　223

概述

1.1 我国环境空气质量监测网络概况

1.1.1 全国环境空气质量监测总体状况

空气质量监测网络是由多个具有不同功能代表性的监测点位所构成的有机整体，用于反映不同地区特定空间范围内空气质量的背景水平、实时状况和变化趋势，是支撑国家和地区开展不同尺度空气质量管理和污染防治研究工作的重要基础数据载体和来源。

我国的环境空气质量监测网络最早可追溯至 20 世纪 70 年代中期，当时的监测点位大多位于城市地区，由城市自行配备监测设备，主要采用手工采样-实验室分析方法，参考国外有关监测方法和指标开展监测。80 年代，中国环境监测总站开始收集全国范围的城市环境空气质量监测数据，同时建立了环境空气质量标准和监测评价方法标准。中后期，国家以城市监测站为基础，初步建立了国家环境空气质量监测网络，监测项目为 SO_2、NO_x 和 TSP。

20 世纪 90 年代，通过点位调整和二次优化，初步搭建了包含 103 个城市监测站点的全国空气质量监测网络。1997 年，中国环境监测总站开始上报全国 46 个环境保护重点城市环境空气质量周报，并于 1998 年 1 月开始向社会发布。部分已建成空气质量自动监测系统的大城市开始开展自动监测，但由于经费短缺，国家未对城市提出开展空气质量自动监测的要求，已有的少量空气监测数据在当时也没有得到有效利用。

2000 年开始，国家组织 47 个环境保护重点城市开展城市环境空气质量日报和预报工作，于 2000 年 6 月 5 日实现 42 个环境保护重点城市日报并向社会发布，发布的监测指标由原本的 SO_2、NO_2 和 TSP 改为 SO_2、NO_2 和 PM_{10}。此后，为配合空气质量日报和预报工作的开展，国家开始给予资金支持用于完善城市空气自动监测系统建设，大力推进了监测技术的普及。

2001 年全国"九五"期间的全部 47 个环境保护重点城市实现日报和预报，截至 2004 年，全国共有 180 个地级市（其中有 109 个重点城市）实现了环境空气质量日报，其中有 90 个地级市（83 个重点城市）还实现了空气质量预报，并开始通过电视台、报纸等多个媒体向社会公众发布。同时，中国环境监测总站逐步开展并推进了重点城市空气自动监测站联网和系统质控考核工作，江苏等多个省级环境监测中心站也开始着手开展省内空气自动监测网数据联网工作。

2007 年，我国出台试行版本的环境空气质量监测规范，对区域监测点位数量的确定、监测网络设置与调整以及空气质量监测的管理方面都做出了明确的规定，进一步规范了我国环境空气质量监测网络系统的建设。监测规范指出，国家根据环境管理的需要，为开展环境空气质量监测活动，设置国家环境空气质量监测网，其监测目的为：a.确定全国城市区域环境空气质量变化趋势，反映城市区域环境空气质量总体水平；b.确定全国环境空气质量背景水平以及区域空气质量状况；c.判定全国及各地方的环境空气质量是否满足环境空气质量标准的要求；d.为制定全国大气污染防治规划和对策提供依据。相比之下，省（自治区、直辖市）级或市（地）级环境空气质量监测网的目的为：a.确定监测网覆盖区域内空气污染物可能出现的高浓度值；b.确定监测网覆盖区域内各环境质量功能区空气污染物的代表浓度，判定其环境空气质量是否满足环境空气质量标准的要求；c.确定监测网覆盖区域内重要污染源对环境空气质量的影响；d.确定监测网覆盖区域内环境空气质量的背景水平；e.确定监测网覆盖区域内环境空气质量的变化趋势；f.为制定地方大气污染防治规划和对策提供依据。为实现上述监测目标，一般可将地方常规环境空气质量监测点分为污染监控点、空气质量评价点、空气质量对照点和空气质量背景点四类。

按照上述规范，进入 21 世纪后环境空气自动监测技术得到了快速发展和应用。截至"十一五"末期，我国基本形成了国家环境空气质量自动监测网络，覆盖 113 个环境保护重点城市和 661 个监测点位，全部点位都实现了全天 24h 连续自动监测，监测项目仍为 SO_2、NO_2 和 PM_{10}。虽然我国已经建立起来环境空气质量自动监测站，但是由于建设周期较长，在前期建设过程中缺乏对区域性复合型大气污染的认识，导致"十一五"期间以城市站点为基础的国家空气质量监测网络在站点布局、空间覆盖范围和代表性等方面还存在诸多问题，加上监测指标偏少且老旧（缺乏对反映区域空气污染特征的污染物如臭氧和细颗粒物等的监测能力）、监测手段单一（主要集中近地面监测，缺乏三维立体观测、垂直高度观测和流动观测等先进技术手段）、质控体系匮乏等，使得当时的空气质量监测数据总体质量不高，难以满足不断复杂化和精细化的大气污染防治研究。

"十二五"开始，随着区域性大气复合污染态势的不断加剧，对空气质量监测网络建设提出了更高要求。国家对环境监测尤其是环境空气质量监测高度重视，不断加大投资力度，逐步推进监测网络的功能升级和完善。2012 年，国务院颁布实施新的《环境空气质量标准》（GB 3095—2012）。同年 4 月，环境保护部批准了新的环境空气质量监测网络设置方案，将原有纳入国家空气质量监测网络的城市数量从原本的 113 个扩展到所有 338 个地级以上城市，监测点位增至 1436 个，监测项目也由原来的老 3 项增加到新 6 项（SO_2、NO_2、CO、O_3、PM_{10} 和 $PM_{2.5}$），初步形成了全国覆盖、监测因子完善的国家环境空气质量监测网络。

为贯彻实施新空气质量标准，环保部制订了"三步走"的实施战略，提出 2012 年全国直辖市、省会城市、计划单列市、京津冀、珠江三角洲和长江三角洲等重点区域城市要按照新标准开展监测；2013 年全国环境保护重点城市、环保模范城市要按照新标准开展监测；2015 年全国所有地级以上城市要按照新标准开展监测。实际上，从 2013 年 1 月开始，第一批实施新标准的 74 个城市有 496 个点位全部实现按照空气质量新标准要求开展常规 6 项监测，并在本地相关网站或媒体，以及中国环境监测总站网站发布二氧化硫、二氧化氮、可吸入颗粒物、臭氧、一氧化碳和细颗粒物 6 项基本项目的实时监测数据和 AQI 指数等信息。到 2014 年 1 月，第二批实施新标准的 116 个城市，有 449 个点位实现按照新标准开展监测。截至 2015 年年底，第三批实施新标准的全国 338 个地级以上城市共计 1436 个点位实现按照新标准开展监测并实现监测数据的全国联网和实时发布。

"十二五"期间，除了全面已有监测点位按照新的环境空气质量标准开展监测和评价之外，也在不断新建或完善重要功能性站点的建设。其中包括：a. 建成大陆首个大气监测超级站——广东鹤山站，已在 2012 年正式投入业务化运行，随后，北京、上海、重庆、江苏、湖北等十余个省（市）环保部门以及部分科研机构也开始建设大气监测超级站并相继投入使用；b. 建成 14 个国家环境空气背景监测站，并且正在我国南海海域筹备新增一个背景站，即西沙国家环境背景综合监测站，该站目前已经进入建设阶段；c. 建成 31 个农村区域环境空气质量监测站，近期还将针对区域污染物输送监测需要新增 65 个站点，基本形成覆盖主要典型区域的国家区域空气质量监测网；d. 为摸清重点区域污染特征，形成特殊污染气象条件下重点地区空气质量预测和预警能力，基本构成了京津冀、长江三角洲和珠江三角洲区域空气质量预警监测网初步框架。通过一系列的优化调整，目前，我国已基本建成由"城市站""国家环境空气背景监测站（背景站）""区域站"和"重点区域预警平台"组成的装备精良、覆盖面广、项目齐全、具备国际水平的国家环境空气质量监测网。

2015 年，国务院印发《生态环境监测网络建设方案》，对今后一个时期我国生态环境监测网络建设做出了全面规划和部署。该方案指出，目前，我国生态环境监测网络存在范围和要素覆盖不全，建设规划、标准规范与信息发布不统一，信息化水平和共享程度不高，监测与监管结合不紧密，监测数据质量有待提高等突出问题，难以满足生态文明建设需要，影响了监测的科学性、权威性和政府公信力，必须加快推进生态环境监测网络建设。同时，方案提出了 2020 年的建设目标为"全国生态环境监测网络基本实现环境质量、重点污染源、生态状况监测全覆盖，各级各类监测数据系统互联共享，监测预报预警、信息化能力和保障水平明显提升，监测与监管协同联动，初步建成陆海统筹、天地一体、上下协同、信息共享的生态环境监测网络，使生态环境监测能力与生态文明建设要求相适应"。从上述要求可以看出，"十三五"期间，我国环境空气质量监测应从单纯的质量浓度监测尽快推进到化学成分监测，为我国未来大气污染精准治理和空气质量精细化管理提供基础数据和科技支撑。

1.1.2 港澳台地区空气质量监测总体状况

香港地区空气监测网络始于 20 世纪 90 年代初，现在共设有 14 个监测站，其中 11 个是一般空气监测站，余下 3 个为路边空气监测站。监测污染物主要包括二氧化硫（SO_2）、氮氧化物/二氧化氮（NO_x/NO_2）、一氧化碳（CO）、臭氧（O_3）、总悬浮颗粒物（TSP）、可吸入颗粒物（RSP）、铅（Pb），每日实时在环保署网页对公众发放数据及预报未来 24h 的空气质量指标。此外，自 1997 年 7 月，香港环保署增设毒性空气污染物监测站，站点共设有两个，用以定期测量毒性空气污染物的水平；受监测的毒性空气污染物大致分为挥发性有机化合物如 1,3-丁二烯（1,3-butadiene）、全氯乙烯（TCE）、二噁英（dioxins）及呋喃（furans）（如 2,3,7,8-四氯二苯并二噁英及 2,3,7,8-四氯二苯并呋喃）、羰基化合物（如甲醛 formaldehyde）、多环芳烃（PAHs）（如苯并芘及六价铬）。

澳门地球物理暨气象局大约在 20 世纪 80 年代中期开始着手进行大气环境监察工作，在 1987～1991 年期间，在澳门陆续设立了 10 个半自动空气质量监测站，分别位于澳门半岛、氹仔和路环等地。1998 年开始，气象局设立了澳门第一个全自动空气质量监测网络，并于 1999 年正式投入业务化运行。截至目前，已建成并业务化运行 5 个监测站，分别位于水井斜巷（澳门路边站）、澳北电站（澳门高密度住宅区站）、氹仔中央公园（氹仔高密度住宅区站）、大潭山气象局总站（氹仔一般性站）和联生变电站（路环一般性站）。目前，澳门地区采用空气质量指数（IQA）进行评价空气质量。空气质量指数是根据 24h 自动监测站数据，将当日空气中可吸入悬浮颗粒物（PM_{10}）、二氧化硫（SO_2）、二氧化氮（NO_2）、一氧化碳（CO）、臭氧（O_3）以及细颗粒物（$PM_{2.5}$）6 项污染物浓度的测量值，及其对人体健康的影响程度分别换算出该污染物的污染分指数值，将当日污染分指数值最大值作为该监测站当日的空气质量指数。计算时段取昨天中午 12 时至当日中午 12 时的监测值，每项污染物每天至少要有 18h 取样才可以计算污染分指数，如果当天空气质量指数超过 100，会同时指出当天的主要污染物。

台湾环保主管部门根据地形、气候、风向及污染物扩散情形将台湾地区分为七大空气品质区，具体包括北部、竹苗、中部、云嘉南、高屏、宜兰和花东。台湾地区空气质量监测网络由台湾环境保护主管部门在 1990 年开始着手规划，1993 年开始正式投入业务化运转，前期已建成空气质量监测站共 79 个。2009 年，台湾环保主管部门启动新时代空气品质监测系统发展网络建设计划，根据现有监测站代表性和适用性评估结果，制定不同类型监测站设置的优先原则，以期充分发挥监测资源的最佳效益。按照计划，在整合调整后的新时代空气品质监测系统中，监测站类型分为常规型监测站（又可分为核心监测站和一般其他监测站等）和任务型监测站（又可分为研究型监测和移动式监测车），并推动与地方监测系统的整合。其中，常规型监测站又包括了 9 个核心监测站、42 个一般监测站和 7 个其他监测站（交通监测站、公园监测站及背景监测站）；任务型监测站包括 4 部移动式监测车和特定专题导向（专题）监测。核心监测站的监测项目包括基准污染物、基本气象条件、颗粒物成分、光化学污染物、有害空气污染物及重金属。一般监测站的监测项目包括基准污染物及基本气象条件。其他监测站监测项目根据特定的监测目的而设定。移动式监测车的监测项目包括基准污染物、基本气象条件、臭气异味和有害空气污染物等。跟大陆地区类似的是，台湾地区采用空气污染指标（Pollutants Standard Index，PSI）来评价空气质量的好坏。PSI 指标的计算涉及 5 项污染物的浓度，包括 PM_{10}、SO_2、NO_2、CO 和 O_3，同时考虑不同污染物浓度对人体健康的影响程度，分别换算出不同污染物的分指标值，再以当日分指标值的最大值作为当日的空气污染指标值。PSI 从低到高划分为 0～50、51～100、101～199、200～299 和 300 以上五个区间，不同区间对健康的影响相应地分为良好、普通、不良、非常不良和有害。

1.1.3 广东省及珠江三角洲地区空气质量监测总体状况

广东省环境监测中心和香港特别行政区环境保护署（简称"香港环保署"）于 2003～2005 年联合构建了一个跨越两地的区域空气质量监测网"粤港珠江三角洲区域空气监控网络"，对区域内 PM_{10}、SO_2、NO_2 和 O_3 的浓度进行长期在线监测。该监控网络由 16 个空气质量自动监测子站组成，其中 10 个监测子站由广东省珠江三角洲地区有关城市的环境监测站运作，3 个位于香港地区内的子站由香港环保署负责，另有 3 个区域子站则由广东省环境监测中心运作。

自 2014 年 9 月，对有关监控网络进行优化，并更名为"粤港澳珠江三角洲区域空气监测网络"，监测子站从 16 个增加至 23 个，广东省在原来 13 个空气质量监测子站的基础上再新增 5 个，包括位于广州花都的竹洞、惠州的西角、广州的磨碟沙、台山的端芬和鹤山的花果山；香港地区在原来 3 个监测子站的基础上新增元朗监测子站；澳门地区则加入位于氹仔的大潭山监测子站。监测因子方面，监测网络除继续监测原来的 4 种主要空气污染物外，并加入一氧化碳（CO）和颗粒物（$PM_{2.5}$）两个新的监测因子。

为了确保空气质量监测结果高度准确可靠，监测网络采用原来粤港两地联合制订的一套"粤港珠江三角洲区域空气监控网络质保/质控标准操作程序"（简称"质保/质控操作程序")。监测网络的设计及运作，均符合质保/质控操作程序的规定。为配合"监测网络"的构建工作，有关"质保/质控操作程序"将适时进行修订。

针对我国区域大气污染特征的显著变化，形成机制及成因来源的复杂性，以及现行空气质量监测体系存在的技术缺陷，"十一五"期间，广东省环境监测中心与北京大学等单位合作，在国家863重大项目课题"珠江三角洲区域大气复合污染立体监测网络"的支持下，以关键技术研发—技术体系构建—管理平台研制—业务化应用为研究主线，建立了区域大气复合污染监测网络的设计与优化方法，提出了大气复合污染监测站点功能设置与技术配置方案，创建了独具特色的网络化在线质控技术，设计并建立了一套完整的监测网络质量管理技术体系和运行管理机制，研制出一套基于WebGIS及多用户分级管理的网络管理与可视化集成展示平台。在突破共性关键技术的基础上，建成了集地面监测、雷达探测和卫星遥测等先进技术于一体的珠江三角洲区域大气复合污染立体监测网络和国内第一个大气超级测站，建成了包括臭氧国际基准、质量保证实验室、网络支持实验室和技术验证实验室等在内的一批监测网络支持实验室。研究成果在珠江三角洲地区实现了业务化运行，为广东省圆满完成2010年广州亚运会及2011年深圳世界大学生运动会空气质量保障任务提供了及时有力的技术支持，珠江三角洲地区以该科研项目研究成果为支撑平台，在全国率先全面实施了国家环境空气质量新标准。

1.2 国外大气二次污染监测进展

1.2.1 美国大气二次污染监测及质量管理进展

美国在空气质量监测方面起步较早，积累了丰富的监测数据和经验。历经长达40多年的大气污染治理，美国成功地从一个空气污染严重的国家转变为世界上空气质量最好的地区之一。在此过程中，空气质量监测体系的发展和完善对于推动美国空气质量的长效改善起到了非常关键且重大的作用。

20世纪70年代开始，美国环保署（United States Environmental Protection Agency，USEPA）开始组建和运行不同级别的空气质量监测网络，经过40多年的发展，逐渐形成了覆盖全面、监测性质丰富、级别和目的不同的空气质量监测网络。主要包括：由4000多个子站组成的、由州和地方政府运行并管理的州和地方空气质量监测网络（State and Local Air Monitoring Stations，SLAMS）网络；由1080个子站组成的国家空气监测网络（National Air Monitoring Stations，NAMS）；以及由联邦政府运营和统一调配的特殊目的监测网络（Special Purpose Monitoring Stations，SPMS）。

为了监测酸沉降和地面臭氧的长期变化趋势和评价区域及州政府氮氧化物污染控制计划（SIP）的有效性，美国在1987年建立了主要位于乡村区域及生态重要地方如国家公园的 CASTNET（Clear Air Status and Trends Network）网络，现在由 80 多个子站组成，用于提供周平均的硫酸盐、硝酸盐、氨、二氧化硫的监测浓度以及地面臭氧的小时平均和气象参数。该监测网络之设置主要远离局部污染源的影响，以及了解大范围之空气质量变化趋势。

1990 年空气清洁法修正案要求实施更加严格的光化学烟雾污染控制，美国在 1994 年建立了旨在监测臭氧及其前体物（VOCs 和 NO_x）浓度以评价光化学烟雾成因的光化学评价监测网络（Photochemical Assessment Monitoring Stations，PAMS），截至 2006 年，该网络在 23 个地区共设立了 78 个监测站，主要位于光化学烟雾污染比较严重的大城市区域（即在任何时间，这些被列为臭氧严重非达标区（serious ozone nonattainment areas）），监测 60 多种挥发性有机化合物（VOCs）。

随着气溶胶科学和颗粒物细粒子对人体健康影响研究的不断深入和发展，为了全面分析和研究颗粒物在大气中的成分、前体物、形成、转化、迁移、与其他污染物的相互影响和对人体健康的影响，美国于 1988 年设立了保护能见度网络（Interagency Monitoring of Protected Visual Environment，IMPROVE），目的是维护环境一级区（Class Ⅰ）空气能见度。该监测网络大约设有 110 个监测站，主要分析 PM_{10}、$PM_{2.5}$、硫酸盐（sulphates）、硝酸盐（nitrates）、元素碳（elemental carbon，EC）、有机碳（organic carbon，OC）等。随后又逐步构建了 $PM_{2.5}$ 污染国家监测网络，该网络由组分趋势网络（Speciation Trend Network，STN）、SLAMS 网络的部分站点，以及保护能见度的多部门监测计划（IMPROVE）的部分站点构成，共包括了 1500 多个监测点位，其中核心站点 850 个，联邦参考方法和网络设计由清洁空气科学顾问委员会进行专家评议，监测数据用于支持污染物标准指数（PSI）报告的编制；特定目的站点 200 个，是各州按照达标要求所设计的额外监测站点；IMPROVE 站点 100 个，位于区域雾霾法规设定的一级区域，用于 $PM_{2.5}$ 传输评估研究；化学组分站点 300 个，可为污染来源解析、风险评估提供主要化学组分的来源分类和变化趋势；连续质量浓度监测站点 50 个，用于支持 PSI 报告的编写以及支撑开展更深入的源受体模式研究。

2008 年起，USEPA 通过优化 SLAMS 网络，构建国家核心污染物监测网（National Core Network，NCore）。核心污染物监测网络是一个包含多元污染物监控网络，对粒子、气体态污染物和气象集成了多种先进的测量系统。特点包括站点提供多元化污染物监测力、强调应用连续性监测仪器、建立具代表性的监测站点-网站应代表城市地区（大、中型城市）。而监测目的则包括：利用 AIRNow、空气质量预报数据及其他大众传播媒体对公众定时发报监测数据；透过空气质量模型和其他观测方法评估减排策略的效力；通过一般常规污染物和非一般常规污染物及其前体物的长期监测数据及趋势评估污染排放的减排进度；监测数据可对技术、健康、大气过程等科学研究做出贡献等。通过设立 NCore，数据可支持多元污染策略

(multi-pollutant strategy) 的需求；除了一般常规污染物的监测之外，NO_x、细粒子成分分析、NH_3 及 HNO_3 也是建议监测项目，由于尚未制定 NH_3 及 HNO_3 监测的具体要求，所以暂时无需实施有关监测。目前，NCore 建成了 80 个监测点位，其中包括 63 个城区点和 17 个农村点。

经过多年的发展，美国对大气二次污染化学组分的监测技术日臻成熟，积累了丰富的二次组分监测数据，为区域污染来源成因追溯、污染物减排和空气质量管理措施制定提供决策支撑。目前，美国环保署每月定期会选取国家监测网络中代表性点位和污染物浓度超标的点位，抽样进行化学组分分析，其中颗粒物的组分分析项目包括有机碳、黑炭、硫酸根、铵和各种元素，此外还有 6 类空气有毒物质，包括挥发性有机化合物、六价铬、多环芳烃、二噁英及呋喃、多氯化联苯和羟基化合物等。

为了全面系统控制监测数据质量，美国环保署采取了一系列数据质量保证/质量控制措施。

① 组建专门的空气质量监管机构：美国环保署空气质量规划与标准办公室建立了环境空气数据质量保证工作组，负责搭建监测数据质量保证体系总体框架，包括相关政策、目标、原则、组织机构、责任以及实施计划等。州、地方和部落的相关监测机构则负责制定和实施各自管辖领域内空气质量监测数据的质量保证体系。

② 制定相关监管法律法规：《美国联邦法规法典》第 40 编第 58 部分"环境质量监督"附录 A（40CFR Part 58）以及大气污染测量系统数据保证手册第二卷阐述了基本要求。此外，每个监测网还专门编制了空气质量监测手册，明确规定要规范数据质量目标的完整性、校准、内部和外部质量控制、评价和纠错、数据上报、数据回顾、验证、校正以及与数据质量目标对照，并需要根据实际情况对监测技术质量控制和质量保证规范手册进行修订。

③ 开展针对监测数据的质量保证专项行动：美国环保署空气质量规划与标准办公室以及国家环境研究实验室合作建立了国家绩效评估计划，旨在对空气质量监测数据进行第三方评估，评估内容包括监测站点特征和监测网络评估，监测技术系统的审计和绩效评估，具体包括 $PM_{2.5}$ 绩效评估项目、国家绩效审计项目、NATTS 监测网络水平测试项目、认证项目、标准参考物项目和 NATTS 气瓶认证项目。

此外，还建立了监测数据质量评估与报告制度，依托于标准污染物的准确和偏差数据评估结果，提供相应的数据质量保证信息来判断是否达到数据质量目标和测量质量目标。

除上述措施外，美国环保署还制定了面向环保署内部人员及系统外监测人员的环境空气质量保证培训计划，定期给他们举办空气质量监测和数据分析技术相关的专题培训班。

1.2.2　欧洲大气二次污染监测及质量管理进展

欧洲空气质量监测网络分为涵盖欧盟各国的区域监测网络和各国内部的监测网络两大体系，两个体系在监测范围和监测项目上互为补充。涵盖欧盟各国的区域空气监测网络以 EMEP（European Monitoring and Evaluation Program）最为著名，EMEP 监测网络为利用 EMEP 模型计算区域通量提供了一个平台。目前 EMEP 在欧洲 37 个国家拥有 302 个监测站，其主要目的：a. 提供污染物浓度、沉积、扩散和区域传送的观测和模拟数据并及时反映它们的趋势；b. 确认污染物浓度和沉积的来源，分析污染物的扩散和迁移以及对区域空气质量的影响；c. 深入了解空气污染对生态系统和人类健康的影响以及对相关化学、物理过程的认识；d. 探究和关注新型空气污染物及其环境浓度。目前，EMEP 已密切关注度乡村和背景区域的监测，以进一步分析和研究区域污染的迁移及转化特征。EMEP 为欧洲最重要的大气质量监测系统，其功能集于一般监测外，更可评估长程跨地域的大气污染传输，亦包括利用互动 GIS 的技术的空气质量地图计划 Air4EU。

截至 2010 年，欧洲共拥有 SO_2 监测点位 2098 个，NO_2 监测点位 3278 个，氮氧化物监测点位 2431 个，CO 监测点位 1314 个，O_3 监测点位 2270 个，PM_{10} 监测点位 3040 个，$PM_{2.5}$ 监测点位 997 个。此外，欧盟各成员国大都建立了覆盖本国的监测网络。例如，英国现行的空气监测网络有 9 个，这些网络覆盖整个英国，监测各种常规污染物或特征污染物，包括 25 个城市自动监测站、15 个乡村臭氧监测站、9 个挥发性有机化合物自动监测站、252 个烟雾和二氧化硫监测站、5 个有毒有机物监测站、32 个酸沉降监测站、38 个乡村二氧化硫监测站和 19 个 EMEP 监测点。还设有 NH_3 及 HNO_3 监测网络，分别约有 95 个及 30 个监测点用于监测及评估 NH_3 及 HNO_3 长远趋势。

法国的空气质量监测网络包括 29 个地区监测网络、一些地方监测网络和部分私有工业监测网络，目前该国的区域监测网络已经和位于巴黎的法国环境保护局（Environmental Agency ADEME）相连接。现行监测网络大约有 700 个监测站点，共分为 7 大类监测站，其中城市监测站 249 个、近市区背景站 113 个、区域性郊区站 37 个、国家级郊区站 8 个、路边站 163 个、工业区 87 个及特别研究 34 个。按欧盟指引及国家法规，提供连续性监测的空气污染物共有 13 种。

德国有 17 个联邦州监测网络，共超过 650 个监测站，包括城市和区域网站。奥地利正在运行的省级监测网络有 9 个，涵盖了绝大多数的城市和大的城镇，包括 237 个监测站点，而国家级的 UBA 网络则负责管理 8 个区域站。芬兰的空气监测网络有 31 个地方监测网（其中 2 个是私有工业监测网），包括了分布在 30 个城市的 117 个监测站点，有 6 个二氧化硫背景监测站和 7 个臭氧背景监测站。比利时有 3 个监测网络，涵盖了比利时的 3 个州（布鲁塞尔、佛兰德斯和沃拉尼亚），监测站主要分为城市站和区域站两种类型，共有 193 个监测站点，覆盖了 60 个城镇和

13 个工业区。

综上所述，欧洲已经建立了涵盖欧洲大部分地区，包括了城市、乡村、工业区的跨国区域监测网络（EMEP）和各国内部的监测网络两大体系。

1.2.3　日本大气二次污染监测及质量管理进展

日本从 1968 年颁布"大气污染控制法"开始，从建设地方空气质量监测网络起步，逐步发展并建立了覆盖全国范围的国家监测网络。到 2004 年，日本已经建立了 1487 个 SO_2 监测站、1880 个氮氧化物监测站、1193 个光化学氧化剂监测站、1910 个颗粒物（PM）监测站和 401 个 CO 监测站。这些覆盖全国的监测站组成了一个立体化的监测网络体系，实时监控日本大气环境主要污染物的浓度、转化和迁移过程。

1.3　我国大气污染性质的转变

1.3.1　大气污染性质转变

近 30 多年来，我国二氧化硫和颗粒物排放控制取得很大成效，尤其是近十年圆满完成二氧化硫和氮氧化物减排任务，全国环境空气质量总体有所改善。然而，由于经济社会持续快速发展，机动车拥有量迅猛增加，产业结构与布局不尽合理，污染防治水平不够，环境监管制度不完善，主要大气污染物排放总量巨大且集中，全国整体大气污染形势依然严峻，以京津冀、长江三角洲、珠江三角洲为代表的经济快速发展地区出现不同程度的区域性大气复合污染问题，以臭氧为特征的区域性光化学烟雾污染时有出现，以大气 $PM_{2.5}$ 污染为特征灰霾天气冬季频发，甚至波及我国过半国土面积，老的污染问题未得到根本解决，新型大气污染问题又接踵而至，局地污染与区域性污染相互叠加，一次污染与二次污染相互耦合，污染问题的规模及复杂性是西方发达国家上百年发展历程中所不曾遇到的，已逐渐成为我国可持续发展的瓶颈制约和重大障碍。

2015 年是中国城市大规模进行空气质量监测与数据实时发布的第 3 年，我国绝大多数城市空气质量持续改善。但 $PM_{2.5}$ 超标严重的情况仍普遍存在，一些区域同时面临 O_3 污染加剧的问题。

（1）空气质量整体有所改善，但超标情况仍然普遍。

2015 年中国城市的空气质量较前一年整体有所改善。在参与空气质量评价的 6 项污染物中，74 个城市的 $PM_{2.5}$、PM_{10}、SO_2、NO_2 年均浓度相对 2014 年总体继续呈下降趋势，降幅分别为 14.1%、11.4%、21.9%、7.1%，CO 年均浓度与 2014 年持平，SO_2、NO_2、CO、O_3 年评价浓度达到国家二级标准。

然而，城市空气质量超标情况依然普遍，特别是冬季重度污染频发。2015 年，亚洲清洁空气中心《大气中国 2016：中国大气污染防治进程》报告覆盖的 161 个城市的平均超标天数为 99d，其中 74 个重点城市的平均超标天数为 105d。京津冀及周边地区（山西、山东、内蒙古、河南）仍是全国空气超标最严重、重污染发生频率最高的地区。161 个城市中超标天数最多的前 20 个城市全部集中在此区域，且该区域内 70 个地级及以上城市共发生 1710 天次重度及以上污染，发布重污染天气预警 154 次。

（2）细颗粒物问题依旧，重点区域臭氧污染加剧。

$PM_{2.5}$ 仍旧是大部分城市面临的首要问题，特别是首批开展监测的 74 个重点城市，$PM_{2.5}$ 年均浓度仍显著高于国家二级标准，整体均值达到标准值（$35\mu g/m^3$）的 1.5 倍。

同时，2014 年开始显现的 O_3 污染问题进一步加剧，74 个重点城市年均浓度继续上升，上升比例为 3.4%，达标城市比例继续下降，下降比例为 5.4%。在京津冀地区，O_3 成为首要污染物的天数已超过 PM_{10}，仅次于 $PM_{2.5}$；在长江三角洲地区，O_3 成为唯一不降反升的污染物。

（3）8 城市未完成颗粒物下降目标，个别城市污染恶化。

以颗粒物为评价指标，对比 161 个城市中发布的 2015 年空气质量改善目标与实际完成情况，90% 的城市达成了目标。从空气质量改善幅度来看，珠江三角洲城市空气质量在重点区域中改善幅度最大，并已率先达标；中西部及河北省部分城市表现优异，$PM_{2.5}$ 年均浓度下降幅度达 20% 及以上，包括荆州、宜昌、柳州、桂林、西宁、株洲、西安、合肥、攀枝花、秦皇岛、沧州、石家庄、邯郸、邢台。

未完成 2015 年颗粒物改善目标的城市包括郑州、三门峡、焦作、枣庄、日照、营口、长春、廊坊。其中郑州、焦作不仅没有完成 2015 年空气质量改善目标，$PM_{2.5}$ 年均浓度相比 2014 年反而升高 9%，而营口更是出现高达 23% 的大幅反弹。此外，空气质量较差且改善幅度低于 5% 的城市包括三门峡、枣庄、济南、德州、哈尔滨、沈阳、长春、自贡。

1.3.2　二次污染成分监测将常态化

目前，我国已基本建成由"城市站"、"国家环境空气背景监测站（背景站）"、"区域站"和"重点区域预警平台"组成的装备精良、覆盖面广、具备国际水平国家环境空气质量监测网，但是该网络对以高浓度 $PM_{2.5}$ 和 O_3 等二次来源贡献突出的污染物精准防治的支撑能力有限。而我国 $PM_{2.5}$ 超标严重的情况仍普遍存在，一些区域同时面临 O_3 污染加剧的问题。因此，国家计划在"十三五"期间，从单纯的质量浓度监测尽快推进到化学成分监测，建设国家颗粒物组分及光化学监测网，为我国未来大气污染精准治理和空气质量精细化管理提供基础数据和科技支撑。该网络的规范化运行亦需要大气二次污染手工监测等标准操作程序的支持。

1.4 主要内容及框架

本书的主要内容及框架见图1-1。首先（第1章）从我国环境空气质量监测网络概况、我国大气污染性质转变和国外大气二次污染监测进展三个方面分析编撰大气二次污染手工监测标准操作程序的需求；然后从$PM_{2.5}$和VOCs两种污染物手工监测分别介绍，均包括其手工采样（第2章和第4章）和实验室分析（第3章和第5章）标准操作程序；最后，从案例分析着手，进行不同手工监测方法的对比、离线-在线监测方法比较和数据准确性分析，为相关方法的选择提供参考和借鉴。

图1-1 主要内容及框架

参 考 文 献

[1] De Young R J，Grant W B，Severance K. Aerosol transport in the California Central Valley observed by airborne lidar [J]. Environmental Science and Technology. 2005，39（21）：8351-8357.

[2] Fukushima，H. Air Pollution Monitoring in East Asia. Science and Technology Trends Quarterly Review. 2006，18：54-64.

[3] Office of Air Quality Planning and Standards. Quality Assurance Handbook for Air Pollution Measurement Systems Volume II：Ambient Air Quality Monitoring Program [R]. Research Triangle Park' NC：USEPA，2013.

[4] USEPA 2007. AMBIENT AIR MONITORING NETWORK ASSESSMENT GUIDANCE，Analytical Techniques for Technical Assessments of Ambient Air Monitoring Networks [R]. Publication No. EPA-

454/D-07-001.

［5］　USEPA 2010. The Ambient Air Monitoring Program. US Environmental Protection Agency ［OL］. http://www. epa. gov/air/oaqps/qa/monprog. html.

［6］　40 CFR 58 Ambient Air Quality Surveillance ［S］.

［7］　澳门地球物理暨气象局，2016. 空气质量指数定义 ［OL］. http://www. smg. gov. mo/smg/airQuality/c _ iqa _ definition. htm.

［8］　亚洲清洁空气中心，大气中国 2016：中国大气污染防治进程，2016.

［9］　国家环保总局公告（2007 年第 4 号），环境空气质量监测规范（试行）［S］.

［10］　国务院办公厅，2015. 生态环境监测网络建设方案（国办发〔2015〕56 号）.

［11］　环境保护部和国家质量监督检验检疫总局，2012. 环境空气质量标准（GB 3095—2012）［S］.

［12］　李礼，翟崇治，余家燕，等. 国内外空气质量监测网络设计方法研究进展 ［J］. 中国环境监测，2012，28（4）：54-60.

［13］　刘方，王瑞斌，李钢. 中国环境空气质量监测现状与发展 ［J］. 中国环境监测，2004，20（6）：8-10.

［14］　潘本锋，李莉娜，解淑艳等. 如何加强我国环境空气质量监测体系建设 ［J］. 环境保护，2014，42（4）：55-57.

［15］　王帅，丁俊男，王瑞斌等. 关于我国环境空气质量监测点位设置的思考 ［J］. 环境与可持续发展，2012，4：21-25.

［16］　王帅，王瑞斌，刘冰等. 重点区域环境空气质量监测方案与评价方法探讨 ［J］. 环境与可持续发展，2011，36（5）：24-27.

［17］　钟流举，郑君瑜，雷国强等. 空气质量监测网络发展现状与趋势分析 ［J］. 中国环境监测. 2007，23（2）：113-118.

［18］　钟流举，向运荣，区宇波等. 区域空气质量监测网络系统的设计与实现 ［M］. 广州：广东科技出版社，2012：10-12.

［19］　钟流举，岳玎利，周炎等. 区域空气质量集成展示与实况发布技术 ［M］. 广州：广东科技出版社，2013：12-26.

［20］　高雄市政府环境保护局空气品质管理中心，2016. 空气品质监测介绍 ［OL］. http://www. ksaqmc. com. tw/

［21］　行政院环境保护署，2009. 研拟新世代全国空气品质监测系统发展网要计书（EPA-98-L105-02-201）［R］.

［22］　李培，陆轶青，杜譞等. 美国空气质量监测的经验与启示 ［J］. 中国环境监测，2013，29（06）：9-14.

PM₂.₅手工采样标准操作程序

本章主要介绍国内外 2 种主流品牌 $PM_{2.5}$ 大流量采样器、国内外 3 种多通道采样器和 1 种颗粒物粒径分级采样器的手工采样标准操作程序，满足 $PM_{2.5}$ 不同化学组分分析的样品采集需求。

2.1 大流量采样器手工采样（TE-6070/HIVOL-C-M-A-B-D）

2.1.1 适用范围

本节内容包括 $PM_{2.5}$ 大流量采样器（TE-6070，Tisch International Inc.，OH，USA 和 HIVOL-C-M-A-B-D, Thermo Scientific，MA，USA）的安装、校准、操作和维护。该过程属于无损检测，$PM_{2.5}$ 样品可进行后续物理和化学分析。

该标准操作规程适用于环境空气质量监测，不适用于低流量、低流速或实时空气采样（主要用于评估工作人员暴露的室内工作场所的环境质量）。该程序只是一般的最低标准，特定项目如需要可进行特定文件修改或补充。

2.1.2 方法摘要

环境空气以 $1.13m^3/min$ 的流速进入具有防风雨罩保护的大流量 $PM_{2.5}$ 采样头。空气经过一个粗的网屏，防止昆虫以及大颗粒杂物进入系统内部；而后空气流经 40 个直接撞击式喷口。空气动力学直径等于或小于 $2.5\mu m$ 的颗粒会从撞击区沉降，被收集在采样器内的 $8in×10in(1in＝0.0254m)$ 的石英膜上。

2.1.3 干扰因素

2.1.3.1 硅胶油和粒径选择性进样口

使用大流量采样器采集样品用于有机物分析时应避免使用硅胶油，因为油中半挥发物质一旦挥发，会被样品吸收而导致颗粒物样品中多环芳烃等其他有机物的测量误差。

需定期清洁大流量采样器的粒径选择性进样口。

2.1.3.2　滤膜过载

当滤膜过载时，流量记录纸会有明显的压降现象。初始和结束时采样流速读数会提示滤膜是否超负荷。

2.1.4　设备与耗材

（1）大流量 PM₂.₅ 采样器

大流量 PM₂.₅ 采样器如图 2-1 所示。

① 可选择粒径，垂直对称的进气口（<2.5μm 的切割头），如图 2-2 所示。

图 2-1　大流量 PM₂.₅ 采样器　　　图 2-2　PM₂.₅ 粒径选择性进样口

② 氧化铝防风雨罩。

③ 不锈钢校准压力孔板。

④ 有刷/无刷鼓风电动机装置，如图 2-3 所示。

⑤ 质量流量控制器（流量范围 0.57～1.13m³/min），如图 2-4 所示。

图 2-3　鼓风电动机装置（有刷型）　　　图 2-4　质量流量控制器

⑥ 连续流量记录仪，如图 2-5 所示。

图 2-5　连续流量记录仪（带图表）

⑦ 机械/数字计时器，如图 2-6 所示。

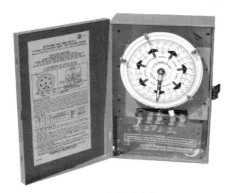

(a) 7天机械计时器　　　　　　　　　　　(b) TE-303数字计时器

图 2-6　机械/数字计时器

⑧ 运行时间计时器，如图 2-7 所示。

图 2-7　运行时间计时器

（2）石英滤膜

使用 8in×10in 的石英滤膜进行采样。

所有的石英滤膜在采样前均需在 550℃ 的条件下进行 8h 的烘烤。烘烤后每批随机抽取一张滤膜，使用碳分析仪测定有机碳和无机碳的浓度。

（3）流量校准工具

① 孔口流量校准设备。一套可溯源到美国国家标准与技术研究院（National Institute of Standards and Technology，NIST）的孔口流量校准设备由 5 个阻力平板组成，均具有流量校准证书。带阻力平板的孔口流量校准设备如图 2-8 所示。孔口流速转换与压降关系校准如图 2-9 所示。

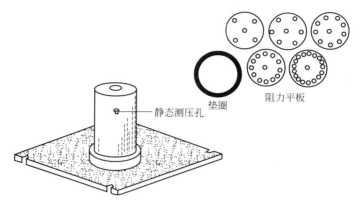

图 2-8　带阻力平板的孔口流量校准设备

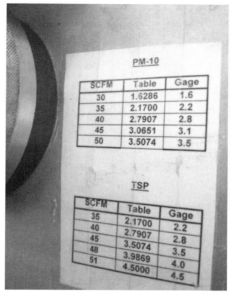

图 2-9　孔口流速转换与压降关系校准图

② 2 个 30in 的软管水压力计。

③ 1 个用来固定阻力平板的安装板。

④ 垫圈。

⑤ 管子。

⑥ 手提箱。

（4）材料

主要包括：a. 橡胶手套；b. 铝箔纸；c. 样品运送箱；d. 密封袋（用于滤膜和滤膜承托器的运输）；e. 平头镊子（用于滤膜操作）。

（5）实验日志、维修记录，以及流量校准记录

野外采样数据记录如表 2-1 所列。

表 2-1　大流量采样器野外采样数据记录表

采样站代号_____

操作者_____装膜_____收膜_____

采样器序列号_____

采样膜标签_____

采样起始日期		采样结束日期	
采样起始时间		采样结束时间	
收膜日期		收膜时间	
采样期间平均温度(如适用)		采样期间平均气压(如适用)	
天气状况		天气状况	
备注 (如有未能采样,采样堆积物过多而脱落等任何异常情况,请记录于此)		备注 (如有未能采样,采样堆积物过多而脱落等任何异常情况,请记录于此)	

2.1.5　采样器安装

采样器的进样口应距地面至少 2m（安装仪器脚架后高度）。当 PM$_{2.5}$ 大流量采样器与其他颗粒物采样器并行采样时，若其他采样器采样流速＜16.67L/min，两者的进样口应相距 1m 以上；若其他采样器采样流速≥16.67L/min，两者的进样口应相距 2m 以上。按照采样器的说明书安装采样头、粒径选择性进样口、有刷/无刷鼓风电动机、计时器、图表记录仪、通气管和电路系统。

2.1.6　安全问题

图 2-10　仪器支架（纵横交叉杆）
（图片由沙漠研究所 Judith Chow
和 John Watson 教授提供）

(1)　通风良好

由于清洗滤膜承托器使用的乙醇（分析纯以上纯度）是可燃的，所以操作者在清洗过程中应远离任何火源，并保证周围环境通风良好。

(2)　避免触电

因采样器安装在室外，操作者必须确保仪器处于绝缘状态下工作，以免触电。

(3)　防止倾倒

确保仪器支架固定于地面或仪器支架上（见图 2-10），以免打开进气装置时仪器倾倒。

2.1.7　校准方法

(1)　校准计划

大流量采样器需在安装后以及以下情况

下进行校准：a.每个季度或每年至少校准一次；b.仪器维修之后；c.仪器搬迁之后；d.当单点验证表明采样器超出可接受流速范围；e.在采样 360h 后。

注意：多点校准应和单点验证区别开，后者在使用上更频繁，其用于检测采样器流速或者校正关系是否显著改变（与上一次校正相比）。

（2）多点校准流程

注意：大流量 PM₂.₅ 采样器的连续流量记录仪不能准确定量采样器的压力值或流量，该记录仪只能进行非定量检测，反映流量是否稳定以及采样过程是否出现中断的情况。流量记录仪需同时与压力计或者其他压力装置连接。

在进行流量校准前，需注意以下几点：a.大流量 PM₂.₅ 采样器需配备质量流量控制器，以控制采样流速；b.使用水/油柱压力计通过测量出口孔静压进而测量采样器流速；c.流速校准的校准设备是用一套装有带孔阻力平板的装置，用水/油压力计来测量气流通过孔径的压降。

注意：在有风情况下不能进行仪器的校准。孔径传递标准压力计显示，短期风速波动可引起压力读数的变化，而压力的变化可降低校准的精确度。

① 安装校准系统（图 2-11）。质量流量控制采样器不安装滤膜或滤膜承托器。

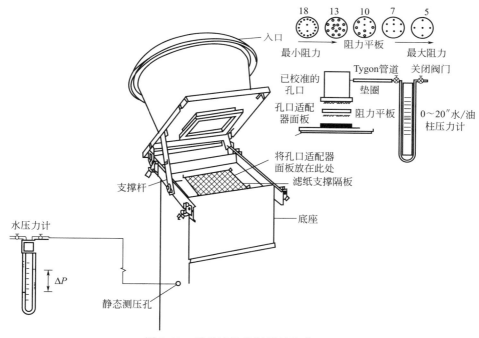

图 2-11　质量流量控制器的校准配置

② 在大流量采样器校准数据表上记录参数。

记录参数及相关数据包括：a.日期、站点和编号、操作者；b.采样器的信噪比和型号；c.季节平均压力值以及用于测量环境压力值的仪器；d.季节平均温度以及用于测量环境温度的仪器；e. 校准件型号、信噪比以及校准关系［m（std）、b（std）、m（act）和 b（act）］。

注意： 温度和大气压的单位必须前后一致。温度的单位为开尔文，大气压的单位为 mmHg，避免出现校准采样器和计算过程使用单位前后不一致的情况。大气温度以及压力值每天都会有所不同，异常天气下会出现偏高或偏低的情况，所以需测算出季节平均温度（T_s）和平均压力（P_s）并且记录在数据记录表上。此部分工作需提前在实验室完成。

③ 将采样器电动机与质量流量控制器断开，然后将电动机连接于稳定的交流电源上，使电动机在整个校准过程中可全速运转。

④ 安装校准孔和顶部转接板于未装滤膜的采样器上。

⑤ 旋紧顶部转接板，将螺母拧紧，确保不漏气。

⑥ 在不连压力计的情况下，将手盖住孔口并压紧孔口处的分接头，检查是否漏气。此操作需在 30s 内完成（避免发动机过热）。若听到有溢出空气引起的尖锐声音，则表示有漏气，需重新拧紧顶部转接板的螺母。

⑦ 漏气检测完成后，校准器继续接在采样器上，把 30in 的软管水柱压力计（A）的一端连接到校准器，一端暴露于大气中。检查软管是否有破裂或者异常的磨损，若有必要需更换软管，否则会出现漏气。

⑧ 压力计的两个阀门均需打开，以便液体可自由流动，往管里加水，当 U 形管的一端上升、另一端下降时稳定后读数。

⑨ 把另一个 30in 的软管水柱压力计（B）的一端连在泵头上。

⑩ 在校准器上安装第一个孔板（即孔数为 5 个的孔板）。

⑪ 打开电动机，预热 5min，直至两个压力计的压力均稳定。记录校准器两端的压力差 ΔH（校准器）（水柱高度）和电动机两端的压力差 ΔH（电动机）（水柱高度）。

⑫ 关掉电动机，更换孔板，重复⑩得出第二组读数。

⑬ 重复⑨～⑪，得出 5 组数。

⑭ 在完成 ΔH（校准器）和 ΔH（电动机）数据读取后，可自动生成校准数据图。

注意： 数据需在校准操作过程中填写及作图，不可返回实验室后操作。

⑮ 关掉采样器，将校准器和电动机的连接断开。

⑯ 把电动机安装回流量控制器。

⑰ 设置流速（$1.13m^3/min$），确认发动机的设置点。

注意： 此部分计算需在校准过程同时完成。若外界对已获取的数据具有疑问，方法允许增加其他校准点。

⑱ 检查并确保电动机已连接到质量流量控制器以及压力计已正确连接到电动机上。

⑲ 把干净滤膜装到滤膜承托器并将滤膜承托器安装到大流量采样器中。

⑳ 盖上 PM$_{2.5}$ 粒径选择性进样口装置，打开电动机。

㉑ 调整质量流量控制器旋钮，直至电动机压力达到设置点并持续至少 10min，关掉采样器。

㉒ 采样器校准完成，可进行样品采集。

（3）单点流量验证

每月至少需进行一次单点流量验证，流量验证步骤如下。

① 检查并确保电动机已连接到质量流量控制器以及压力计已连接到电动机上。

② 把干净滤膜装到滤膜承托器并将滤膜承托器安装到大流量采样器中。

③ 盖上 PM$_{2.5}$ 粒径选择性进样口装置。

④ 把 30in 软管水柱压力计的一端连接到泵头上。

⑤ 打开电动机，预热 5min，直至两个压力计压力均稳定。

⑥ 当采样器稳定后，把以下信息记录到校准数据表上：a.日期、站点和编号、操作者；b.采样器的信噪比和型号；c.季节平均压力值以及用于测量环境压力值的仪器；d.季节平均温度以及用于测量环境温度的仪器；e.校准件型号、信噪比。

⑦ 记录电动机的压力差 ΔH（电动机）（水柱高度）。

⑧ 用最近的有效五点校准做出回归方程计算采样器流速。

⑨ 比较计算的采样器流速和已设置的流速之间的差异值。

$$差异值（\%）=（计算的流速-1.13）/1.13×100 \qquad (2\text{-}1)$$

差异值需在流速极限范围内（即 ±10%），否则应用仪器制造商的建议值。因环境温度有波动，差异值最好在 ±7%。若差异值超出 ±7%，重新确认校准步骤和数据误差。检查采样器是否漏气、马达刷有无损坏、垫圈有无缺失、马达型号是否正确、电压是否异常偏低。

2.1.8　采样方法

（1）滤膜的前处理

① 在 550℃下烘烤铝箔纸 6～8h。烘烤可以减少铝箔在制造过程残留的有机物。当烤炉里的铝箔纸冷却后，把它们贮存到洁净的地方（如干净的玻璃容器）。

② 把石英滤膜放置在预烘烤的铝箔袋里。小心操作避免折叠或戳穿滤膜。每张滤膜均独立包装于铝箔纸中，铝箔暗面接触滤膜。

③ 将铝箔中的滤膜在 550℃烘烤 8h 以上，以减少滤膜上的有机物含量。待滤膜在炉中冷却到室温后，将其置于干燥器中以备使用。烘烤后的滤膜有效期为 1 个月。

④ 采样前需抽取每批滤膜的 2% 做空白样测试，若空白测试结果超出可接受水平（总碳浓度 1.5μg/cm^2），则该批次的滤膜不能用来收集样品。

⑤ 在处理滤膜时，需佩戴手套。滤膜不应接触任何塑料材料。

（2）滤膜承托器的准备

① 拧开滤膜承托器上的螺丝，拆开承托器。

② 戴上手套，将无尘纸蘸取乙醇后擦拭承托器的内侧。然后擦拭承托器的支撑面和与滤膜接触的框架上的橡胶垫圈。

③ 从铝箔中取出烘烤后的 $8in \times 10in$ 的石英滤膜，小心地将其置于支撑面上（滤膜粗糙的一面向上）。保持铝箔纸洁净以便采样后继续贮存滤膜。使滤膜和支撑面对齐，以便安装好框架后垫圈可在滤膜边缘形成密封。

④ 放回框架，旋紧螺丝。将铝盖盖在滤膜承托器上。

⑤ 用铝箔纸将滤膜承托器包好后即可拿到站点进行采样。

（3）安装滤膜承托器

① 打开 $PM_{2.5}$ 粒径选择性进样口三边的 5 个锁扣，打开装置。

② 移开铝盖，把滤膜承托器放在膜托架的顶端。用 4 个铜螺栓和垫片固定滤膜承托器，保证垫片在框架的顶部。

③ 盖上装置，锁上 5 个锁扣。

④ 手动打开泵，让其运转 1min 保证泵能够正常运行。

⑤ 在流量记录器内放入新的流量纸，压下笔。

⑥ 记录运行时间记录器的读数。

⑦ 打开机械计时器的盖子，顺时针转动方向盘直到指针指向当前时间。注意：计时器的间隔为 1h，所以该指针可指向最接近的 1h。

⑧ 在表盘上设定开始和结束时间的地方分别装上 ON 和 OFF 部件，确保 2 个部件安装正确。

⑨ 若安装的是数字计时器，而非机械计时器，按下主屏幕上的 F3 键，进入"setup"界面，使用方向键选择"DIAGNOSTICS"（见图 2-12）。在 MOTOR 菜单，选择 ON 运行 1min，检查机器运转是否正常。选择 OFF 键，按下 ESC 键即可返回主屏幕。

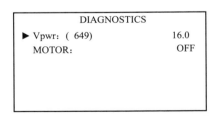

图 2-12　DIAGNOSTICS 数字计时器的屏幕显示

⑩ 按下 F1 键选择"TIMER"，见图 2-13。

⑪ 选择"DATE"按下"ENT"键。

⑫ 用数字键盘进入采样事件的开始日期，然后按下"ENT"键。日期将以零

```
                TIMER  SETUP
    04-01-07              12:00:01
  ▶ DATE:                 04-20-07
    TIME:                 00:00
    DURATION:             24:00
    REPEAT:               00:00
    SAVE and EXIT
    STOP and EXIT
```

图 2-13   TIMER SETUP 数字计时器菜单

开头以 MMDDYY 的格式设置。例如，March 14，2014 设置为 031414。

⑬ 选择"TIME"，按下"ENT"键。

⑭ 用数字键进入采样事件的开始时间，按下"ENT"键。时间将将以零开头以 24h 的格式设置。如：1：00PM 设置为 1300，而 1：00AM 设置为 0100。

⑮ 选择"DURATION"，按下"ENT"键。

⑯ 用数字键进入运行时间，按下"ENT"键开始。持续时间将以零开头以 HHMM 的格式设置。如：0024＝24 分钟，2400＝24 小时，0240＝2 小时 40 分钟。

⑰ 选择"REPEAT"，按下"ENT"键。选择所需的重复频率，按下"ENT"键。如果不需要重复，则选择"NONE"。常见的选项包括（1 IN 1 表示每天 1 次采样，1 IN 6 表示每 6 天 1 次采样等）。CUSTOM 选项可用于在特定的采样活动中设定一个非标准的采样时间。

⑱ 选择"SAVE 和 EXIT"，按下"ENT"键。将保存设置，启动计时器。主屏幕随之显示，"TIMER"显示为等待状态。第二行 STARTS IN 将显示开始采样的倒计时。

（4）取下滤膜承托器

① 重复（3）手动打开泵的步骤，让其运行 1min 保证泵在采样过程中运行正常。

② 打开 5 个锁扣，打开 PM₂.₅ 粒径选择性进样口。

③ 松开 4 个旋钮。取出滤膜承托器。盖上铝盖。铝箔包好。将其保持水平带回实验室，以免颗粒物损失。盖上 PM₂.₅ 径选择性进样口，锁上 5 个锁扣。

④ 记录运行时间显示器的读数。

⑤ 从流量记录器上取下流量纸。

⑥ 从机械计时器上取下 ON 和 OFF 部件。

⑦ 如果用的是数字计时器，而非机械计时器，在主屏幕按下 F2，进入 DATA 菜单。如图 2-14 所示。

⑧ 选择"VIEW PAST SAMPLE"，按"ENT"键。

⑨ 计时器开始的日期和时间将显示。选择指定采样事件的日期和时间，按下"ENT"键。

```
                    DATA
 ▶ VIEW  CURRENT  SAMPLE
   VIEW  PAST  SAMPLE
   CLEAR
```

图 2-14　数字计时器的 DATA 菜单

⑩ 屏幕将显示计时器采样数据的第一页。用方向键切换不同页面。按下 "ESC" 键退出回到可显示的日期和时间的清单里。继续按下 "ESC" 键回到主屏幕。

（5）取出滤膜

① 在实验室里打开用铝箔包住的滤膜承托器。

② 戴手套，打开铝盖，拧开承托器上的 2 个螺丝。

③ 移开紧压盘。

④ 用镊子（已用酒精清洗）对折滤膜，用铝箔包好滤膜并储存。

⑤ 在铝箔上贴上标签，将样品存放于冰箱（−4℃以下）待分析。

2.1.9　维护流程

（1）日常维护

① 检查所有的垫片（包括发动机上的垫片），确保没有变形，密封性良好。必要时请更换。

② 定期检查电源线，保证电源线的连接良好，没有裂缝。必要时更换。避免电源线和插线口浸入水中。

③ 检查滤网，清除外面的碎屑物。

④ 每次采样之前，检查滤膜承托器框架垫圈。垫圈必须保证密封性良好。

⑤ 对于带刷的系统，每运行 10～20h 后需检查或更换一次电动机刷子。如果电动机损耗严重无法更换碳刷，则更换电动机。

⑥ 在通电情况下检查时间记录器运行是否正常。

⑦ 确保连续流量记录笔与流量纸接触良好，并且记录笔上墨水充足。保证门的密闭性，检查管子是否有褶皱或者破损现象。若有问题需及时更换。

⑧ 定期清洁可选择粒径进气口。

（2）发动机刷子的更换

① 若 $PM_{2.5}$ 大流量采样器是有刷型电动机，则碳刷在仪器运转过程中会有损耗。为避免不必要的采样失败，该碳刷在进行 15 次的 24h 运行后需更换。如更换碳刷，电动机也需要重新校准。

② 断开电动机电源线。

③ 断开与流量记录器连接的压力管。

④ 打开粒径选择性进样口上的 5 个锁扣，打开该装置。

⑤ 取出膜托架以及电动机装置。

⑥ 旋开连接电动机一端的电源线螺母。把电源线插进电动机内（若电源线没有插进电动机，电机机芯将很难从电动机中取出）。

⑦ 用螺丝刀拧松电动机顶上的 4 颗螺丝，移开电动机盖。

⑧ 把电动机倒过来放置，取出电动机机芯并将其放置在工作台上。

⑨ 每个碳刷由一个细的 U 形盘固定。该盘靠两个螺丝来固定。拧开螺丝取出 U 形盘。

⑩ 取出碳刷，用一个平头螺丝刀小心地将导线从碳刷上拆开。注意不要破坏导线。

⑪ 把导线插入新的碳刷里，把碳刷装回电机机芯。

⑫ 重新装上 U 形盘和 2 个螺丝。

⑬ 更换其他碳刷。

⑭ 装回电动机机身。

⑮ 从电动机机身中抽出电源线，拧紧螺母。

⑯ 重新装上盖子，拧紧 4 颗螺丝。

⑰ 重新在电动机上面装上膜托架并确保密封圈安装正确。

⑱ 校准膜托架-电动机装置。

2.2　大流量采样器手工采样（TH-1000）

2.2.1　适用范围

本操作程序适用于天虹 TH-1000 型大流量采样器的安装、校准、操作和维护。

2.2.2　工作方式

图 2-15 表示 TH-1000 采样时的工作方式。

图 2-15 中，Ts-1、Ts-2、…、Ts-n 分别表示在一次循环内第一次采样时段、

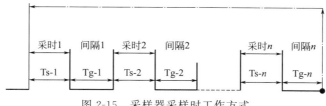

图 2-15　采样器采样时工作方式

第二次采样时段、…、第 n 次采样时段的采样时间；Tg-1、Tg-2、…、Tg-n 分别表示第一次采样结束至第二次采样开始的间隔时间、第二次采样结束至第三次采样开始的间隔时间、…、第 n 次采样结束至下次循环采样开始的间隔时间。

注意：

1. 采样过程中，在一个采样周期内最多可设 6 个采样段。

2. 采样时间和间隔时间的设置范围为 1～99：59（分），但无论采样时间还是间隔时间设得太短和太长都不太适宜，具体由用户根据实际情况决定。

3. 采样的循环次数可在 1～199 的范围内选择，当循环次数选为 1 时，表示不循环，只完成一个采样周期内的若干次采样。不建议用户采用多次循环，因为那样你无法了解各次采样的浓度分布；同时，长期循环，滤膜上沉积了大量的粉尘后泵的阻力过大，不仅影响流量的稳定性，也影响到泵的寿命。

2.2.3 参数设置

将主机电源插头插入 220V 交流电源，开启仪器。正式采样前，需要对相关参数进行设置。为了方便用户操作，在仪器面板上可以看到每个指示灯旁都有红绿两种颜色表示的操作功能项，它们分别对应于同一指示灯发红、绿光时的两种状态的操作。当指示灯亮红色时，显示屏显示的是该处红色字体设置项表示的参数值；当指示灯亮绿色时，显示屏显示的是该处绿色字体设置项表示的参数值。

注意：

1. 在进行参数设置时，一定要看清当前亮的是哪一个指示灯及该灯的颜色，才知道你所设置的是哪项参数。

2. 参数设置时，【标时】只用来设置标准时间；【设置】键用来设置定开、设定流量、循环次数和累计次数的；【采时】用来设置采样时间；【间隔】用来设置采样间隔时间。

3. 在进行参数设置或修改时，用【递增】、【递减】键对闪烁位进行修改，用【移位】键选择要修改位。

为了方便起见，下面用表 2-2 的形式来说明参数设置的方法。

表 2-2　参数设置

参数名	指示灯		操作说明
	灯号	颜色	
定开	3	●	标时设定好后按【设置】进入此项。"定开"表示从标时至开始采样的时间。仪器的默认值为 5min,用户可根据需要设定。下次开机时,该时间为上次设置的时间,用户可根据需求修改。
流量	3	○	仪器的默认值为 1.05(m³/min)。按【递增】一次,流量修改为【1.2】,再按一次【递减】,流量 1.2→0.8,若要将流量设定在 1.05～1.2 间,用【移位】键,移动待修改的闪烁位,再用【递增】或【递减】修改至所需值。

续表

参数名	指示灯		操作说明
	灯号	颜色	
循环次数	4	●	仪器默认值为【000】,其设定范围为 0～199。不建议用户采用多次循环,一则不利于测量结果分析;二则不利于仪器维护。
累计次数	4	○	按【设置】键,从循环次数设置→累计次数设置。累计次数最大可以设定为 199 次。配合使用【递增】、【递减】及【移位】,按需要的累计次数设置。
间隔	5	○	按【间隔】进入到间隔时间的设置。一个采样周期内,采样的间隔段最多只能设置 6 段。
采时	5	●	从左图可见,显示屏左右两边排列着数字"1—6"。按【采时】键,进入粉尘采样时间设置。在【00:00】小时位前面有个"◀"符号,指向"1",表示此时设置的是采样时 1。设置好第一段采时后按【采时】键,"◀"由"1"移到了"2",表示进入采时 2 的时间设置,最多可设置 6 段。"◀"指向数字几,表示进入该段的采时设置。若将某段的采时设置为"0",则再按【采时】,就不进入下段的采时设置。即只有前一个采样段的"采时"≠0,方可进入下一个采样段的采时设置。 一个采样周期内,最多可设 6 个采样时段及相应的间隔时间

注:●——红色指示灯;○——绿色指示灯

【例 2-1】

(1) 如果用户当前时间是上午 8:00 时,希望 60min 后(即 9:00)时开机,采样 24h 间隔时间 24h 连续进行采样,则将循环次数设为"1",只需设置一个采样周期,当前时间是 8:00,定开设为 09:00,采时设为 23:59,间隔设为 23:59,用户可在每次采样结束后,更换新滤膜。

(2) 如果用户希望星期一、星期三、星期五采样,每次采样 24h。则用户将循环次数设为"1",设置 3 个采样周期。周期 1,采样时间为 23:59,对应设置间隔时间为 23:59;周期 2,采样时间为 23:59,对应设置间隔时间为 23:59;周期 3,采样时间为 23:59,对应设置间隔时间为 23:59;在间隔时间内用户可更换新的滤膜。

该采样方法可免除人工多次设置采样数值的麻烦。但由于采样器长期处于工作状态,比较耗电,仪器也不便于维护。所以用户必须在每次间隔时间内赶到现场取样并记录数据。

2.2.4　日常采样

采样有自动和手动两种方式。

(1) 自动开始采样

当标准时间与"定开"所设定的时间一致时,采样器开始采样。一般初次开机时，仪器默认的定开时间是5min，屏幕显示为【00：05】。此时，如果需要的定开时间就是5min，就不用再设置标时和定开时间了。因为每次开机时，上一次设置的"标时"值仪器不会保存，即显示为【00：00】。可按需要修改"标时"值和"定开"值。按【设置】进入"定开"设置。

（2）手动开始采样

初次开机的定开时间是5min，屏幕显示为【00：05】。如果用户想要在参数设置完成后立即开始采样，可以手动将标时修改为【00：05】，修改方法可以参考自动开始采样中介绍的方法。采样器开始采样。当然也可以将定开时间修改为【00：00】，采样器立即开始采样。但一般选择前一种设置方法。

仪器开始采样后，此时再按【设置】、【标时】、【采时】和【间隔】四键都不能进行相关参数的修改，只能查询已设定好的各项参数。

按【查询】可以查询到大气压、温度、平均温度、累计时间、累计体积和标况体积。开机采样10min后即可查询到平均温度和标况体积，平均温度是采样开始至查询时间内温度的平均值，标况体积是累计采样体积换算来的，而累计体积在采样开始1min后能查到，仪器会自动将累计体积换算成标准状况下（0℃，101.325kPa）的累计采样体积。

注意：不论是自动采样还是手动采样，都应在采样开始前将温度探头拉出来，以确保温度测量的准确性。采样完后，再将温度探头推进去，以便存放仪器。

2.2.5 流量校准

仪器出厂均经过标定，如果长期使用，可进行流量校准。仪器校准时，在滤膜网板上放置一张干净滤膜，安装好校准装置，开机运行数分钟，待流量恒流后进行校准。当采样器流量与校准器显示数值不一致时，可调节仪器面板的上"流量校正"电位器，使采样器显示数值与校准器的读数一致（本采样器流量设定为$1.05m^3/min$）。

2.2.6 注意事项

① 仪器内配有可充电电池，仪器长期不用应每月充一次电，充电时间为10～12h，可将定开时间调至12h以后，充电完毕将电源插头拔掉。

② 仪器在采样状态下，用户不能对原设定参数进行修改，如确需修改，只有关机后，重新启动仪器在设置状态下进行修改。

③ 采样器不采样时，在滤膜网上应放置一张滤膜，以防止灰尘落入负压泵内。

④ 定期校准流量，发现仪器运行不正常应及时维修。

⑤ 采样器需要经常清洁。贮存于通风、干燥、无腐蚀性物质的环境中。运输过程中禁摔，注意防雨防潮。

2.2.7　常见故障及处理

以 TH-1000 大流量采样器为例，其常见故障及解决方法如表 2-3 所列。

表 2-3　TH-1000 大流量采样器常见故障及解决方法一览表

序号	故障现象	故障原因	解决方法
1	主屏无显示	显示屏坏	更换显示屏
		主程序芯片坏	检查,坏更换
		晶振或复位电容坏	更换
		无交流电进入	检查保险及交流电是否正常
2	噪声过大	电机质量问题	更换电机
		电机受压	重装电机
3	温度测量不准	温度漂移	重新校准温度
		温度传感器坏	更换温度传感器
4	按键不灵	本身质量原因	更换按键
5	电机失控	压差气路漏气或气路脱开	更换硅胶管重新连接气路
		电机本身性能差	更换新电机
		温度传感器坏	更换温度传感器
6	电池接入时不受控	开关失灵	更换彩电开关
7	开机无流量	压差传感器线断	重新焊接
		压差传感器坏	更换
8	采样时流量偏低	传感器零点漂移	调节传感器零点

2.3　多通道采样器手工采样（Met One 空气组分采样系统）

2.3.1　适用范围

本标准操作程序描述了美国 MET ONE 公司的空气组分采样系统 SASS（Speciation Air Sampling System）和第二代采样系统（SUPER SASS）的现场操作和质量控制检查程序。目的在于对 SASS 操作手册进行补充说明。修改内容是为了确保在利用 METONE SASS 采样系统收集空气细颗粒物（PM$_{2.5}$）样品的工作符合我国环境空气 PM$_{2.5}$ 手工监测与实验室分析的要求。

2.3.2　方法摘要

SASS 是一个 5 通道采样系统，SUPER SASS 是一个 8 通道多功能采样系统。SUPER SASS 不仅包含了 SASS 的所有操作性能，而且还扩展了采样通道，增加了采样罐的时序设计程序。在本标准操作程序中，SASS 被用来表示 SASS 和 SU-

PER SASS 的基本概念，SUPER SASS 被用来表示 SUPER SASS 的特定功能和细节。

为满足组分分析的需要，SASS 在采集 $PM_{2.5}$ 的过程中可选用在 3 种不同的滤膜。该采样器的采样流量设置为 6.7L/min，并且利用旋风式切割头（Sharp Cut Cyclone）来达到分离 $PM_{2.5}$ 颗粒的目的。利用聚四氟乙烯滤膜收集的颗粒物样品可用于称重及离子和元素分析；利用尼龙滤膜收集的颗粒物样品可用于称重和离子分析；利用石英滤膜收集的颗粒物样品可用于碳质分析；所用滤膜直径均为 47mm。

采样器中的电子系统不仅可监控和保证样品的采样流量，而且能记录采样时间以计算总采样体积。利用这个信息，实验室分析便能计算和报告采样期间 $PM_{2.5}$ 质量及组分的平均浓度（$\mu g/m^3$）。

利用 SASS 采样器的微处理器、软件、质量流量控制器、环境温度传感器以及环境压力传感器可监控和调节各采样通道流速。有效的采样时长必须在 23～25h 之间，采样器的流量必须是 (6.7±0.27)L/min。

通过 RS232 串口和 SASS 通讯软件可将历史数据下载到笔记本电脑或个人电脑上，也可以从仪器屏幕上直接查看。

2.3.3 设备与耗材

(1) 空气组分采样系统

SASS 采样器原理示意见图 2-16，采样器外观见图 2-17，Super-SASS 采样器原理示意见图 2-18。

图 2-16 SASS 采样器外观

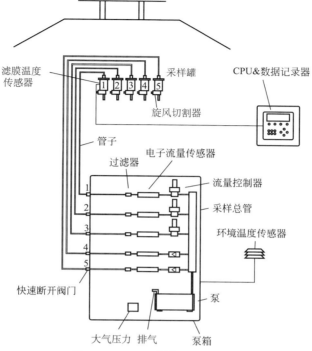

图 2-17　SASS 采样器原理示意

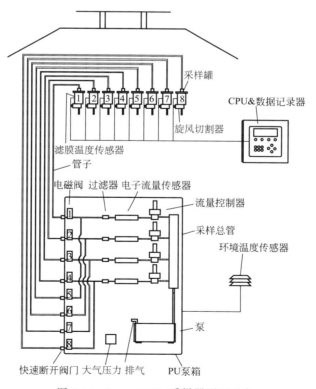

图 2-18　Super-SASS 采样器原理示意

（2）采样罐

SASS（或 Super-SASS）采样罐实物见图 2-19。

① 旋风式切割头可去除空气动力学直径大于 $2.5\mu m$ 的颗粒物。根据切割头和采样通道上的标记，将切割头装在指定的采样通道上。

② 根据需要安装溶蚀器用来去除硝酸或其他干扰气体。

③ 47mm 前置滤膜用来收集颗粒物。

图 2-19　SASS（或 Super-SASS）采样罐（上盖、溶蚀器、
滤膜承托器、分隔、下盖、固定螺丝、旋风式切割头）

④ 47mm 后置滤膜。

⑤ 上盖、下盖用来托住和保护上述器件。

（3）采样器操作手册

采样器操作质量控制检查的方法如下。

① 时间和日期检查。参照标准时间设置时间和日期。

② 气密性。切断采样器气路流通（堵住旋风式切割头的进气口）。

③ 温度。基于热电偶或热敏电阻原理的数字温度计传输标准应与 NIST 溯源。

④ 压力。无液气压计或等效的传输标准应与 NIST 溯源。

⑤ 流量。用气密连接管的低压流量传输标准应与 NIST 溯源。

2.3.4　采样器安装

（1）硬件检查

检查仪器和配件的完整性。

（2）安装位置

SASS 采样器的安装位置应该由采样的类型来决定。

确保采样器进样口与其他 PM$_{2.5}$ 采样器进样口相距至少 1m；并行采样时，与其他采样器进样口相距不应超过 4m；采样器周边所有方向上应具有至少 2m 的空气自由流动区间。

（3）工具

SASS 配备了采样器安装的必要工具，除此之外还需要电钻用来打孔，以便固定三脚架和真空泵箱到地面。

（4）安装三脚架

拔出保持支脚直立的 3 个螺栓。将支脚放下来插上螺栓固定在水平位置上，以确保三脚架在大风或恶劣的天气下不会翻倒。如果平台是木制的，建议使用 1/3 米的六角螺丝。

（5）采样头罩安装

在运输时采样头的底部和顶部是连一起的。松开底罩，将连接采样头的气路管道和电线顺着底罩拿出来。拔出底罩的插销，将其正面朝上放于三脚架上。

工具箱中配有 32 个已用红色螺纹紧固剂处理过的 3/16in 六角螺丝刀，将 2 个螺丝安装到三脚架对应的 2 个螺纹孔上。

解开采样头中心位置的气路管，松开连接采样头的电线。将气路管道和电线顺着三脚架的中心伸入三脚架中直到采样头连接于桅杆上。将采样头顺着三脚架滑动到槽口与三脚架上的六角螺丝相对应的位置，拧紧采样头上的 2 个六角螺丝将其固定在三脚架上。抬升底罩，与三脚架下部的六角螺丝槽口对齐，插入锁栓，将底罩锁起来。

（6）控制单元和温度传感器安装

使用两个 U 形螺栓，4 个 7/16in 螺母和 4 个垫圈将控制单元固定在三脚架的上方。将控制单元朝上放置，把电缆正确连接到其底部位置。

使用一个 U 形螺栓，2 个 7/16in 螺母和垫圈固定温度传感器。将传感器的辐射罩顶部与控制箱顶部对齐，并使传感器与控制箱呈 180°安装。

（7）泵箱固定

真空泵箱应放置在靠近三脚架底部的位置，以确保其在连接范围。在泵箱的底部有为固定预置的孔洞，在固定泵箱时可选择适用的螺丝或者其他相似配件。

泵箱电源线需接入 220V 交流电。将传感器电缆连接传感器，控制箱电缆接入控制箱。泵箱有 5 个标识了 1～5 数字的快速断开阀门，这些数字对应了 SASS 不同的采样通道。从头部每个泵管编号，每一行连接到相应的快速断开阀门。通道 4 和通道 5 可以被连接在一起或者它们的泵管和阀门也可以被断开。如果通道 4 和 5 被断开时，请将橙色的帽子放在采样的管路上。绿色和黄色接地电缆应在适当的位置接地。

2.3.5　安全问题

① 由于高压供电，请注意手放在采样器上的位置和方式。在涉及电力部件周

围工作时，只要可能都要拔掉采样器插头。在潮湿的户外天气条件下工作会增加触电的危险。

② 屋顶采样有坠落的隐患，爬上爬下时要注意安全。

③ 确保安装了绿色地线。

④ 采样器的流量和温度在做第一个样品前需要检查，如果不准确，请调整到标准值。

⑤ 在放置和处理采样罐时，应小心谨慎避免污染。

⑥ 采样开始前，请将旋风式切割头和采样罐连接起来。

2.3.6　参数配置

按主屏幕的 F2 键进入设置菜单。按 F3 键可进入时间菜单。用左右箭头键移动光标，用上下箭头键调节数值。设置采样器为当前本地时间。SASS 控制箱的主界面见图 2-20。

图 2-20　SASS 控制箱的主界面

2.3.7　日常采样

（1）采样罐安装

① 将滤膜和溶蚀器放置到采样罐中。

② 将旋风式切割头插入采样罐仅有一个锁紧螺丝的一侧中。旋转旋风式切割头，直到金属盘锁进采样罐上的锁紧螺丝中，以此来防止滤膜受到来自切割以为的污染。

③ 将采样罐顶部的两个锁紧螺丝插入采样头的导轨内。使锁紧螺丝与导轨内直径较大的位置对齐，确保采样罐的标识面朝外放置。向上推入采样罐并逆时针旋转锁紧。

（2）检漏

① 安装好采样罐后，按主屏幕上 F3 键进入校准菜单。如图 2-21 所示。

② 按 F1 键进入系统测试。如图 2-22、图 2-23 所示。

③ 按 F3 键启动真空泵，等待 1～2min 直到流量稳定在 6.7L/min 左右。

④ 按 F2 键打开检漏选项。

⑤ 当真空泵正在工作，控制界面会显示当前流量值，用手指堵住第一个通道的进样口。若流量能降至 0 或者 0.1L/min，则表明第一个通道没有漏气。

```
Calibrate  Menu
F1：System  Test
F2：Flow  Calibration
F3：Temperature  Calibration
F4：Pressure  Calibration
F5：
F6：
                                    Exit
```

图 2-21　SASS 控制箱的校准菜单

```
System  Test                    01/19/01 15：30：00
Ambient P    735  mmHg    Ambient  T   22.5 C
    Flow  1    6.7  Lpm      Filter    1    22.5 C
    Flow  2    6.7  Lpm
    Flow  3    6.7  Lpm
    Flow  4    6.7  Lpm Leak Test：      OFF
    Flow  5    6.7  Lpm      Pump：       ON
              Leak      Pump      Exit
```

图 2-22　SASS 控制箱的系统测试界面

```
System  Test                    01/19/01 15：30：00
Ambient P    735  mmHg    Ambient  T   22.5 C
    Flow  1    6.7  Lpm      Filter    1    22.5 C
    Flow  2    6.7  Lpm      Filter    1    22.5 C
    Flow  3    6.7  Lpm      Filter    1    22.5 C
    Flow  4    6.7  Lpm      Filter    1    22.5 C
Leak  Test：    OFF          Pump：       ON
    Cans      Leak      Pump      Exit
```

图 2-23　Super SASS 控制箱的系统测试界面

⑥ 重复步骤⑤，继续进行剩下通道的检漏，确定流量可以降至 0 或者 0.1L/min。如果被测试的是 Super SASS，按 F1 键转换到其他通道设置。

⑦ 当流量的读数大于 0.1L/min，则表明采样罐的组件存在漏气现象。测试系统的各个独立环节可以找出漏气的位置。

⑧ 当所有的通道通过检漏，按 F3 键关闭真空泵和检漏选项。按 F4 件退出到主菜单。

⑨ 关上防太阳辐射罩，并锁好。

（3）设置采样事件

① 按 F1 键激活事件管理。SASS 控制箱的事件菜单如图 2-24 所示。

```
Event  Menu
F1：Current  Event  Status
F2：Previous  Event  Summary
F3：
F4：Event  Manager
F5：
F6：Historical  Event  Summary
                                    Exit
```

图 2-24　SASS 控制箱的事件菜单

② 按 F4 键进入事件管理界面。如图 2-25 所示。

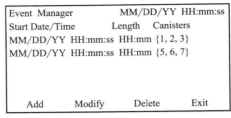

图 2-25　SASS 控制箱的事件管理屏幕

③ 按 F1 键增加新事件。如图 2-26 所示。

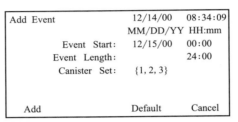

图 2-26　SASS 控制箱的增加新事件屏幕

④ 利用上下箭头键调节数值，左右箭头移动光标，设置开始的日期与时间。

⑤ 编辑所需采样时间（默认采样时间是 24h）。

⑥ 选择设置将要激活的采样罐。

⑦ 按 F1 键增加编辑好的事件。

⑧ 按 F4 键退出到主屏幕。

（4）卸下采样罐

采样完成后尽快卸下采集罐。顺时针旋转采样罐直到停止，然后拔出采样罐。同时保持旋风式切割头朝下，扭转旋风式切割头直到底部金属板与锁紧螺丝分离，然后将旋风式切割头与采样罐分开。从采样罐中拿出滤膜，放到膜盒中。将膜盒包好，放到密封袋中贮存于冰箱。

（5）数据检索

① 按 F1 键进入事件菜单。

② 按 F2 键进入历史事件概要，选择你需要查看的采样事件。

③ 用＜＜和＞＞箭头键查看上下页菜单。按右箭头＞＞键，第一个界面是当前界面，显示的是当前的数值。

④ 再次按键，进入"5 分钟值"界面，显示收集到最后 5min 的数据。

⑤ 再次按＞＞键，进入第一个包含现场数据记录表信息的界面。它是体积概要界面（见图 2-27）。可以检查体积并记录在现场数据记录表中。

⑥ 再次按＞＞键，进入体积标差概要界面（图 2-28）。体积标差是指采样事件

过程中获取的流量值标准偏差，将这些数值记录在现场数据记录表。

```
Volume  Summary         MM/DD/YY HH:MM:SS
Ambient P   xxx  mmHg      Ambient T   −xx.x C
Volume   1   x.xxx m3      Filter    1   −xx.x C
Volume   2   x.xxx m3
Volume   3   x.xxx m3
Volume   4   x.xxx m3
Volume   5   x.xxx m3
                 <<        >>        Exit
```

图 2-27 SASS 控制箱的体积概要界面

```
CV Summary              MM/DD/YY HH:MM:SS
            CV      Mean      Std    Dev
Flow 1       %       Lpm             Lpm
Flow 2       %       Lpm             Lpm
Flow 3       %       Lpm             Lpm
Flow 4       %       Lpm             Lpm
                 <<        >>        Exit
```

图 2-28 SASS 控制箱的体积标差概要界面

⑦ 再次按＞＞键，进入最大值/最小值概要界面（见图 2-29）。可以查看采样事件过程中温度和压力数据的最大值/最小值，并将这些值记录在现场数据记录表。

```
Min/Max  Summary        MM/DD/YY HH:MM:SS
   Ambient T Max         C
            Min          C
   Filter 1 T Max        C
            Min          C
   Ambient P Max         mmHg
            Min          mmHg
                 <<        >>        Exit
```

图 2-29 SASS 控制箱的最大值/最小值概要界面

⑧ 再次按＞＞键，进入滤膜温度差概要界面。最大温度差值是指记录的环境温度与滤膜温度之间的温度差异最大值。

⑨ 再次按＞＞键，进入报警屏幕（见图 2-30）。它是指采样时间过程中发生的

```
Warnings                MM/DD/YY HH:MM:SS
Elapsed  Time:  YES   HH:mm:ss < 23:00:00
Filter dT
 5    YES    −XX.X  C    MM/DD/YY HH:mm:ss
 6    YES    −XX.X  C    MM/DD/YY HH:mm:ss
 7    YES    −XX.X  C    MM/DD/YY HH:mm:ss
                 <<        >>        Exit
```

图 2-30 SASS 控制箱的报警界面

任何报警。如果显示的是 YES，则表明有一个报警发生。可以检查这些警告结果并记录在现场数据记录表上。

⑩ 再次按＞＞键，进入流量报警界面（见图 2-31）。YES 表明有流量报警发生，同时会在界面上保存发生的时间和日期。可以检查这些警告结果并记录在现场数据记录表中。

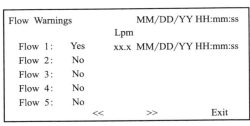

图 2-31　SASS 控制箱的流量报警界面

⑪ 再次按＞＞键，进入断电记录界面见图 2-32。它提供的信息是采样事件过程中发生的断电信息。当电源中断超过 1min 时便被记录为断电事件。最多可记录 10 组事件。如果超过 10 次断电记录，第 10 次记录将被最近的一次覆盖。可以检查这些事件并记录在现场数据记录表中。

```
Power Interruptions                    MM/DD/YY HH:MM:SS

1 MM/DD/YY HH:MM:SS        6 MM/DD/YY HH:MM:SS
2 MM/DD/YY HH:MM:SS        7 MM/DD/YY HH:MM:SS
3 MM/DD/YY HH:MM:SS        8 MM/DD/YY HH:MM:SS
4 MM/DD/YY HH:MM:SS        9 MM/DD/YY HH:MM:SS
5 MM/DD/YY HH:MM:SS        0 MM/DD/YY HH:MM:SS
                  <<              >>            Exit
```

图 2-32　SASS 控制箱的断电记录界面

（6）野外空白

定期进行野外空白样品实验。野外空白样会用通道的数字编号。野外空白应优先于正常采样安装。将空白样品安装到采样器通道 1～3 中，静置约 3～5min。然后移除采样罐和旋风式切割头。从采样罐中取出滤膜，放到单独的膜盒中，包好用密封袋封存。按日程安排安装日常采样的采样罐，并将野外空白样品带到实验室处理。

2.3.8　质量控制及质量保证程序

（1）概要

质量控制检查必须在采样器开始使用前和之后的每个月或每个季度执行。每月的质量控制检查可以由站点的操作人员执行，每季度的校准则应由独立的第三方来执行。

在对采样器进行调试之前应完成这些检查。在设备记录本上记录站点、采样器和常规的或者特殊的质量控制检查结果信息。

（2）日期和时间检查

比较显示的和已知准确的日期与时间，按月进行时钟检查。在设备记录本上记录这些信息。

（3）每月检漏

① 在采样器启动时以及按月执行此项检查。

② 将包含滤膜和溶蚀器并接好旋风式切割头的采样罐放置在通道上进行检漏。利用采样罐作为配件用来检漏和检查流量。采样罐必须包含用于正常采样的滤膜（必要的话还应包含溶蚀器）。

③ 按 F1 键进入系统测试。

④ 按 F3 键开启采样泵，等 1～2min 直到流量稳定在 6.7L/min 左右。

⑤ 按 F2 键打开检漏选项。

⑥ 当采样泵工作时，控制界面会显示当前流量值，用手指堵住旋风式切割头的进气口。如果通道 1 的流量值应该下降至 0.0 或者 0.1L/min，则表明了采样罐的各组成部分没有漏气。

⑦ 对所有使用的通道重复此操作进行检漏。

⑧ 当所有的通道通过检漏时，按 F3 键关闭采样泵和检漏选项。按 F4 键退出到主菜单。

⑨ 为避免损坏检漏滤膜，请缓慢释放真空。

（4）每月温度控制检查

在采样器启动时和之后的每个月执行此项检查。将标准数字温度计的探针放在样品温度传感器附近的位置来检查环境和样品滤膜温度传感器。待读数稳定后，在设备记录本上记录这些结果。在采样器和控制检查温度读数相差超过 ±2℃，排除系统故障并复核后，如果仍然有较大差值，则需进行多点校准或更换有故障的传感器。

（5）每季温度控制检查

按季执行此项检查。除了使用的标准温度计与每月检查时使用的不一样，其余操作步骤与 2.3.8(4) 部分相同。如果温度传感器不能维持每月或每季检查校准结果，应当对此部件进行维或者更换有故障的部件。

（6）每月压力控制检查

① 比较采样器显示屏的大气环境压力读数和已认证的标准气压传感器上的读数。

② 如果压力读数差超过 ±10mmHg，则需进行多点校准或者更换有故障的传感器。

（7）每季压力控制检查

除使用的标准压力传感器与每月检查时使用的不一样，其余操作步骤与 2.3.8（6）部分相同。如果压力传感器不能维持每月或每季检查校准结果，应当对此部件进行维护或者更换有故障的部件。

（8）每月流量控制检查

① 在采样器启动时和之后每月执行此项检查。

② 使用 2.3.8(3) 部分提到的相同采样罐。

③ 将旋风式切割头进气口与外置流量校准设备连接。使用一个认证的低压降标准流量传感器。

④ 从主屏幕菜单，按 F1 键进入系统测试。

⑤ 按 F3 键开启采样泵，等待 $1\sim2$min 直到流量稳定在 6.7L/min 左右。

⑥ 比较外置流量校准设备的测量值与显示值（提前设置为 6.7L/min）。如果流量偏差在 $\pm4\%(\pm0.27$L/min$)$ 之内，进行流量校准。

⑦ 按以上程序，对所有使用的通道重复此操作。

⑧ 在记录本上记录这些结果。

（9）每季流量控制检查

按季执行此项检查。除了使用的流量标准传感器与每月检查使用的不一样，其余操作步骤与 2.3.8(8) 部分相同。如果流量控制其不能维持每月或每季检查校准结果，应当对此部件进行维护或者更换流量控制系统。

2.3.9 维护流程

（1）概要

通常的 SASS 维护要求保持 SASS 采样头、真空泵箱和控制箱无尘和进样口的清洁。

（2）采样器维护

控制箱、传感器罩和真空泵箱应该用干净的湿抹布进行清洁。采样环境应尽可能的干净，以保证采样罐受到最小概率的污染，最大效率的防辐射罩保护。

（3）$PM_{2.5}$ 旋风式切割头维护

至少每月清洗旋风式切割头一次。在清洗前，将进样口从采样罐上拔出。拆下大颗粒收集杯，用压缩空气或无绒布进行清洁。拆开旋风式切割头并用无绒布清洗切割头内腔。检查所有的密封圈（大颗粒收集杯、进气口）有无损坏，如有需要进行更换。重新组装旋风式切割头。

（4）采样泵箱维护

至少每季清洁和检查采样泵箱。拧开角落位置的 4 个螺丝钉，掀起外罩，用刷子或压缩空气清洗真空泵箱的内部。需特别注意位于采样泵下面的屏幕。先拧紧在排气风扇侧面的两个螺丝钉更换盖子，然后按相反的方向拧紧螺丝钉。

2.4　多通道采样器手工采样（ZR-3930）

2.4.1　适用范围

本操作程序适用于青岛众瑞 ZR-3930 型多通道空气颗粒物采样器的安装、校准、操作和维护。

2.4.2　方法摘要

ZR-3930 型多通道环境空气颗粒物采样器是六通道同源平行采样器。特殊的分流结构使得大气颗粒物按照各向同性被均匀分配到六路采样通道中，实现颗粒物分类同源平行采样。

2.4.3　设备与耗材

ZR-3930 型多通道空气颗粒物采样器外观、正反面结构示意分别如图 2-33、图 2-34 所示。

图 2-33　ZR-3930 型多通道空气颗粒物采样器外观

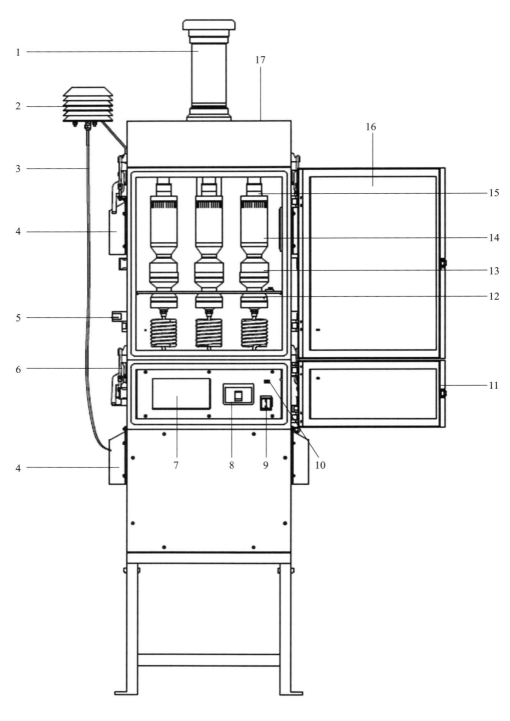

(a) 正面结构

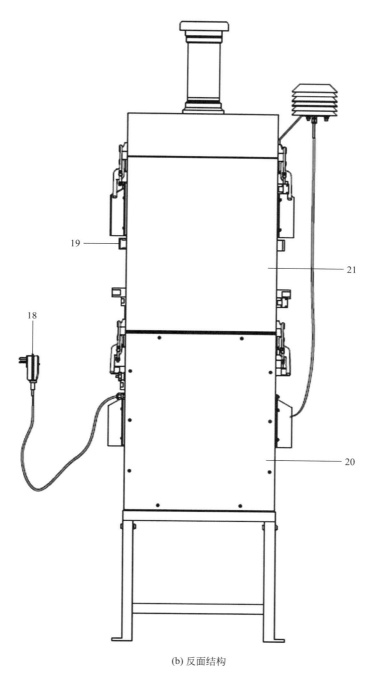

(b) 反面结构

图 2-34　ZR-3930 型多通道空气颗粒物采样器结构

1—TSP 切割器；2—温湿度传感器；3—温湿度传感器连接线；4—通风罩；5—搬运把手；6—固定搭扣；

7—显示屏；8—打印机；9—电源开关；10—USB 接口；11—控制柜门；12—滤膜夹持器；

13—PM₂.₅切割器；14—PM₁₀切割器；15—切割器连接杆；16—主机柜前门；

17—分流器；18—电源插头；19—门搭扣（带锁）；20—维护后板；21—后门

2.4.4 采样器安装

ZR-3930 型多通道空气颗粒物采样器安装示意如图 2-35 所示。

采样器安装步骤如下：a. 将主机放置在支架上；b. 通过手拧螺钉（4 只 M8×40）将主机与支架 25 紧固为一体；c. 用 2 只 M6×15 蝶形手拧螺栓将温湿度传感器与主机相连，再将温湿度传感器连接在温湿度传感器插座上；d. 将 TSP 切割器 1 与主机顶端螺纹相连；e. 将仪器固定于所需采样平台上；f. 实验仪器使用环境应

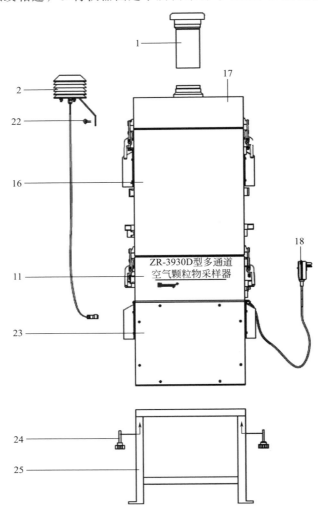

图 2-35　ZR-3930 型多通道空气颗粒物采样器安装示意

1—TSP 切割器；2—温湿度传感器；3—温湿度传感器连接线；4—通风罩；5—搬运把手；6—固定搭扣；
7—显示屏；8—打印机；9—电源开关；10—USB 接口；11—控制柜门；12—滤膜夹持器；
13—PM$_{2.5}$ 切割器；14—PM$_{10}$ 切割器；15—切割器连接杆；16—主机柜前门；
17—分流器；18—电源插头；19—门搭扣（带锁）；20—维护后板；21—后门；
22—M6×20 蝶形手拧螺栓；23—维护前板；24—手拧螺钉；25—支架

通风良好、干燥、无粉尘、无强电磁干扰。

2.4.5　安全问题

① 实验仪器使用环境应通风良好、干燥、无粉尘、无强电磁干扰。

② 电源长期使用后可能会出现接触不良或断路现象，每次使用前应检修以确保电源线无破损、裂缝、断路现象。

③ 请使用软布和中性清洁剂清洁仪器。在清洗之前，确保先断开电源，请勿使用稀释剂或苯等挥发性物质清洁仪器，否则损坏仪器外壳本身的颜色，擦掉机壳上的标识，使触摸屏显示模糊不清等。

④ 请勿自行拆卸本产品，遇到故障时请及时联系本公司售后服务。

2.4.6　日常操作

（1）开机

仪器开机前请认真检查电源线是否连接牢靠，是否有安全隐患。

按电源开关开机，仪器自动进入如图 2-36、图 2-37 所示界面。

图 2-36　系统信息

图 2-37　系统自检

（2）主页

系统自检完毕后进入主界面，显示实时时钟、环境温度、大气压等信息，并有采样、查询、维护三个触控按钮。主界面如图 2-38 所示。

图 2-38　主界面

（3）采样设置

点击采样按钮进入采样设置界面，采样设置界面如图 2-39 所示。

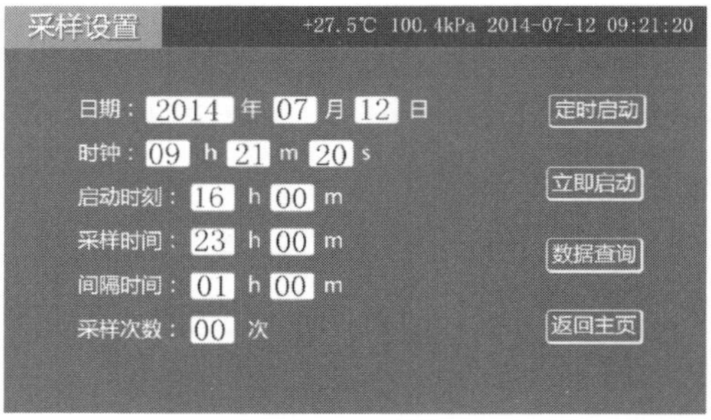

图 2-39　采样设置界面

该界面下可设置实时时钟、采样开始时间、采样时间，采样间隔时间和采样次数等。其中采样次数为采样循环次数，最多可设为 99 次，该值为 0 时表示进行无限循环采样。

点击定时启动后，进入采样等待界面，等待到达设定时刻后启动。若此时掉电，则上电后，如果已到达设定启动时刻则启动采样，未到达则自动进入采样等待界面。等待采样界面如图 2-40 所示。

其中点击立即停止，可回到采样设置界面，点击数据查询可以进入采样数据查询界面。

到达设定采样开始时间或在采样设置界面点击立即采样后，进入采样工作界面如图 2-41 所示。

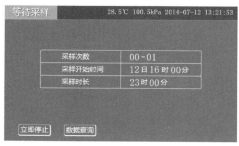

图 2-40　等待采样界面

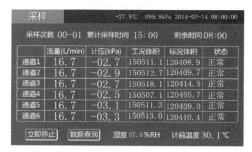

图 2-41　采样界面

采样过程中显示：六路采样流量、计前压力、累积工况体积、累积标况体积和采样工作状态等，同时显示计温、环温、大气压、采样次数、采样累积时间和剩余时间等。点击立即停止可以立即停止当前采样状态进入采样设置界面，点击数据查询可进入采样数据查询界面。

到达采样设定时间后，仪器自动结束采样，进入采样等待界面，等待设定间隔时间后进入下一次采样。

如果在采样过程中断电，可在系统维护中选中采样补时功能。再来电时自动进入采样状态，采样时长等于设定采样时长时采样停止。

若未选中采样补时功能，再来电后，来电时刻未到这次采样的结束时刻则继续采样，到达结束时刻后停止采样；若已经过了结束时刻，则不启动采样，直接进入采样等待界面，等待启动下一次采样。

（4）查询

在主界面/采样设置/采样等待/采样工作状态下，点击数据查询，均可以进入采样文件查询界面，界面如图 2-42 所示。

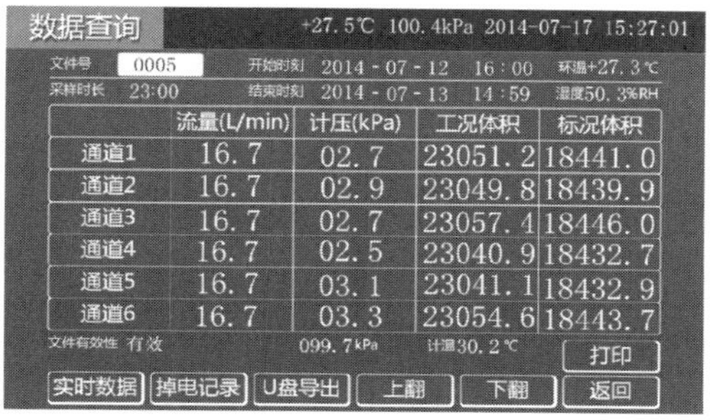

图 2-42　数据查询界面

其中点击文件号可以快速查询该文件号对应的采样文件，采样文件中的采样数据均为采样中的平均值。

① 文件有效性：有效则表示采样正常。

② 流量异常：出现过流量异常。

③ 断电异常：出现过断电情况。

④ 实时数据：点击进入实时数据查询。

⑤ 掉电记录：点击进入掉电记录查询。

⑥ 上翻：点击文件上翻。

⑦ 下翻：点击文件下翻。

⑧ 返回：点击返回主页/采样工作/采样等待。

⑨ 打印：点击打印机打印当前文件。

⑩ U 盘导出：点击导出所有文件。

在数据查询界面下点击实时数据按钮进入实时数据查询界面，界面如图 2-43 所示。

实时数据用以保存每 5min 所记录的采样过程中的流量计压等数据。

点击查询按钮：可以根据输入时间查询距离该时间点最近的实时数据。

点击掉电记录可以查询掉电记录文件。

点击 U 盘导出可以导出全部实时数据。

点击上翻、下翻可实现文件上翻、下翻页。

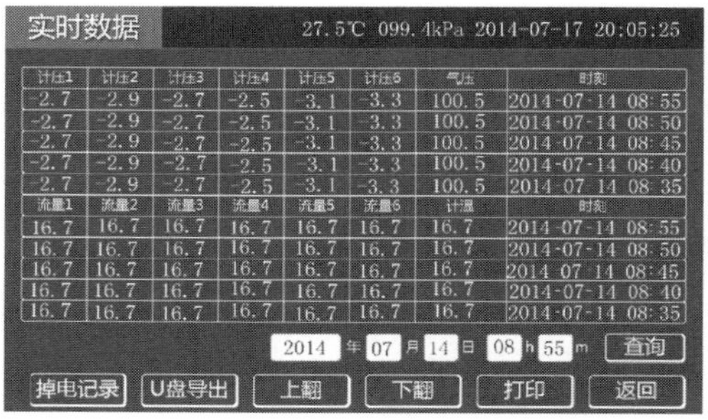

图 2-43　实时数据查询界面

点击打印：打印该屏所有的实时数据。

在数据查询界面/实时数据查询界面下点击掉电异常按钮进入掉电异常查询界面，如图 2-44 所示。

图 2-44　掉电异常查询界面

掉电记录页面用于记录采样过程中，是否有仪器掉电情况发生，并记录掉电时间和来电时间。

（5）系统维护

在主界面点击维护可进入密码输入界面（默认密码为 2007），输入密码后即可进入如图 2-45 所示的系统维护界面。

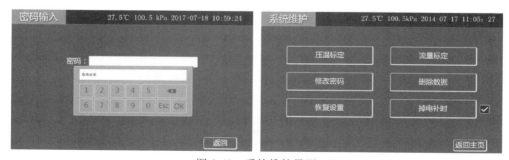

图 2-45　系统维护界面

系统维护的主要功能如下。

① 压温标定：对内部的压力和温度传感器进行标定。

② 流量标定：对内部的流量传感器进行标定分为呼气流量和吸气流量。同时可修改主机采样仓内制冷风扇的开启温度差。

③ 修改密码：修改系统密码。

④ 删除数据：删除存储数据。

⑤ 恢复设置：恢复出厂设置。

⑥ 掉电补时：选中则开启掉电补时功能，取消则关闭掉电补时功能。

（6）采样滤膜的安装与取出

① 准备好镊子和棉花。镊子先用自来水超声清洗 3 次，再用去离子水超声清洗 3 次，最后用二氯甲烷超声清洗一次，每次 20min，晾干后用烧过的铝箔包好镊子尖头与膜接触的部分。将大片的棉花撕成小片，放进广口瓶中，加二氯甲烷超声清洗 3 次，每次 20min。

② 用镊子夹取棉花擦拭取下的滤膜夹及仪器中与滤膜夹接触的部分。滤膜夹为上下两片塑料圆环，中间为一个不锈钢网托。若遇到滤膜夹卡在采样器内无法取出，可以拍打卡住滤膜夹的部分，或用其他镊子抠出（不要用夹取采样膜的镊子），不要用手或其他物品触摸膜以防止破坏或污染膜。

③ 安装采样滤膜

Ⅰ. **聚四氟乙烯滤膜**　取出膜盒，将该膜的流水号与膜号记录在采样记录表中。用镊子从膜盒中夹出聚四氟乙烯滤膜，放到不锈钢网托上，小心合上滤膜夹（见图 2-46），然后将滤膜夹安放回原位。夹取时要夹在膜边缘处的压环，不得接触膜内部。换完膜后，用记号笔在膜盒上写上样品号，并记录在表中，同时记录采样时段的天气状况。

(a)　　　　　　　　　　(b)

图 2-46　滤膜夹组成

注意：天气情况为采样阶段内的天气情况，在将膜换下时一般要补记采样时段发生的特殊情况，尤其是下雨、起风等。

Ⅱ. **石英膜**　取出铝箔袋，用镊子从袋子里夹出石英膜，放到滤膜夹上（注意正、反面，毛面为正面，规则网格状的为背面），小心合上滤膜夹，然后将滤膜夹旋转安放回原位。换完膜后，用记号笔在膜盒上写上样品号，并记录在表中。

④ 点击"采样"按钮进入采样设置界面，设置采样日期、启动时刻、采样时段。设置完成后进入等待采样界面，等待仪器自动开始采样。待仪器开始采样、流量显示稳定后方可离开。

⑤ 采样结束后，取出滤膜夹，将滤膜夹平放，用滤膜夹开启器将其打开（见图 2-47），把滤膜移入膜盒中，同时换上新膜。取下的、已采颗粒物的膜要放置在膜盒中央，盖上膜盒时注意不要使膜被膜盒边缘压住，否则膜容易翘起而粘在盒盖上，会损坏样品。从面板上查看体积，把实际采样体积和标况采样体积都记录在采样记录表上；采完样的膜带回实验室，存放到−18℃的冰箱里。

(a) 滤膜夹盒

(b) 滤膜夹开启器

图 2-47　滤膜夹盒及滤膜夹开启器

⑥ 采样完成后，查看当天采样日志，查看当天采样记录是否存在断电过程，记录断电来电时间。要尽量避免出现断电情形。

⑦ 野外空白膜。每次连续采样阶段开始时，按以上第1、2个步骤换膜，但不开启仪器电源，膜放置一定时间后取出放入膜盒，后续分析与样品膜一致，以达到质量保证/质量控制（QA/QC）的目的。

2.4.7　校准方法

（1）环境条件

① 温度条件：−30～50℃。

② 湿度条件：相对湿度≤95％。

③ 大气压：60～130kPa。

④ 电源条件：220V×（1±10％）。

（2）标准器具及物品配置

① 标准流量计（经计量部门检定，并在有效期内）。

② 流量检定适配器。

③ 温湿度计（经计量部门检定，并在有效期内）。

④ 气压表（经计量部门检定，并在有效期内）。

⑤ 电子秒表（经计量部门检定，并在有效期内）。

（3）时间校准

① 仪器开机前请认真检查电源线是否连接牢靠，是否有安全隐患。

② 按电源开关开机，仪器自动进入开机界面和自检界面，如图2-48、图2-49所示。

图 2-48　开机界面

图 2-49　自检界面

③ 系统自检完毕后进入如图2-50所示主界面，显示实时时钟、环境温度、大气压等信息，并有采样、查询、维护3个触控按钮。

④ 点击采样按钮进入采样设置界面，如图2-51所示。

图 2-50　主界面

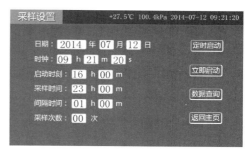

图 2-51　采样设置界面

⑤ 该界面下可对日期和时钟进行校准：a.仪器内日期显示方式为 year：month：day（年：月：日），年、月、日可分开编辑；b.仪器内时间显示方式为 hh：mm：ss（小时：分钟：秒），小时、分钟、秒可分开编辑。

（4）压力校准

① 在主界面点击维护可进入如图2-52所示密码输入界面（默认密码为2007），输入密码后即可进入如图2-53所示系统维护界面。

② 在系统维护界面，点击"压温标定"（见图2-54）对内部的压力传感器进行标定。

③ 点击"气压零点"，输入新的气压零点。

图 2-52　密码输入界面

图 2-53　系统维护界面

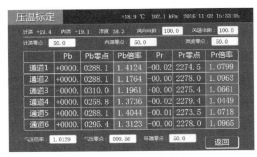

图 2-54　压温标定界面

新气压零点＝原气压零点－（压力表显示环境大气压－仪器显示环境大气压）

（5）温度校准

① 在系统维护界面，点击"压温标定"对内部温度传感器进行标定。

② 点击环温零点，输入新的环温零点：

新环温零点＝原环温零点－（温度计显示环境温度－仪器显示环境温度）

（6）湿度校准

① 在系统维护界面，点击"压温标定"对内部的湿度传感器进行标定。

② 点击湿度零点，输入新的湿度零点：

新湿度零点＝原湿度零点－（湿度计显示环境湿度－仪器显示环境湿度）

（7）气密性检查

① 取下采样器采样入口，将标准流量计、阻力调节阀通过流量测量适配器接到采样器的连接杆入口。阻力调节阀保持完全开通状态。

② 设定仪器采样工作流量，启动抽气泵。待仪器流量稳定后，读取标准流量计的流量值。

③ 用阻力调节阀调节阻力，使标准流量计流量显示值迅速下降到设定工作流量的 80% 左右，同时观察仪器和标准流量计的流量显示值，若标准流量计最终测量值稳定在（98%～102%）设定流量，则气密性检查通过。

（8）流量校准

① 在系统维护界面，点击流量标定对内部的流量传感器进行标定，同时可修改主机抽气泵的保护压力，保护压力最大为 60kPa，防止阻力过大损坏泵。流量标定界面如图 2-55 所示。

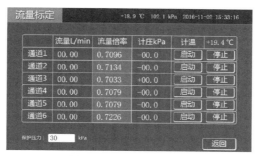

图 2-55　流量标定界面

② 在流量标定前，首先将附件箱中 16.7L/min 标定接嘴一端与上滤膜夹持器连接，另一端与流量计连接，然后依次点击流量标定界面中通道 1～通道 6 的启动按钮，进行流量标定。

③ 滤膜夹及滤膜夹持器结构如图 2-56 所示。

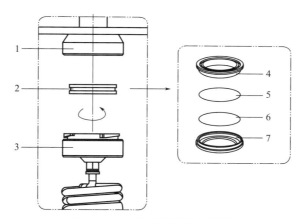

图 2-56　滤膜夹及滤膜夹持器

1—上滤膜夹持器；2—滤膜夹；3—下滤膜夹持器；4—上滤膜夹；5—Φ47mm 滤膜；6—滤膜托网；7—下滤膜夹

④ 各支路 16.7L/min 流量标定完后，将 PM$_{10}$&PM$_{2.5}$ 切割器分别装入仪器内连接好。取下 TSP 切割器，将附件箱中 100L/min 标定接嘴一端与分流器连接，另一端与流量计连接，然后进行总入口 100L/min 流量标定。PM$_{10}$&PM$_{2.5}$ 切割器组成如图 2-57 所示。

（9）校准维护周期

① 切割头清洗：切割器应定期清洗，清洗周期视当地空气质量状况而定。一般情况下累积采样 168h 应清洗一次切割器，如遇扬尘、沙尘暴等恶劣天气应及时

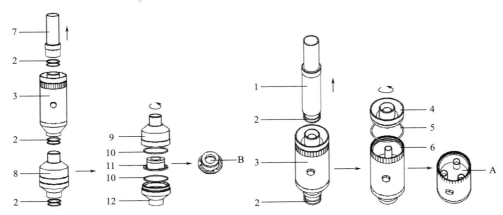

图 2-57　PM$_{10}$&PM$_{2.5}$ 切割器组成

1—PM$_{10}$ 连接杆；2—O 形圈（AS568-026）；3—PM$_{10}$ 切割器；4—PM$_{10}$ 冲击口；5—O 形圈（63×2.65）；
6—PM$_{10}$ 冲击外管；7—PM$_{2.5}$ 连接杆；8—PM$_{2.5}$ 切割器；9—PM$_{2.5}$ 冲击口；10—O 形圈（60×2.65）；
11—PM$_{2.5}$ 冲击套；12—PM$_{2.5}$ 冲击外管；A—PM$_{10}$ 捕集板；B—PM$_{2.5}$ 捕集板

清洗。清洗方法为：取出 PM$_{10}$ 捕集板和 PM$_{2.5}$ 捕集板，先用中性洗涤剂浸泡，除去积尘及污物；再用蒸馏水冲洗；最后用脱脂棉蘸无水乙醇擦拭晾干。

② 温度检查和校准：用温度计检查采样器的环境温度测量示值误差，每次采样前检查一次，若环境温度测量示值误差超过±2%则应对温度进行校准。

③ 压力检查和校准：用气压计检查采样器的环境大气压测量示值误差，每次采样前检查一次，若环境大气压测量示值误差超过±1kPa 则应对采样器进行压力校准。

④ 流量检查和校准：用流量计检查采样流量，一般情况下累积采样 168h 应检查一次，若流量测量误差超过采样器设定流量±2%，应对采样流量进行校准。

⑤ 泄漏检查：每月 1 次，或采样器长时间不用后再次使用之前。

⑥ 时间校准：每月 1 次，或采样器长时间不用后再次使用之前。

⑦ 传感器校零：每月 1 次，或采样器长时间不用后再次使用之前。

⑧ 湿度校准：每月 1 次，或采样器长时间不用后再次使用之前。

（10）校准报告

① PM$_{2.5}$ 颗粒物手工采样器温度和压力校准表，如表 2-4 所列。

表 2-4　PM$_{2.5}$ 颗粒物手工采样器温度和压力校准表

站点名称：＿＿＿＿＿＿　　校准人：＿＿＿＿＿　　复核人：＿＿＿＿＿　　审核人：＿＿＿＿＿

室内温/湿度：　℃/　%RH　　操作日期：＿＿＿＿＿　　开始时间：＿＿＿＿＿　　结束时间：＿＿＿＿＿

采样器资料		
仪器型号	出厂编号	监测项目

续表

环境温度传感器数据			
传感器编号		上次校准日期	

使用的标准温度计资料（玻璃水银温度计）			
量程		序列号	
型号		上次校准日期	
修正量			

温度校准结果			
直接读取的标准读数	已修正的标准值*	传感器的读数*	
		校准前	校准后

环境压力传感器资料			
传感器编号		上次校准日期	

使用的标准气压计资料			
型号		序列号	
上次校准日期			

压力校准结果		
直接读取的标准读数	传感器的读数*	
	校准前	校准后

注释：* 请填入合适的单位，例如摄氏度、毫米汞柱、帕斯卡或大气压【标准大气压】。
备注：＿＿＿
＿＿＿

② PM$_{2.5}$ 颗粒物手工采样器流量校准表，如表 2-5 所列。

表 2-5　PM$_{2.5}$ 颗粒物手工采样器流量校准表

站点名称：＿＿＿＿＿＿＿　　校准人：＿＿＿＿＿　复核人：＿＿＿＿＿　审核人：＿＿＿＿＿
室内温/湿度：　℃/　　%RH　　操作日期：＿＿＿＿＿　开始时间：＿＿＿＿＿　结束时间：＿＿＿＿＿

采样器资料				
仪器型号	出厂编号	监测项目	流量校准日期	
			上一次	下一次

比对流量计资料		
型号		出厂编号

泄漏测试			
	采样泵停	采样泵开	差值
流量读数/(L/min)			

流量校准结果（单位：L/min）

	参考流量计的读数		设计流速（B）	相对误差（C） /%	校准与否
	直接读取的 标准读数	已修正的标 准值（A）*			
校准前					是　否
校准后					

要求：$C=[(A-B)/B] \times 100\% \leqslant \pm 2\%$

③ $PM_{2.5}$ 多通道采样器野外现场采样原始数据记录表，如表 2-6 所列。

表 2-6　$PM_{2.5}$ 多通道采样器野外现场采样原始数据记录表

采样点名称：＿＿＿＿＿　采样日期：＿＿＿＿＿　天气状况：＿＿＿＿＿
采样器型号：＿＿＿＿＿　　采样器编号：＿＿＿＿＿　　采样头编号：＿＿＿＿＿

序号	项目	采样介质编号	样品编号	采样起止时间		采样流量 /(L/min)	采样体积 /L	标况下采样体积/L	气温 /℃	气压 /kPa	相对湿度 /%	风向	风速 /(m/s)	备注
				自时分起	至时分止									
1	PM_{10} 有机													
2	PM_{10} 石英													
3	PM_{10} 石英													
4	$PM_{2.5}$ 有机													
5	$PM_{2.5}$ 石英													
6	$PM_{2.5}$ 石英													
样品现场处理情况														

采样人：＿＿＿＿＿　　送样人：＿＿＿＿＿　　接样人：＿＿＿＿＿

2.4.8　维护保养

（1）使用维护

为防止意外触电，请不要自行打开仪器。如果仪器有异常情况发生，请寻求众瑞智能仪器有限公司或其指定的经销商给予维护。

检测仪器若长时间不使用，应定期通电以保证仪器正常工作。每月只需通电运行一次即可。

（2）故障现象及处理

故障现象及处理如表 2-7 所列。

表 2-7　故障现象及处理

故障现象	处理方法
开机触摸屏不显示	(1)检查输入电源是否满足要求； (2)检查仪器电源插座中的保险丝是否熔断； (3)若熔断，请更换相应规格(10A)的保险丝
仪器运行中处于死机状态	重新启动仪器
仪器运行过程中，无流量	检查管路是否堵塞

2.5 多通道采样器手工采样（TH-16A）

2.5.1 适用范围

本操作程序适用于武汉天虹 TH-16A 型四通道空气颗粒物采样器的安装、校准、操作和维护。

2.5.2 方法摘要

TH-16A 型四通道空气颗粒物采样器可连续采集环境空气中不同粒径悬浮颗粒物，该仪器能实现 4 种样品或 4 个样品的同时采集和分别采集，即可同时采集 TSP、PM_{10}、PM_5、$PM_{2.5}$，也能同时对 TSP、PM_{10}、PM_5、$PM_{2.5}$ 中的一种进行一次性 4 个样品的采集。TH-16A 型四通道空气颗粒物采样器还能测量当地各项气象参数。通过实时记录各项采样及气象数据，可进行环境空气中颗粒物的源解析和分散度分析。

其气路工作原理如图 2-58 所示。

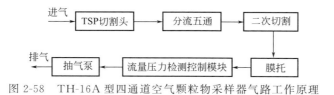

图 2-58　TH-16A 型四通道空气颗粒物采样器气路工作原理

2.5.3 仪器结构

TH-16A 基本结构如图 2-59 所示。

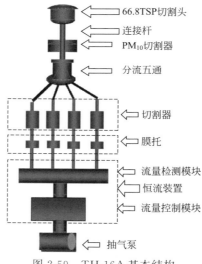

图 2-59　TH-16A 基本结构

2.5.4　采样器安装

　　TH-16A 型四通道空气颗粒物采样器的机箱采用防尘防雨设计，安装简单，只需 220V/50Hz 供电电源即可工作，它对安装场地的要求为：a. 周围没有高的建筑物，场地通风良好；b. 地面积水不得超过 5cm，否则影响仪器的正常工作；c. 地面要平整，仪器工作时其底部的支架必须撑开，且支撑架要均匀受力于地平面。

2.5.5　日常操作

（1）主界面

　　仪器在做好各项准备工作之后，开机通电，即进入到如图 2-60 所示主界面，在仪器的主界面上，用"⇧⇩"键选择，可对仪器的运行设置、采样、导出数据、参数校正、调试维护、使用帮助进行操作。

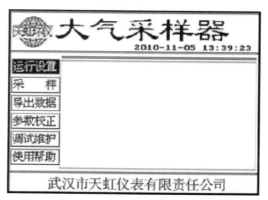

图 2-60　TH-16A 主界面

（2）运行设置

在仪器的主界面上，用"⇧⇩"键将光标移动至运行设置，按 ENTER 键即可进入到如图 2-61 所示界面。在运行设置界面有 4 个子菜单，即系统时钟、采样时间、切割选定、工作方式等选项，同样的方法用"⇧⇩"键移动光标至其中任何一个选项，按 ENTER 键即可进入所要操作界面。

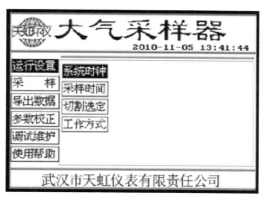

图 2-61　TH-16A 运行设置界面

采样时间选项中分为自动采样和手动采样两种采样方式，其中自动采样方便用户对仪器采样开始和结束时间的统一（见图 2-62）；手动采样要求用户对采样的开始和结束进行操作，手动采样中仪器的结束时间可以设定。

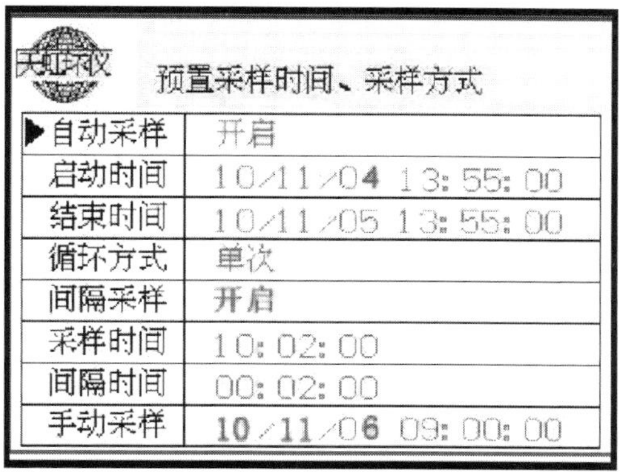

图 2-62　TH-16A 采样时间界面

切割选定选项中，为了方便用户对采样样本数据进行管理，每个样本均记录了采样的切割器类型，所以在采样开始时，必须设定每个通道的切割器类型。切割器可选定的类型有 TSP、PM₁₀、PM_{2.5}、PM_{1.0}、PM₅ 五种，通常情况下，我们将第 1 通道和第 4 通道设定为 PM_{2.5}，第 2 通道和第 3 通道设定为 PM₁₀，用户也可通过自己的需求来调整设定。

打开工作方式选项有通道 1 单循环、通道 2 单循环、通道 3 单循环、通道 4 单循环、四路同时工作 5 种方式，出厂设置通常以四路同时工作这一工作方式运行。

（3）采样

在主界面上用"⇧⇩"键移动光标至采样选项，按 ENTER 键进入后，用"⇦⇨"键选择是否进行采样。选择开始采样，仪器开始调零，调零完毕后自动进行采样如图 2-63 所示界面。若不采样，选择"否"确认后仪器将自动返回主界面。仪器在采样过程中一般是不能进行操作的，如需要进行其他操作，需按 ESC 键先中断采样如图 2-64 所示，确认后仪器将自动返回主界面，此次未采样完成的数据自动保存，等待用户继续采样。如果要结束采样，用"⇧⇩"键选中结束采样，对样本进行保存或取消操作。

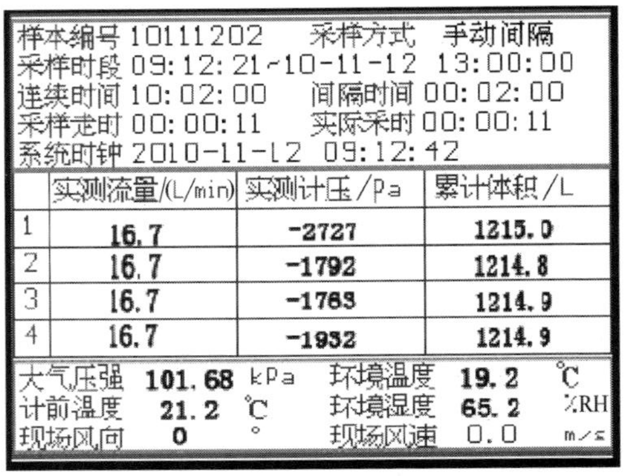

图 2-63　TH-16A 采样中

图 2-64　中断采样

（4）导出数据

在主界面，将光标移至导出数据，按 ENTER 键即可进入到如图 2-65 所示界面，在此界面上有 4 个子菜单，如样本查询、气象查询、日志查看、输出路径等选项；同样的方法，移动光标选择其中任何一个选项，按 ENTER 键即可进入所要操作界面。移动光标选择要查询的样本，按 ENTER 键即可对样本进行查看浏览、查看体积、拷贝和删除等操作。

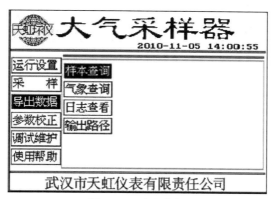

图 2-65　导出数据

2.5.6　校准方法

(1) 环境条件

① 温度条件：20~30℃。

② 湿度条件：≤80%RH。

③ 电源条件：220V×(1±10%)。

(2) 标准器具及物品配置

① 流量计（包括活塞型和气泡型，或是质量流量计，经计量部门检定，并在有效期内）。

② 流量检定适配器。

③ 温度计（经计量部门检定，并在有效期内）。

④ 干湿球湿度计（经计量部门检定，并在有效期内）。

⑤ 高灵敏度气压计、0~30000Pa 补偿微压计（经计量部门检定，并在有效期内）。

⑥ 时钟。

⑦ 连接管。

(3) 时间校准

① 由主菜单进入【运行设置】中的【系统时钟】，用 "←"、"→" 选中该项，按 "ENTER" 键进入，时钟采用 24 小时制。

② 以当时时间为 2012 年 8 月 1 日 9 时 31 分 22 秒为例，先修改年，选中时年的第一个数颜色改变，此时可以对年份的第一个数进行修改，输入 2；再按下 "→"，年份的第二个数字发生改变，输入 0；再按下 "→"，年份的第三个数字颜色改变，输入 1。采用类似的方法依次对月、日、时、分、秒进行修改。修改结束，按下 "ENTER" 确认，系统时间修改完成。

（4）传感器校零

① 传感器校零是以下各项参数校正的第一步，传感器校零指的是对流压传感器和计前压传感器校零。

② 由主菜单进入【参数校正】中的【传感校零】，仪器即自动开始校零过程，观察面板上流压和计压传感器的零点变化情况，当变化不是很大时，即可结束校零过程，按"ESC"键返回，仪器自动记录数据并保存。

（5）压力校准

① 首先进行计前压力参数校正，由主菜单进入【参数校正】中的【计压校准】。

② 将补偿微压计水平零点调节正确，将补偿微压计的正压与通道 1 计前压传感器的正压用导管气密连接，此时仪器通道 1 计前压显示为 0；按"→"将仪器光标移至通道 1 计压系数修正处等候修改通道 1 的计前压修正系数；用补偿微压计给传感器加正压至 3000Pa，修正系数，使通道 1 计前压显示值为 3000，并按"ENTER"键保存系数即可；其余 3 个通道计前压的校正依次进行。

③ 对大气压参数进行校正，由主菜单进入【参数校正】中的【气压校准】。

④ 直接读取当前气压计的读数，输入仪器标定点 1 处并按"ENTER"键确认，则大气压的实测值为该读数。

⑤ 将已经调整好的补偿微压计的负压气嘴用导管和大气压传感器的气嘴相连，调节微气压计，使其负压为 30000Pa，将该值输入仪器标定点 2 并按"ENTER"键确认。

（6）温度校准

① 由主菜单进入【参数校正】中的【气象参数】。

② 将计前温度探头、环境温度探头和校准用温度计探头同时放入 50℃ 左右的水中，待温度计读数不再变化后将测量温度值输入仪器中。

③ 将计前温度探头、环境温度探头和校准用温度计探头同时放入 10℃ 左右的水中，待温度计读数不再变化后将测量温度值输入仪器中。

（7）湿度校准

① 由主菜单进入【参数校正】中的【湿度校准】。

② 将校准用干湿球湿度计和仪器湿度传感器置于同一环境空气中，通过系数修正，使两者的测量值一致即可。

（8）泄漏检查

① 由主菜单进入【参数校正】中的【检漏】，大气采样自动启动，各路阀均调节各自通道流量至 16.7L/min 附近，同时仪器面板提示"调阀中，按 ESC 键中断返回！"。

② 待阀调节完毕后，仪器面板提示"现在开始检漏"。

③ 堵住通道 1 的进气，如果通道 1 的流量下降至 0 附近，且计前压力超过

－10000Pa，仪器提示通道 1 检漏成功，同时仪器为了保护传感器而停止抽气泵工作，按下"3"键重新启动泵。

④ 其他通道检漏依次操作即可。

（9）流量校准

① 由主菜单进入【参数校正】中的【流量校准】。

② 校准通道 1 时，将仪器通道 1 的进气处用导管和校准用流量计相连，将三角光标停留至通道 1 修正系数处。

③ 按下"3"键启动抽气泵，"1"键可使通道 1 流量慢慢增加，"2"键可使通道 1 流量慢慢减少，由于该采样器恒流工作于 16.7L/min，因此使用"1"键和"2"键使注量在 16.0～17.0L/min 之间，再手动修改通道 1 的修正系数，使仪器面板显示的实测值与校准用流量计测值一致。

④ 按"ENTER"键确认，"ESC"键返回，"3"键停止抽气泵工作，还原通道 1 气路，通道 1 流量校准完毕。

⑤ 其他各通道流量校准方法同上。

（10）采样滤膜的安装与取出

① 确保每一个滤膜称重前至少平衡 24h。膜称重必须精确到 1μg（0.001mg）。称取每一个滤膜至少 1 次（建议 3 次），记录单位为克的质量，平均质量读数是初始的滤膜的质量。使用适当的技术，以消除静电影响。这种预采样称重，必须在采样周期 30d 内。

② 安装或取出采样膜时，操作人员应戴上干净手套，避免直接接触采样滤膜造成样品污染。

③ 打开滤膜夹，立即放入每个称量过的滤膜，关闭滤膜夹，通过压紧它的底部部分和顶端部分，确保滤膜夹的顶部和底部的部分是完全盖在一起。

④ 记录采样膜编号和相应的滤膜夹编号，将滤膜夹放到仪器采样通道中。

⑤ 记录采样开始的相对湿度、温度、日期和时间等信息至记录表中。

⑥ 采样结束后，记录日期、时间、采样工况体积、采样标况体积等信息至记录表中。

⑦ 取出滤膜夹，将采样膜小心放回初始的膜盒中，采样膜送回实验室恒重称量。

（11）校准维护周期

① 切割头清洗：切割器应定期清洗，清洗周期视当地空气质量状况而定。一般情况下累积采样 168h 应清洗一次切割器，如遇扬尘、沙尘暴等恶劣天气，应及时清洗。

② 温度检查和校准：用温度计检查采样器的环境温度测量示值误差，每次采样前检查一次，若环境温度测量示值误差超过±2%，应对温度进行校准。

③ 压力检查和校准：用气压计检查采样器的环境大气压测量示值误差，每次

采样前检查一次，若环境大气压测量示值误差超过±1kPa，应对采样器进行压力校准。

④ 流量检查和校准：用流量计检查采样流量，一般情况下累积采样 168h 应检查一次，若流量测量误差超过采样器设定流量±2%，应对采样流量进行校准。

⑤ 泄漏检查：每月 1 次，或采样器长时间不用后再次使用之前。

⑥ 时间校准：每月 1 次，或采样器长时间不用后再次使用之前。

⑦ 传感器校零：每月 1 次，或采样器长时间不用后再次使用之前。

⑧ 湿度校准：每月 1 次，或采样器长时间不用后再次使用之前。

（12）校准报告

① $PM_{2.5}$ 颗粒物手工采样器温度和压力校准表，见表 2-5。

② $PM_{2.5}$ 颗粒物手工采样器流量校准表，见表 2-6。

③ $PM_{2.5}$ 多通道采样器野外现场采样原始数据记录表，见表 2-7。

2.6 颗粒物粒径分级采样器手工采样（MOUDI 100/110）

2.6.1 适用范围

适用于型号为 Model 100 和 Model 110 的微孔颗粒物粒径分级采样器（MOUDI™）的安装、校准、操作和维护。

2.6.2 工作原理

MOUDI 是一个用于一般用途的多级气溶胶采样器。MOUDI 分为 8 级和 10 级切割粒径两种。8 级的 MOUDI 的粒径切割点分别为 $18\mu m$、$5.6\mu m$、$3.2\mu m$、$1.8\mu m$、$1.0\mu m$、$0.56\mu m$、$0.32\mu m$ 和 $0.18\mu m$。10 级（Model 110）版本的 MOUDI 粒径切割点比 8 级版本的 MOUDI 多出 $0.1\mu m$ 和 $0.056\mu m$ 两个切割点。

MOUDI 包括了几种传统多级粒径采样器没有的特征，这些特征有助于整体空气粒子采样仪的多功能性。

① 一套微孔喷嘴：在撞击过程中，它可以在不增加额外压力的情况下将最低切割粒径扩大至 $0.05\mu m$。

② 旋转马达：可以在冲击板上获得几乎均匀的颗粒物沉积物。

③ 可替换的冲击板和膜托：底托和滤膜的装卸工作可以在实验室进行，减少室外装卸本底的过程中可能产生的影响。

④ 封闭的滤膜夹和膜托：冲击板和采样后的滤膜可以在不接触的情况下从采样点带回，同时在保存中，将滤膜上的颗粒物挥发损失和与周边气体的反应损失降到最低。在样品分析之后，样品还可以密封保存。

　　MOUDI 的操作原理与其他的多级采样器是一样的。在每个颗粒物喷射阶段，粒径大于切割粒径的颗粒物将被捕集在撞击板上。粒径小于切割粒径的颗粒物具有较小的惯性，会穿过气流进入下一级。这一过程一直持续到最小的颗粒物被收集到滤膜上。

　　图 2-66 给出了 MOUDI 冲击器某一级的结构示意，称之为第 N 级。每一级都包含着上一级（$N-1$）的撞击板和一套喷嘴（N 级）。这些设置让 MOUDI 可以得到近乎均匀的颗粒物。

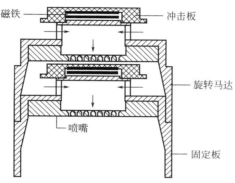

图 2-66　MOUDI 冲击器某一级结构示意

2.6.3　仪器和设备

　　MOUDI 主要包含串联冲击板和旋转柜两个基本组件。冲击板可以在没有旋转柜的情况下使用，但是无法得到分布均匀的颗粒沉积物。

　　图 2-67 给出了最简单版本的冲击板。这个版本不能旋转，分 8 个粒径段切割。

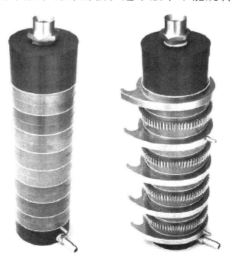

(a) 不可旋转的冲击板　　　(b) 可旋转的冲击板

图 2-67　冲击板

　　为了让每一级都能旋转，每一级都必须安装齿轮和挂钩，这一装备被嵌入旋转柜（见图2-68）中，组合起来就是MOUDI的整体外观（图2-69）。冲击板单元部分分解如图2-70所示。

图2-68　旋转柜　　　　　　　　　　　图2-69　MOUDI整体外观

图2-70　冲击板单元部分分解图

图2-71给出了MOUDI某一级的分解图。

图2-71　MOUDI某一级分解图

　　虽然这是一个8级的颗粒物采样器，第一级上可以加一个撞击板。该撞击板与入口管一起构成一个零级。通过去除通过这一点上的颗粒（它的切割尺寸为$18\mu m$），在第一级可以获得粒径为$18\mu m$以下的颗粒物。

中转轴的主要功能是要提供一个旋转每一层级的 MOUDI 转动轴。转轴上还设有压差表和一个通过 MOUDI™ 空气的流量控制阀。MOUDI 的上下两个压差表用于试验前对采样流量的标定，以及试验过程中对采样流量的监测。其中上压差表提供的是冲击器入口到第五阶的气体压降，下压差表监控了第五阶至末端第八阶的压降。

如果在最后阶段的压力下降开始上升，而流量保持不变，说明最后一级的喷嘴已经变脏需要清洗。在最后一级使用的微孔喷嘴非常小（粒径为 $50\sim100\,\mu m$），颗粒沉积的冲击或扩散（布朗运动和湍流）可能会部分堵塞喷嘴。当这种情况发生时，喷嘴板上的压力会上升。

注意：不要用将 MOUDI 的任一部分放入超声中清洗。正确的清洗方法是将含有温和洗涤剂或其他清洁剂的清水浸泡在水中，然后用蒸馏水冲洗，最后用酒精清洗。

2.6.4　切割粒径和效率曲线

每个层级的切割尺寸如表 2-8 所列，颗粒物收集效率曲线如图 2-72 所示。

表 2-8　切割粒径和喷嘴数量

层级	切割粒径/μm	喷嘴数量
入口	18	1
1	10	3
2	5.6	10
3	3.2	10
4	1.8	20
5	1.0	40
6	0.56	80
7	0.32	900
8	0.18	900
9	0.10	2000
10	0.056	2000
膜	0	—

粒径大于 $1\mu m$ 的颗粒物的校准是通过 Berglund-Liu 单分散气溶胶发生器完成的，亚微米颗粒物的校准是通过静电分类器技术来完成的校准。

2.6.5　日常操作

先拆卸 MOUDI，再涂硅脂。

从旋转柜拆下冲击板，将旋转柜接电，打开开关，传动轴将顺时针方向旋转，冲击板将脱离旋转轴。

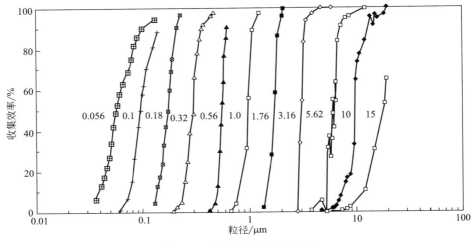

图 2-72　颗粒物收集效率曲线

MOUDI 的每一层主要由喷孔盘、冲击板和壳体组成。冲击板拆卸的过程中，首先移除入口，然后从上到下逐级拆卸。冲击板的底托和滤膜的装卸工作可以在测试现场或实验室中进行。如果需要取出喷嘴板，可以通过拆卸 3 个螺钉并下压嘴板。

注意： 不要直接按压喷嘴板的中心。这一部分很薄，很容易损坏。

拆卸 MOUDI 的最后一步是去除底膜。将膜托上移，取下压紧环并拆下底膜。由于膜托是被钉在压紧环上，该环必须垂直向上取出。

2.6.6　仪器安装

MOUDI 的安装是和拆卸相反的过程。

① 底托放入冲击板中。

② 底膜的膜托处放入一张滤膜。

③ 将膜托放在滤膜垫片上，拧紧滤膜夹的螺丝。

④ 将撞击板置于每一级滤膜夹的底座上。按相反的顺序安装，切割粒径最小的在底部，切割粒径大的在顶部。

⑤ 把 MOUDI 的上盖盖上，旋转上盖和第 5 级、滤膜夹，使 3 个小软管配件是平行的。

⑥ 将冲击器放入旋转柜中，打开旋转马达数分钟。这可以使旋转柜的钩子和齿轮充分运转起来。

⑦ 将压差表连接到 MOUDI 上。

⑧ 将流量控制阀和底座配件用管连接在一起，另一端连接抽气泵的阀或者其他真空设备。

注意： 双 O 形密封圈处的硅脂需定期添加至适量。O 形圈的干燥可能会造成电机的损坏。

2.6.7　采样膜的准备工作

几乎所有类型的采样膜都可以用在 MOUDI 中，只要足够薄能够放入膜托中。

注意：MOUDI 的设计和标定都是采用 0.001in 厚的采样膜。

如果需要通过采样器获得质量浓度的粒径分布信息，在采样之前和之后都必须对采样膜进行称重。

2.6.8　操作步骤

① 准备冲击板，拆卸 MOUDI。

② 安装冲击板和底膜。

③ 打开旋转马达和真空泵，将流量调节至 30L/min。

④ 相关参数见表 2-9。

表 2-9　MOUDI 参数

项目	MOUDI 100		MOUDI 110	
	只有冲击板	冲击板/旋转马达	只有冲击板	冲击板/旋转马达
流量	30L/min		30L/min	
功率	AC115V 50/60Hz,0.5A		AC115V 50/60Hz,0.5A	
尺寸	80mm×360mm	220mm×500mm	80mm×420mm	220mm×560mm
质量	2kg	11kg	2.3kg	12kg
操作环境	10~40℃,20%~80%RH			

参 考 文 献

[1] Field Operation Manual，Document No. SASS-9800 Rev G. Model SASS TM & SuperSASS TM PM$_{2.5}$ Ambient Chemical Speciation Samplers，Met One Instruments，Inc.，December 27，2001.

[2] USEPA SOP ♯ 5100CSN，Standard Operating Procedure for the Met One SASS，July 27，2011.

[3] CARB AQSB SOP 401，Standard Operating Procedures for Met One Instruments Speciation Air Sampling System（SASS），February 2003.

[4] USEPA，Air Quality Criteria for Particulate Matter，Volume I of II（EPA/600/P-99/002aF），October 2004.

[5] USEPA，Compendium method IO-2.1，Sampling of Ambient Air for Total Suspended Particulate Matter（SPM）and PM$_{10}$ using High Volume（HV）Sampler，June 1999.

[6] USEPA Federal Reference Number RFPS-0202-141，Operation Manual for PM$_{10}$ High Volume Air Sampler，August 10，2010.

[7] TE-303 Digital Timer Plus Operator's Manual，Tisch Environmental Incorporation，October 15，2009.

[8] Field Operation Manual，Document No. SASS-9800 Rev G. Model SASS TM & SuperSASS TM PM$_{2.5}$ Ambient Chemical Speciation Samplers，Met One Instruments，Inc.，December 27，2001.

[9] USEPA SOP ♯ 5100CSN，Standard Operating Procedure for the Met One SASS，July 27，2011.

[10] CARB AQSB SOP 401，Standard Operating Procedures for Met One Instruments Speciation Air Sampling System（SASS），February 2003.

[11] HJ 618—2011.

[12] HJ 656—2013.

[13] HJ 93—2013.

[14] Q/0212ZRB012—2014.

[15] 《环境空气颗粒物来源解析监测方法指南》（试行）（第二版）.

[16] 《大气颗粒物智能采样仪 TH-16A 型四通道 PM_{10}、$PM_{2.5}$ 使用说明书》，武汉宇虹环仪表有限公司.

第3章

PM₂.₅称量与实验室分析标准操作程序

本章主要介绍 $PM_{2.5}$ 样品采集后的实验室分析标准操作程序，包括滤膜手工称重、滤膜自动称重和 $PM_{2.5}$ 中元素碳、有机碳、无机水溶性阴阳离子、金属元素及非极性有机物种检测，为颗粒物理化特性分析与来源解析基础数据提供可靠保障。

3.1 滤膜手工称重

3.1.1 适用范围

本操作方法适用于 $PM_{2.5}$ 手工采样滤膜（圆形，直径为 47mm±0.25mm）准备和称重分析。通常而言，根据监测目的的不同，可选用玻璃纤维滤膜、石英滤膜等无机滤膜或聚四氟乙烯（特氟龙）、聚氯乙烯、聚丙烯、混合纤维素等有机滤膜进行 $PM_{2.5}$ 采样。

3.1.2 方法摘要

采样前后每张滤膜需在十万分之一或更精确的天平上称重。滤膜采集大气中空气动力学直径≤2.5μm 的颗粒物。滤膜可在不同型号的 $PM_{2.5}$ 采样器上进行采样（例如，Met One SASS 或者 Super SASS、青岛众瑞多通道空气采样器（ZD-3930D）、天虹四通道空气采样器（TH-16A）等）。根据采样前后滤膜的质量变化和累积采样体积，计算大气中 $PM_{2.5}$ 的质量浓度。在采样称重后，将所有的滤膜放置在 −20℃ 条件下密封冷藏保存，用于下一步的化学分析。

3.1.3 干扰因素

① 人体的水分或者油脂接触滤膜会对称重结果产生潜在影响，任何时候都应使用洁净的非锯齿状镊子操作滤膜，将这些影响降至最低。

② 滤膜表面的静电可能会影响到滤膜的称重结果。在称重前使用静电中和器（放置至少 30s）对滤膜进行处理，可控制滤膜表面的静电。

③ 水分会影响滤膜的称重结果。滤膜称重之前，都必须在受控环境下平衡 24h 以上。根据《环境空气颗粒物（$PM_{2.5}$）手工监测方法（重量法）技术规范》，天平室环境的平均温度必须维持在 15～30℃ 之间，平均相对湿度在 50％±5％ 之间。

④ 空气中的粉尘会影响滤膜质量测量结果的准确性。正在平衡的滤膜不要放在空调管道出气口、打印机旁，或频繁开关门的位置。每天都要做好滤膜准备试验台和称重台的清洁卫生工作，在天平室门口的入口处放置黏性地垫，可进一步的减少粉尘污染。

⑤ 热分解、化学降解或者物质组分的蒸发和挥发（如 NH_4NO_3，它会分解为 NH_3 和 HNO_3 的气体）会造成滤膜上颗粒物质量流失。颗粒物中半挥发性有机物的挥发会导致样品称重结果偏小。因此，滤膜在运输到称重实验室的过程中必须持续冷藏，以使颗粒物重量流失达到最小化或标准化。

⑥ 称重前的不当滤膜操作过程也可能导致滤膜质量流失。需在称重前小心操作滤膜，包括从滤膜盒子里取出滤膜、平衡滤膜、滤膜静电中和，或其他滤膜操作等。

3.1.4　设备与材料

$PM_{2.5}$ 滤膜手工称重设备与材料如表 3-1 所列。

表 3-1　$PM_{2.5}$ 滤膜手工称重设备与材料

设备/材料	功能	备注信息
十万分之一天平	称重	(1)绝对精度分度值为 0.01mg,检定周期不超过 1 年; (2)必须放置在减震平台上
砝码	质量参考标准	(1)具有抗腐蚀性,检定周期不超过 1 年; (2)一共需要两套砝码,一套作为工作基准,另一套作为基本标准
静电中和器	滤膜表面静电消除	配钋-210 抗静电条
温度/相对湿度传感器	实时记录平衡、称重过程温度、相对湿度变化	配图表记录仪
灯光盒	用于滤膜检查	
滤膜平衡柜	用于滤膜平衡	
采样滤膜及滤膜盒	称重载体及其保护介质	石英、玻璃纤维滤膜膜盒内部用经 450℃高温烘烤 4h 以上的铝箔纸包裹
抗静电、无硝酸盐、无磷酸盐、无硫酸盐、无粉末的乙烯基手套	滤膜操作过程佩戴	

续表

设备/材料	功能	备注信息
非锯齿状镊子	操作滤膜用	
非金属非锯齿状镊子	夹取砝码用	
无尘纸		
黏性地垫		

3.1.5 称重准备与要求

（1）实验室要求

为满足滤膜平衡与称重所需的严格要求，设置独立的空调系统，并配备高效颗粒物空气过滤器，保持 24h 开启状态。灯光盒与工作台都安置在实验室内，分别为滤膜灯光测试与滤膜准备用。实验室内专门设计一个天平平衡和称量室，安装十万分之一天平、温湿传感器（配图表记录仪）记录仪和滤膜平衡柜（架）。黏性地垫需放置在进入天平室的门口处，用于去除粘在鞋底下的碎屑物。

（2）受控环境要求

① 温度：在称重环节之前，在 24h 里温度控制在 15～30℃ 任意一点，控温精度 ±1℃。

② 相对湿度：在称重环节之前，在 24h 里相对湿度控制在 (50±5)%。

（3）天平的要求与建议

① 在水平位置上需要有水平气泡，并可调整。

② 必须根据制造商手册说明在每个称重环节前进行校准。

③ 不可自动归零。

④ 需要根据制造商手册说明书手动进行工作标准的外部验证。

⑤ 必须放置在前文所述的控制环境里。

⑥ 必须放置在干净的、无振动的平面上。

⑦ 必须放置在一个没有气流波动的环境里，因为气流会延长或影响称重达到平衡的状态。

⑧ 必须接地以减少静电。

⑨ 必须始终保持开机状态。

⑩ 必须严格依据制造商的说明书进行维护和操作。

⑪ 必须每年至少进行常规独立的校准一次。

（4）静电电荷中和要求

利用少量的钋-210 抗静电条减少在天平称量室里静电的累积，并通过静电中和降低滤膜上静电积累。钋-210 抗静电条通过两头各有一处突起的钢板弹簧连接到定位器上。两头突起部分通过弯曲弹簧以卡入钋-210 抗静电条两头的孔内，钋-210 抗静电条的格栅表面向外。

弯曲柔性臂以定位钋-210抗静电条格栅处发出的辐射方位。为取得最有效效果，钋-210抗静电条的格栅与所中和表面应相距"1/2"～"3/4"。钋-210元素释放的α粒子在静止的空气中所能穿越的最远距离为"11/8"，且在路径末端离子化程度最高。空气的运动必须考虑在内，因此有必要尝试多种不同距离，以确定在当时条件下获得最佳静电消除效率的最佳位置。建议每6个月更换一次抗静电条，把旧的抗静电条送至制造厂商以便妥善处理。

3.1.6 天平校准程序

在任何一个滤膜称重的环节前都必须对天平进行校准。

① 检查天平的基座是否水平，如有需要则进行调整。为保证稳定性，天平必须一直处于开启状态。

② 内部校准：打开防风罩至少1min，使得天平称量室的温度和相对湿度与外界平衡，之后再关上屏蔽门。直到读数稳定后，按下天平校准键，完成内部校准。

③ 外部校准：打开防风罩。使用非金属镊子，把一个0.1g的工作基准砝码放在微量天平托盘上。关上防风罩，记录数据（天平室的温度、相对湿度和微量天平的质量读数）。用0.2g的工作基准砝码再重复一次以上过程。外部校准必须每日进行，以保证滤膜前后称重的进行。

3.1.7 滤膜检查

（1）空白滤膜检查

在每个未采样滤膜（即空白滤膜）放入滤膜盒进行平衡之前，需将滤膜放在灯光盒前检视是否有瑕疵，任何不合格的滤膜都必须作废。一些特别明显的缺陷如下所述。

① 小孔：在灯台上检查到滤膜上有明显的小孔。

② 松动的材料：滤膜上存在任何多余松动材料或者尘埃粒子。

③ 变色：任何明显的变色可能预示着滤膜受到污染。

④ 其他：除了以上提到的瑕疵，如不规则、不均匀的表面或是其他做工低劣的品质。

此外，对于特氟龙滤膜，还需注意观察以下几点。

① 支撑环分离：在滤膜与滤膜支撑环的密封处出现分离或是缺失的状况。

② 渣滓或者闪纹：加固圈或者熔合地方的任何多余材料会影响采样的过程中的密封性。

（2）滤膜样品检查

天平实验室需在收到野外采样样品24h之内对滤膜进行检查。确认每张滤膜样品的信息都正确记录在采样记录表中。检查存放滤膜容器的内壁和外壁是否有水蒸气的形成。此外，将滤膜样品从存放容器中取出，按照3.1.7（1）部分中的步骤检视是否有瑕疵。若发现存在瑕疵，在相应的采样记录表中进行记录。

3.1.8　滤膜平衡

采样前后滤膜在称重前，均需在受控环境中进行平衡，以确保所有滤膜在称量前达到稳定状态。平衡过程需注意以下几点。

① 滤膜平衡是一个重要的过程。以确保所有滤膜在称重前达到平衡状态，需要保证滤膜平衡包括准备过程均需要在受控环境中进行。同时，环境的温度和湿度必须受到适当的监控，让可能存在于滤膜上的重量物质达到稳定和平衡。

② 空白和已采样滤膜样品需分别存在不同的平衡柜（架）上。

③ 称重前，每张滤膜（包括空白滤膜和滤膜样品）均需在上述环境中平衡至少 24h。

④ 对于还需要进行有机成分分析的滤膜（如石英滤膜、玻璃纤维滤膜等），则需要用铝箔纸包裹好后，经 450℃ 高温烘烤 4h 以上，去除滤膜上原有的有机成分后再进行恒重处理。

3.1.9　滤膜称重

① 在称重之前，按照 3.1.6 部分所述对微量天平进行内部和外部校准。

② 放置 0.1g 工作基准砝码在天平托盘上，关上屏蔽门。待天平读数稳定后，记录读数（记录表详见表 3-2）。

表 3-2　PM$_{2.5}$ 采样滤膜称重记录表

日期		滤膜种类:特氟龙/石英/玻璃纤维				采样前/采样后	
操作员							
标准砝码称重检查							
砝码质量/g	天平读数 1/g	天平读数 2/g	称量均值/g		偏差[①]/mg	是否符合要求	
0.1							
0.2							
标准滤膜称重检查							
标准滤膜	10 次称量均值/g			本次称量/g	偏差[②]/mg	是否符合要求	
1							
2							
滤膜编号（手动）	滤膜编号（自带）	称重时间	温度/℃	相对湿度/%	天平读数 1/g	天平读数 2/g	天平读数 3/g	3 次之间的最大偏差/g	天平读数均值/g

续表

滤膜编号（手动）	滤膜编号（自带）	称重时间	温度/℃	相对湿度/%	天平读数1/g	天平读数2/g	天平读数3/g	3次之间的最大偏差/g	天平读数均值/g

① 标准砝码质量与原始质量偏差在±0.04mg范围内，认为该批样品滤膜称量合格，数据可用。

② 标准滤膜质量与原始质量偏差在±0.04mg范围内，认为该批样品滤膜称量合格，数据可用。

③ 放置0.2g工作基准砝码，并重复步骤②。

④ 依次重复步骤②和③，两次天平读数均值与标准砝码质量偏差应在±0.04mg范围内。

⑤ 完成滤膜称重前准备后，待十万分之一天平归零，打开防风罩。用镊子夹住滤膜外部（特氟龙滤膜夹住聚丙烯支撑环即可）将滤膜从滤膜盒中取出，使用静电中和器（在钋-210抗静电条之间）消除静电。

⑥ 将滤膜放置在天平托盘上，关上屏蔽门。待天平读数稳定后，记录称重日期、滤膜编号（如滤膜有自带编号，同步记录自带编号）、当前温度和相对湿度。

⑦ 打开屏蔽门，用镊子把滤膜取出，再把它放回滤膜盒中。

⑧ 重复步骤⑤～⑦来操作剩下的滤膜。

⑨ 每张滤膜都不连续重复称重3次，且每次称重之间必须重新放回平衡环境1h以上，3次称重之间的差值应小于±0.04mg。若满足要求，则记录平均值作为滤膜的重量。若任意2次称重之间的差值超过±0.04mg，则认为该滤膜恒重时间不够，应重新恒重24h以上再进行称重。若重新称重后仍不满足条件，则应检查整个恒重及称重环境，并采取相应的纠正措施。

3.1.10 计算

用以下公式计算滤膜采集到的$PM_{2.5}$的质量：

$$M_{2.5} = (M_f - M_i) \times 10^6 \tag{3-1}$$

式中　$M_{2.5}$——在采样过程中采集到的$PM_{2.5}$的总质量，μg；

　　　M_f——采样后并经过平衡的滤膜的最终质量，g；

　　　M_i——采样前并经过平衡的滤膜的初始质量，g。

一些采样器可以提供标准状态（温度为273K，压力为101.325kPa）下的采样体积（标况体积V_0）数据，如果未提供，则需用以下公式，通过工况体积V_1折算V_0：

$$V_0 = \frac{P_1 \times T_0 \times V_1}{P_0 \times T_1} \tag{3-2}$$

式中　P_1、T_1 和 V_1——采样过程中的实际压力（kPa）、温度（K）和工况体积（m^3）；

P_0、T_0 和 V_0——标准状态下的压力（101.325kPa）、温度（273K）和标况体积（m^3）。

以下为 PM$_{2.5}$ 质量浓度的计算式：

$$PM_{2.5} = M_{2.5}/V_0 \tag{3-3}$$

式中　$PM_{2.5}$——质量浓度（结果保留到整数位），$\mu g/m^3$；

$M_{2.5}$——采集 PM$_{2.5}$ 的总质量，μg；

V_0——标况体积，m^3。

3.1.11　质量控制

（1）天平校准质量控制

① 使用干净刷子清理十万分之一天平的称量室，使用抗静电溶液或丙醇浸湿的一次性实验室抹布清洁天平附近的表层。每次称量前，清洗用于取放标准砝码和滤膜的非金属镊子，确保所有使用的镊子干燥。

② 称量前应检查十万分之一天平的基准水平，并根据需要进行调节。为确保稳定性，天平应尽量处于长期通电状态。

③ 每次称量前，应按照操作程序完成十万分之一天平校准。

④ 十万分之一天平校准砝码应保持无锈蚀，砝码需配制两组，一组作为工作标准，另外一组作为基准。

（2）滤膜称量质量控制

① 称重前需给每张空白滤膜分配一个 12 位标志号（ID），滤膜 ID 编号规则：

$$F-YYYYMMDD-CCC$$

式中　F——滤膜类型（T 为特氟龙滤膜，Q 为石英滤膜，G 为玻璃纤维滤膜）；

YYYY——称重年份；

MM——称重月份；

DD——称重日期；

CCC——滤膜批号。

以 T-20160603-358 为例，即为 2016 年 6 月 3 日在本实验室称量的第 358 张特氟龙滤膜。此外，如滤膜自带编号，同步记录，保证双向可追溯性。

② 称量前，应首先打开十万分之一天平屏蔽门，至少保持 1min，使天平称量室内温、湿度与外界达到平衡。

③ 称量时应消除静电影响并尽量缩短操作时间。

④ 称量过程中应同时称量标准滤膜，进行称量环境条件的质量控制。

Ⅰ. 标准滤膜的制作：使用无锯齿状镊子夹取空白滤膜若干张，在受控条件下平衡 24h 后称量；每张滤膜非连续称量 10 次以上，计算每张滤膜 10 次称量结果的平均值作为该张滤膜的原始质量。标准滤膜的 10 次称量应在 30min 内完成，称量记录详见表 3-3。

表 3-3　标准滤膜称重记录表

日期：				地点：		
天平型号：				天平编号：		
称量次数 ＼ 滤膜编号						
1						
2						
3						
4						
5						
6						
7						
8						
9						
10						
称量均值/g						
滤膜平衡条件	温度：		湿度：			
	开始日期时间：		结束日期时间：			
天平室环境条件	温度：		湿度			
备注						

称量人：　　　　　审核人：　　　　　日期：

Ⅱ.标准滤膜的使用：每批次滤膜样品称重前，应称量至少一张"标准滤膜"。标准滤膜的称量结果应控制在原始质量±0.04mg 范围内，则该批次滤膜称量合格；否则应检查称量环境条件是否符合要求并重新称量该批次滤膜。

3.2　滤膜自动称重（AWS-1）

3.2.1　概述

本操作程序适用于康姆德润达 AWS-1 型滤膜自动称重系统的安装、操作和维护。

（1）操作 AWS-1 的依据和规定

① 该设备只能用于本操作程序中所描述的应用范围，连接该系统的设备或部件必须是由康姆德润达（无锡）测量技术有限公司推荐和许可的。

② 该系统是为室内使用而设计的，不允许用于户外。它符合 EMV 指令和欧

洲标准。任何系统的改变都会影响 EMV 性能。

③ AWS-1 所配备的滤膜材料有玻璃纤维材料，石英纤维材料，硝酸纤维素材料或者聚四氟乙烯材料，滤膜直径为 47mm。

④ 该设备可能会对住宅区造成无线电干扰，在这种情况下用户需采取适当的防范措施，并承担相关费用。

（2）定义解释

① 滤膜系列：一组滤膜，在同一个工作过程中（编码和/或称重）一起被处理。

② 称重过程：是系统的一个称重过程，所有在储存盘内的，对应配置的滤膜被称重的过程。

③ 称重系列：2 个（或 3 个）称重过程并包括预选的中间暂停休息，每一个称重系列可以执行加载和没有加载的滤膜称重。

④ 称重任务：整个自动化的处理过程，包括滤膜前期隔离，滤膜识别，一个包括有两个称重过程的称重系列和检测（开始时检测及周期性检测）。

⑤ 称重室：所有的主要组成部分包括外壳以及能密封整个称重室的可开关玻璃门。

（3）标志和印刷

在控制 AWS Control 软件或操作控制台时：a. 可选择的菜单选项和具有蓝色背景的按钮是可以点击的；b. 软件窗口的其他部分用粗体字表示；c. 依次单击选定的元素或部分的缩写形式，用箭头指示，如设置→语言→English。

（4）安全说明

① ⚠ 警告！此标志表示有导致死亡，严重人身伤害和重大财产损失的风险。

② ⚠ 小心！此标志表示请注意人身伤害或财产损失。

③ 小心！设有三角形的警告表示有导致财产损失的风险。

④ 注意！可能发生不希望的结果或状态。

⑤ 说明：信息或强调文档的其中一个部分，需要特别注意。

3.2.2　系统概况

3.2.2.1　设计和工作原理

（1）自动称重系统 AWS-1

自动称重系统 AWS-1 根据 EN 12341 标准（PM$_{2.5}$ 和 PM$_{10}$）对能采集空气中颗粒物的滤膜进行自动称重，并且为整个称重过程建立文档。它首先称重空白滤膜，然后称重加载滤膜，并存储相关数据，如温度和湿度，并和称重结果一起被储存在一个数据库中。存储的每个称重系列的数据都可以被导出，进行进一步的处理和分析，并可以打开一个以电子表格形式展现的应用程序。AWS-1 系统操作是通过控制台和在电脑安装的软件 AWS Control 3 进行控制。

通过自动化称重可以使称重过程和建立的文档达到非常高的可靠性和精确性。该系统可以在一个工作过程中一次性对 750 张 47mm 滤膜或者 350 张 90mm 滤膜进行批量处理。因此它可以通过较长的时间采集大气颗粒物样品，然后通过一次操作进行称重。空调组件、RFID 滤膜识别系统和离子吹风机是可选配备的系统部件。

（2）测量周期：从滤膜编码到结果分析

在第一称重过程之前，请先将滤膜放置于滤膜储存盘上。每张滤膜都有一个单独的 RFID 代码，测量周期的每个步骤中都可以通过该代码识别对应的滤膜。为了确保重复可识别性，每张滤膜必须在整个测量周期内停留在相同的滤膜储存盘上。接着将装载滤膜的储存盘放入 AWS-1 的储存塔中。设置隔离时间（例如 EN 12341 标准，时间为 48h），温度及湿度，然后滤膜在 AWS-1 封闭的称重室内被进行隔离处理。

接下来进行第一次称重系列（称重空白滤膜），一般包括 2 个称重过程。第 2 次称重结果与第 1 次称重结果相比，在超出设定的误差范围情况下，滤膜将自动再次被称重。称重结果和与之相关联的数据（日期、盘号、温度、湿度等）一起被存储在所连接电脑的数据库里。

空白滤膜在称重后被放入滤膜储存夹中，随后通过颗粒物采样器和采样系统采集大气中悬浮颗粒物。每个滤膜的加载时间通常为 24h。在采样系统中还可以交替使用滤膜储存夹。

完成颗粒物采集后，滤膜被放入 AWS-1 滤膜储存盘，并再次被隔离处理。随后进行第二次称重系列（称重加载滤膜），同样，它有 2 个或 3 个称重过程。在执行称重系列前和称重期间，还可以利用称重参考滤膜的方法监测称重室环境。在称重过程中，所有数据（称重值、平均值以及经过编码的空白滤膜重量差和加载滤膜重量差）将被不断的存储在数据库内。

储存的数据通过附带软件分析和处理后可以被导出。通过空白和加载滤膜之间的重量差，并考虑采样时空气流量和采样周期可以算出颗粒物浓度。

3.2.2.2　系统构造和组成部分

AWS-1 是一个使用铝阳极氧化处理过的稳固支架以及实心底板一起安装在工作台上的整体系统。工作台为可丽耐人造大理石。称重室和侧室框架是铝合金材料，有玻璃门。称重室保护系统组件不受外部空气中颗粒污染。

称重室上部小房间内安装有风机过滤单元（FFU）。称重传感器和称重室内的其他零部件高度相同，位于独立的台面上。根据系统设计，称重室左边还有一个作为储存室的侧室，最多可以存放两个储存塔。使用机器照明灯保证称重室的内部照明。AWS-1主要由图3-1所示零部件组成。

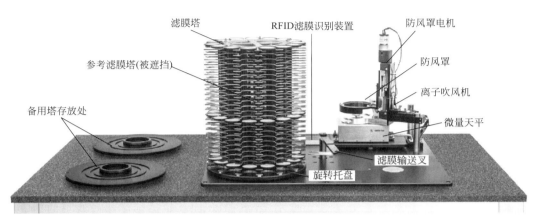

图3-1 AWS-1系统结构

(1) 滤膜储存盘-储存塔

滤膜储存盘用于放置将要被称重的滤膜。AWS-1系统能够运行一个或两个储存塔（左侧A塔，右侧B塔）。每个储存塔共有25片储存盘，每片可以提供15个滤膜放置位置。两个滤膜储存塔可以容纳750张滤膜。

滤膜储存塔（见图3-2）位于称重室的前部，配有圆形旋转底座。通过无刷直流电动机驱动底座上的储存塔，精密的圆锥齿轮转动确保储存塔相对于输送臂的精确定位。储存塔没有用螺栓固定在旋转底座上，因此，可以从系统中拿出来装载或清洗。

该储存盘由1.6mm厚的玻璃纤维加强环氧树脂（FR4）制成，滤膜放置位置被镀有金膜，防止静电电荷放电，所以储存盘是等电位设计。所有存储托盘相互连接，确保永久电位平衡。

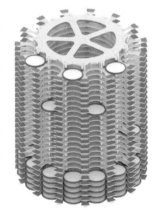

图3-2 滤膜储存塔

(2) 滤膜输送叉（见图3-3）

图3-3 输送叉

在称重室中，输送叉用于输送滤膜到各个系统组件。它可以360°旋转。输送叉安装在被两个直流电动机驱动的竖杆上。竖杆可以在垂直方向和以旋转方式到达各个设定位置。

电机可以精确控制输送叉，一个完整的旋转可分为超过百万个步长。在正常操作中，输送叉通过软件自动控制。如有需要，可以通过Robot Control软件手动控制输送叉。如果输送叉在移动过程中遇到

图3-4　参考滤膜储存塔

电源故障或碰撞事故，输送叉需回到其开始位置（见3.2.11.2部分）。输送叉的运行速度约为1.8cm/s。

（3）参考滤膜储存塔

参考滤膜储存塔（见图3-4）是被固定安装的，被用于监控称重室的气候环境条件。它由一个铝制外壳与8个滤膜储存位置组成。参考滤膜必须是空白滤膜，滤膜可以是不同材料（如玻璃纤维滤膜或石英纤维滤膜），但是必须至少有一张与将要被称重的滤膜材料相对应。

通过AWS Control 3软件可对参考滤膜的控制称重编程，并且可以单独或作为自动称重任务的一部分进行（见3.2.4.4部分）。

（4）微量天平

作为一个高精度的微量天平，其精度是0.001mg。可以根据需要配置不同型号的天平，例如塞多利斯称重传感器WZA26-CW。天平传感器如图3-5所示。根据不同天平型号，可作为一个单独设备或集成于称重系统内使用。如果需要内置已有的天平，必须对其进行机械性的修改，以便输送叉可以最佳的出入天平。必要的更改不会对天平的精确性产生影响。

为了尽量减少振动对称重精度的影响，天平被安装在200kg重的大理石阻尼元件上，阻尼元件由单独框架支撑，并与系统分离。每次称重时，电机驱动防风玻璃罩下降并自动关闭，以消除任何可能的干扰。

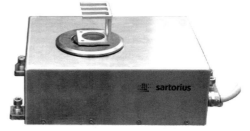

图3-5　天平传感器

（5）控制台和Robot Control软件

控制面板由带键盘的工控机和旋转按钮组成。控制台位于称重室左侧抽屉中，抽屉配有可伸缩轨道。控制台和安装Robot Control软件的电脑相连（见3.2.7部分）。在正常的操作中，通过AWS Control 3软件控制AWS-1，该软件安装在连接的电脑上。从Robot Control软件的操作界面可以访问一些特殊功能（见3.2.8.5部分）。

如果发生系统故障（如电源故障），操作输送叉回到开始位置或为了易于装配滤膜储存塔时，只有通过控制台的手动控制功能才能实现。

（6）AWS Control 3软件

AWS-1是通过安装在电脑的软件AWS Control 3进行操作的。可以使用现有的电脑，或厂家专配电脑。该软件能够实现精确控制和配置系统所有组件。其任务包括：a.数据和参数在同一页面显示（称重室内温度和湿度，系统运行状态，滤膜被隔离处理的剩余时间，当前称重过程的持续时间，称重结果，滤膜代码，滤膜在储存盘位置等）；b. 称重室温度和湿度误差设定；c. 滤膜储存盘单独配置；d. 参考滤膜参数输入（重量及允许的偏差，单位为 μg）；e. 参考称重设置（称重过程如果超出误差值将终止）；f. 称重过程中，称重数据显示于窗口内；g. 定义第一次和第二次称重间误差，超出时再次称重；h. 通过 RS—232 接口输出数据；i. 可选的环境控制功能。

该系统具有 RS-232 数据输出，从系统中收集到的数据被发送到主机电脑，存储在数据库中。数据库中导出的数据为 ∗.csv 格式文件，如客户需要，其他数据格式也是可行的。

（7）侧室

侧室位于称重室左侧，用于存储多达两个滤膜储存塔。在安装有空调的系统内，FFU 所产生的空气可以流经侧室并对其空气进行调节。它通过阻尼闸门和称重室相连。关闭闸门才能打开侧室门，保持密封，以保护空调系统在称重室的空气调节和维护。

（8）滤膜托座（见图 3-6）

AWS-1 使用特殊的滤膜托座运输和保存 47mm 的采样滤膜。该滤膜托座由电位平衡的聚甲醛（POM）制成，并确保能完美的放置在储存盘上。每个滤膜托座配有一个 RFID 识别器和内部数

图 3-6　滤膜托座

据存储器（825 个字节）。在交货前，每个滤膜托座的数据存储器中都存有一个数字代码，系统在任何时候可以识别该代码。

（9）风机过滤系统（FFU）

为了防止外部空气中颗粒物对称重室污染，系统配备了风机过滤系统，也被称为 FFU（Fan Filter Unit）。被过滤的空气以设置的流动速度从称重室顶部向下流动。FFU 单元位于称重室上方，它可以通过 AWS Control 3 打开或关闭。FFU 在滤膜在系统中被隔离时被使用，FFU 在非空调空间使用时必须辅以可选的空调机组。

（10）RFID 滤膜识别装置

用于数据交换的 RFID 滤膜识别装置能够读取系统中的每个带有特定的代码的滤膜托座。所以，只要滤膜托座和代码没有分开，系统在任何时候都能识别滤膜托座及其代码。RFID 滤膜识别装置有两个版本，可以作为单独的设备或作为集成的系统部件。作为集成系统部件的 RFID 滤膜识别装置安装在称重室内，位于参考存储塔和天平之间，通过 USB 和 AWS-1 的电脑相连接，滤膜托座读取的数据被自动的存放在电脑中。

（11）空调机组

空调机组可提供了理想的气候环境条件（温度和湿度）。通过空调成套设备对称重室进行温度控制（加热或冷却），为了严格遵守所设定的湿度系统配备了一台

加湿器，它的工作原理是绝热加湿。此外，该中心有一个匹配的风扇和与湿度调节器连接的微处理控制器。其他安全特性包括热保护，过流保护和干燥运行保护（见3.2.9部分）。

（12）离子吹风机

通过使用一个离子吹风机，在滤膜上负载的静电电荷被中和，从而提高称重精度。吹风机被安装在称重位置背后，编码站下面并面向称重位置。装置所输出电离风使周围空气具有导电性，使负载的电荷平衡或导电。

（13）参考砝码

AWS-1的配件还包括采用奥氏体特殊钢材制作，经过特殊设计的重量为100mg和200mg（额定值）的参考砝码。该砝码和康姆德润达公司滤膜托座高度匹配并且能够用于自动参考称重。

3.2.3 安装和调试

3.2.3.1 操作和安装条件

AWS-1是专为在室内使用而设计的，不能用于室外操作。其安装必须满足以下要求：a. 常设面积至少为 2.5m×1.25m；b. 至少有 2.7m 的天花板高度；c. 230V/50Hz 电源连接包括电源插座；d. 无腐蚀性的化学环境；e. 无热辐射（如在阳光直射下）；f. 无强气流影响；g. 没有过多的振动；h. 适合的安装位置，包括可持续性的地板承载能力，在安装前，应由厂家确认场地情况；i. 控制系统对软件 AWS Control 控制，要求电脑的操作系统是 Microsoft Windows®，版本 Windows2000® 或更高版本。

PC必须满足以下要求：a. 1GHz CPU 处理器或更快；b. 内存容量为 256MB RAM 或更高（推荐使用 512MB）；c. 硬盘空间为 10MB 的可用空间；d. 安装 Microsoft. NET-Frameworks Version 2.0 语言包或更高版本；e. RS-232-接口（串联接口/COM-端口）。

实验室常规运行操作必须符合以下环境条件：a. 空气温度 18～26℃；b. 空气温度波动范围 ±1℃/10min；c. 空气湿度范围 15%～80%RH；d. 空气湿度调节精度 ±10%RH；e. 空气湿度波动范围 ±1%RH/10min；f. 洁净室等级（ISO 14644-1）为 8。

3.2.3.2 安装和连接

AWS-1应由康姆德润达（无锡）测量技术有限公司的技术服务人员进行安装。用户应提供一个合适的安装地点。在所有系统功能进行彻底的测试后交付给客户。

第一次开机之前，应确保 AWS-1 的 RJ-45 网线与用户电脑相连。第一次使用

AWS-1 前要有 12h 的试运行时间；每次开机时，系统需要 2h 时间进行预热。

3.2.3.3　开机

打开 AWS-1 系统前必须首先启动电脑主机。黑色长方形的电脑主机位于系统左下方的仓室内。按下设备上的 EIN/AUS 开关打开电脑。即使在 AWS-1 系统关闭状态下，电脑主机都必须保持开启的状态，以便能够对系统进行远程维护。随后请您等待 3min，直到电脑开始程序运转完毕。

接着，旋转称重室下方的前板上的电源主开关，打开 AWS-1。随后参数输送和数据被采集。（系统参数的设定调节通过 AWS Control 3 见 3.2.4.3 部分）。AWS-1 在短暂的初始化之后，将进入操作睡眠模式（待机模式）。

通过点击 AWS Control 3 软件主窗口的灯开启键打开称重室的照明灯。AWS-1 使用日光灯管用于照明，照明灯在预设的时间段之后会自动关闭，避免对称重结果产生影响。

3.2.4　称重任务参数设定和准备工作

在启动一个自动称重任务之前，首先要设定一些和称重任务有关的系统参数。本 SOP 中大多数参数是来自如 EN 或 EPA 标准。

3.2.4.1　AWS Control 3 的软件结构

几乎全部的系统控制和参数配置都是通过软件 AWS Control 3 来完成的。该软件非常直观，便于操作，能够方便地使用系统的所有功能。

要启动 AWS Control 3，从 Windows 的 "开始" 菜单中选择 "程序" →AWS Control 3。程序启动时将打开串行接口（COM 端口）检查 AWS-1 连接和系统初始化。同时，该软件的主窗口被打开（图 3-7）。

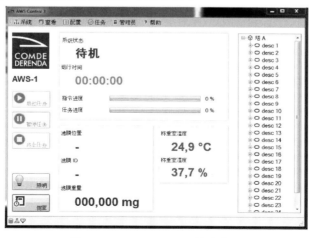

图 3-7　AWS Control 3 的主窗口

（1）主窗口

通过 AWS Control 3 的主窗口可以获取最重要的系统信息，以及所有系统设置。主窗口中显示了下列信息：a. 称重室的温度；b. 称重室的湿度；c. 系统状态；d. 当前称重的次数；e. 滤膜被隔离处理的剩余时间；f. 当前称重过程的持续时间；g. 上一个滤膜的重量；h. 当前被处理的滤膜在储存盘上的位置；i. 上一个被读取的滤膜的代码。

窗口的左侧有 5 个功能按钮，启动，暂停和停止按钮，用于启动，中断和结束一个称重任务。照明按钮可以打开称重室和侧室的照明灯。屏蔽按钮可以触发闸门缓慢关闭，从而使称重室在侧室门被打开，外部空气进入后还可以受到保护（见3.2.8.2 部分）。

窗口的右侧是储存塔的配置信息，可以查看所有的储存塔，滤膜储存盘和滤膜位置的当前配置。在称重任务运行期间，滤膜位置的旁边会通过符号显示任务的进度：a. 灰色的播放图标——尚未处理；b. 绿色的播放图标——正在处理；c. 复选图标——处理完毕；d. 红色感叹号图标——任务中断或出现错误。

主窗口的顶部包括各种设置和参数设定。主窗口中有以下菜单：a. 在系统菜单下可以打开设置窗口并且可以还原和保存窗口布局；b. 查看菜单提供和数据库及数据输出相关的功能（见 3.2.6）；c. 在配置菜单下有滤膜储存塔配置窗口，参考滤膜储存塔配置窗口以及称重任务准备窗口（见 3.2.5.2）；d. 在任务菜单下有具体涉及执行称重任务或单个称重的功能（继续或删除某个称重任务；单个滤膜称重或读取）；e. 管理员菜单下包含技术员密码保护功能；f. 通过帮助菜单可以查看和软件相关的信息。

（2）设置窗口

点击系统→设置，可以从主窗口进入设置窗口（见图 3-8）。该窗口下共有 7个子菜单。每个子菜单内可以进行以下设置（操作见 3.2.4.3 部分）：a. 系统设

图 3-8　设置窗口

置（语言，程序路径和文件路径，日志文件设置，网络设置）；b.配置（系统类型，系统名称，滤膜储存塔，滤膜储存盘数和滤膜储存位，及用户自定义名称）；c.称重（隔离时间，有无公差检查的称重次数，空白和加载滤膜称重偏差，称重回合之间的间隔时间，天平校准的间隔时间）；d.参考（设置参考滤膜称重）；e.气候（称重室内温度和湿度偏差界限，超过偏差后的阻止启动选项）；f.邮件（设置电子邮件通知功能）；g.高级（出现错误时停止运行，重复使用故障代码编号）；h.天平校准的间隔时间；i.参考滤膜称重频率；j.参考滤膜称重超出偏差范围任务中断。

（3）滤膜储存塔配置窗口

在主窗口点击配置→塔 A 或塔 B 进入滤膜储存塔配置窗口（图 3-9）。对每个储存塔分别进行配置。该窗口提供以下输入选项：a.分别激活滤膜称重以及滤膜托座编码或识别；b.滤膜状态（空白/加载），输入采集微粒物类别和滤膜类型；c.滤膜储存盘命名；d.输入每个滤膜储存盘上的滤膜数量；e.调整和保存窗口布局。

图 3-9　滤膜储存塔配置窗口（举例说明）

如果没有保存配置，该窗口的设置只保留到 AWS Control 3 运行结束。有关滤膜储存盘参数设定的详细介绍请见 3.2.4.6 部分相关内容。

（4）参考滤膜储存塔配置窗口

在主窗口点击配置→参考滤膜储存塔，进入参考滤膜储存塔配置窗口（见图 3-10）。在该窗口中可以最多对 8 个参考滤膜或参考砝码进行设置，详细说明见 3.2.4.4 部分相关内容。在该窗口可以输入以下信息：a.各个滤膜和砝码的名称；b.各个滤膜和砝码的重量（mg）；c.检验称重的最大许可偏差（mg）；d.选择开始检查；e.选择周期检查。

（5）单个称重/读取窗口

单个称重/读取窗口（任务→单个滤膜称重/识别）能够在自动称重任务内对单个滤膜进行称重或识别（图 3-11）。如何调用该功能见 3.2.8.1 部分相关内容。

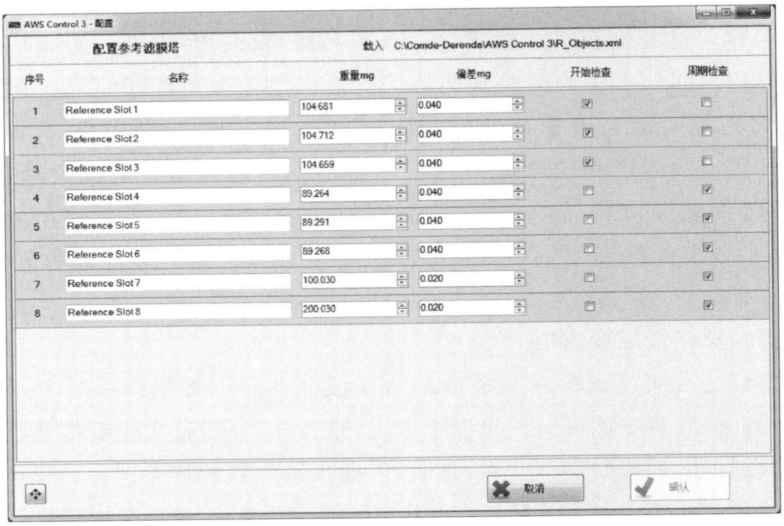

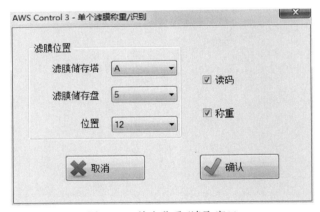

图 3-10　参考存储室的配置窗口（举例说明）

图 3-11　单个称重/读取窗口

3.2.4.2　基本设置

在输入自动称重的参数前，首先必须对 AWS Control 3 进行以下基本设置。

（1）语言

按照以下步骤，设置软件的语言：a.在主窗口中选择系统菜单下的系统设置菜单项；b.选择设置菜单下的选项卡系统（图 3-12）；c.然后在语言栏的下拉列表中选择所需的语言（英语、德语、俄语或中文）；d.点击保存按钮保存设置；e.点击确认关闭窗口。

（2）程序和工作路径

按照下列步骤操作，设置软件路径和工作路径：a.在主窗口中选择系统菜单下

图 3-12　设置窗口，系统选项卡

的系统设置菜单项；b. 选择设置菜单下的选项卡系统（图 3-12）；c. 程序数据位于程序目录中，点击应用程序路径输入栏右边的按钮，更改程序目录，选择所需的目录并点击确定按钮保存设置；d. AWS 数据库模块的记录文件位于工作目录中，点击日志文件路径输入栏右边的按钮，更改程序目录，选择所需的目录并点击确定按钮保存设置；e. 点击确认关闭窗口。

（3）日志文件

如果电脑存储空间有限，可以通过日志文件来限制最大内存占用量。为此，请按照下列步骤操作：a. 在主窗口中选择系统菜单下的系统设置菜单项；b. 选择设置菜单下的选项卡系统（图 3-12）；c. 在日志文件右侧的输入栏中输入想要的数值，单位为 MB 或直接点击上下箭头按钮。大多数系统都推荐用 10MB；d. 如果您需要将 TCP 数据写入日志文件，勾选旁边的启动连接选项；e. 点击保存按钮保存设置；f. 点击确认关闭窗口。

（4）网络设置

网络设置可以将系统接入本地网络并和 Robot Control 及 Housekeeper 软件相连接。如果需要更改该设置，请按照下列步骤操作：a. 在主窗口中选择系统菜单下的系统设置菜单项；b. 选择设置菜单下的选项卡系统（图 3-12）；c. IP 地址是指电脑在系统内部网络的地址，点击 IP 地址右侧的输入框，更改和输入想要的 IP 地址；d. 为了更改 TCP 端口和 Robot Control 软件相连，点击 TCP 端口（Robot）右侧的输入框输入您想要的接口，如果您需要在程序启动时 AWS Control 3 软件自动和 Robot Control 相连接，在启动连接前的选项框中打勾；e. 为了更改 TCP 端口和 Housekeeper 软件相连，点击 TCP 端口（Housekeeper）右侧的输入框输入您想要的接口，如果您需要在程序启动时 AWS Control 3 软件自动和 Housekeeper 相连接，在启动连接前的选项框中打勾；f. 点击保存按钮保存设置；g. 点击确认关闭窗口。

（5）系统型号和系统名称

请按照下列步骤操作，设定系统类型和系统名称：a. 在主窗口中选择系统菜单下的系统设置菜单项；b. 选择设置菜单下的选项卡配置（图 3-13）；c. 在交付系统时已经设置好系统型号（类型 AWS-1），只有在修改系统的情况下需要更改系统型号，点击系统 typ 右侧的下拉菜单选择所需的系统型号，特殊配置的系统请选择 Custom 选项卡（Custom 指用户特定配置的系统）；d. 如果需要自定义系统名称，请点击自定义名称右侧的输入框输入系统名称，该名称会显示在 AWS Control 3 主菜单中康姆德润达公司商标的下方（图 3-7）；e. 点击保存按钮保存设置；f. 点击确认关闭窗口。

图 3-13　设置窗口，配置选项卡

（6）储存塔、滤膜托座和滤膜位置的名称和数量

根据需要，可以自定义储存塔、滤膜托座和滤膜位置三个类别的名称。该名称会显示在 AWS Control 3 主菜单中的存储室目录区域（见 3.2.4.1 部分）。也可以更改系统中现有的储存塔、滤膜托座和滤膜位置数量。此外，必须在系统型号中选择 Custom 选项卡：a. 在主窗口中选择系统菜单下的系统设置菜单项；b. 选择设置菜单下的选项卡配置；c. 塔（储存塔，数量和名称）——点击用户自定义名称下滤膜存储塔一行的输入框输入该类别的自定义名称，如果您使用的是用户特定系统，点击输入框左侧的上下箭头选择系统的滤膜储存塔数量；d. 每个塔的存储室（滤膜储存盘，数量和名称）——点击用户自定义名称下滤膜存储盘一行的输入框输入该类别的自定义名称。如果您使用的是用户特定系统，点击输入框左侧的上下箭头选择系统中每个塔的滤膜储存盘的数量；e. 每个存储室的位置（滤膜位置，数量和名称）——点击用户自定义名称下滤膜存储位一行的输入框输入该类别的自定义名称，如果您使用的是用户特定系统，点击输入框左侧的上下箭头选择系统中每个储室插槽（滤膜位置）的数量；f. 点击保存按钮保存设置；g. 点击确认关闭窗口。

3.2.4.3　确定称重任务的参数

每位用户有一系列在执行称重任务时系统需要考虑到的预定参数。其中包括需要遵守的温度和空气湿度范围，称重值和其他数值的偏差公差。因此，需要确定每个称重任务相对应的参数。

（1）称重环境

请按照下列步骤输入有效的称重环境允许偏差，即最大和最小温度和湿度：a. 在主窗口中选择系统菜单下的系统设置菜单项；b. 选择设置菜单下的选项卡称重环境（图 3-14）；c. 请您在称重室温度下面的输入框中输入称重室中许可的最大和最小温度（℃）；d. 请您在称重室湿度下面的输入框中输入称重室中许可的最大湿度和最小湿度％RH；e. 如果您需要保证系统在超出所选许可偏差的情况下无法启动称重任务，请在超出偏差不能启动称重任务选项前打勾；f. 点击保存按钮保存设置；g. 点击确认关闭窗口。

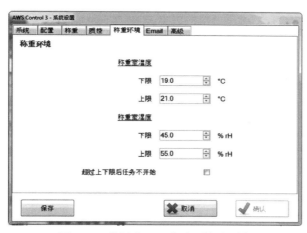

图 3-14　设置窗口，称重环境选项卡

系统只在称重任务开始前检查温度和湿度是否符合期望范围。如果出现超出许可偏差的数值，只要您选择了超出偏差不能启动超重任务选项，称重任务就无法开始。

（2）称重次数

因为每个称重任务有两次称重，所以工厂应该将称重次数设置为 2。如有需要，也可以设置为单次称重或根据选择的许可偏差对 2 次称重结果的数值偏差进行检验。请按照下列步骤操作：a. 在主窗口中选择系统菜单下的系统设置菜单项；b. 选择设置菜单下的选项卡称重（图 3-15）；c. 点击称重过程右侧的输入框输入或者使用上下箭头选择需要的称重通道数量（1 或 2）；d. 如果需要对 2 次称重进行偏差检查，请在验证选项前打勾；e. 点击保存按钮保存设置；f. 点击确认关闭窗口。

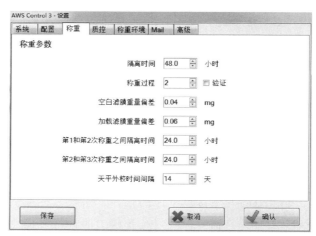

图 3-15　设置窗口，称重选项卡

（3）称重的许可偏差

在执行称重过程中，同一个滤膜在 2 次称重中得出的称重值有时会出现差异。请按照下列步骤操作，分别设置在这些情况中许可的装载和加载滤膜的最大偏差：a. 在主窗口中选择系统菜单下的系统设置菜单项；b. 选择设置菜单下的选项卡称重（图 3-15）；c. 在空白滤膜重量偏差右侧的输入框输入加载滤膜许可的最大偏差，单位 mg（例如 0.04mg）；d. 在加载滤膜重量偏差右侧的输入框输入加载滤膜许可的最大偏差，单位 mg（例如 0.06mg）；e. 点击保存按钮保存设置；f. 点击确认关闭窗口。

如果系统在一轮称重中的第 2 次称重过程中发现一个或多个滤膜超过了许可的极限值，那么该一轮称重将首先完成剩下滤膜的称重。然后，只要已经激活偏差检查，所涉及的滤膜需要进行第 3 次称重。如果第 3 次称重得出的数值超过了第 2 次称重的数值，那么相关滤膜的称重结果无效。否则可以通过两次有效数值计算出该轮称重的平均值。

（4）每轮称重之间的调整和休息时间

在实际称重前，首先让滤膜在需要的环境条件下经过一段时间的预处理。同样，第 1 次和第 2 次称重之间需要设定一定的休息时间；如有可能，在第 2 次和第 3 次称重之间也设定休息时间。请按照下列步骤设置时间：a. 在主窗口中选择系统菜单下的系统设置菜单项；b. 选择设置菜单下的选项卡称重（图 3-15）；c. 在隔离时间右侧的输入框中输入需要的隔离时间（h）；d. 在第 1 次和第 2 次称重之间隔离时间右侧的输入框中输入第 1 次和第 2 次称重之间所需的等待时间（h）；e. 在第 2 次和第 3 次称重之间隔离时间右侧的输入框中输入第 2 次和第 3 次称重之间所需的等待时间（h）；f. 点击保存按钮保存设置；g. 点击确认关闭窗口。

（5）其他设置

1）通知设置　为了实现不在系统安装现场也能获悉称重任务的情况，可以使用 AWS Control 3 的通知功能。系统自动根据所选的设置通过邮件发送所需的信息。

请按照下列步骤进行设置（图 3-16）才能使用该通知功能：

① 在主窗口中选择系统菜单下的系统设置菜单项。

② 选择设置菜单下的选项卡 Mail（图 3-16）。

③ 请在以下空白行中输入有关您服务器的正确信息。

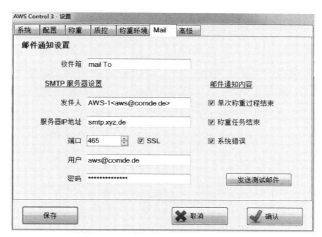

图 3-16　设置窗口，邮件选项卡

发送人：您 AWS 系统的邮件地址。

服务器名称：您的 SPTM 服务器名称。

接口：服务器连接的接口（如果使用 SSL 连接，请在前面打勾）。

用户：您的用户名。

密码：您的密码。

④ 在收件箱右侧的输入框中输入接受消息的邮件地址或多个地址（用逗号隔开）。

⑤ 在窗口的右侧区域打勾选择想要接收消息的事件。

单次称重过程结束：每次称重结束后您将收到相应称重编号的消息。

称重任务结束：每个称重任务结束后，您将收到相应称重编号的消息。

系统错误：如果出现错误，您将收到带有错误说明的消息。

⑥ 点击保存按钮保存设置。

⑦ 点击确认关闭窗口。

如果想要通过测试消息来检验设置，请点击发送测试邮件按钮。

2）天平检查提醒　AWS Control 3 的提醒功能能够确保在系统天平检查缺失的情况下通过外部参考砝码来进行提醒。每次选定的时间间隔后，电脑屏幕上会出现相应的信息。请按照下列步骤设置所需的时间间隔：a.在主窗口中选择系统菜单下的系统设置菜单项；b.选择设置菜单下的选项卡称重（图 3-15）；c.在天平外校时间间隔右侧的输入框内输入所需的时间间隔天数；d.点击保存按钮保存设置；e.点击确认关闭窗口。

3）系统发生错误后自动中断　为了避免影响称重结果或进行不必要的无效称重，您可以设置可选择的系统错误数量来中断称重任务。出现以下错误类型可以设置任务中断。

读取错误：读取滤膜代码的时候出现读取错误。

称重错误：称重时出现的错误。

编码错误：滤膜代码穿孔时 RFID 滤膜识别装置出现的错误。

设置的错误数量是指每个处理滤膜储存盘出现的错误数量。因为一个滤膜储存盘上有 16 张滤膜，所以可以输入 1～16。如果输入数值为 0，系统发生错误后不会自动中断。请按照下列步骤设置自动中断功能：a.在主窗口中选择系统菜单下的系统设置菜单项；b.选择设置菜单下的选项卡高级（图 3-17）；c.请在相应的输入框中输入各个错误类型的数量（读码错误、称重错误或编码错误）；d.点击保存按钮保存设置；e.点击确认关闭窗口。

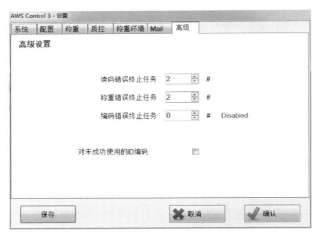

图 3-17　设置窗口，高级选项卡

4）出现编码错误后再次使用滤膜代码　如果 RFID 台无法正确给出滤膜编码（例如因为该滤膜已经编码过）而出现编码错误，系统在下一次编码时会跳出下一个更高的代码。可以根据需要对系统进行如下设置，在下一次编码时再次使用之前未成功使用的代码：a.在主窗口中选择系统菜单下的系统设置菜单项；b.选择设置菜单下的选项卡高级（图 3-17）；c.在对未成功使用的 ID 编码后面打勾；d.点击保存按钮保存设置；e.点击确认关闭窗口。

3.2.4.4　参考滤膜存储塔的装载和参数设定

AWS 的参考滤膜存储塔能够通过定期地对参考滤膜称重，间接的检查出由于气候条件变动或称重错误造成的错误调节。因此例如未察觉的湿度上升可能造成参考滤膜的重量增加。

为了能够使用该检查功能，必须先装载参考滤膜存储塔并在 AWS Control 3 中设定参数。

（1）装载参考滤膜存储塔

可以任意在 8 个存储位置上放置参考滤膜和参考砝码。位置按照滤膜 1～8 从下至上命名。

需要参考滤膜的数量取决于，称重任务中需要对多少种不同的滤膜类型进行称重。每个滤膜类型至少需要一个参考滤膜。首先，请您将相应的参考滤膜或参考砝码放在滤膜储存盘中，然后将滤膜储存盘放在存储室的空余存储位置。您必须标记每个滤膜的位置，以便将接下来参数设定中的滤膜数据和正确的位置对应起来。确保滤膜储存盘按计划存放在存储盒的中间。

（2）参考滤膜存储塔的配置

在对参考滤膜存储塔进行配置时，确定相应的数值使得在此基础上 AWS 能够对参考滤膜进行检查称重。在 AWS Control 3 的参考滤膜储存塔-配置窗口中输入这些数值（见 3.2.4.1 部分）。

1）重量和公差　按照下列步骤输入参考滤膜的重量〔如果您不知道某个滤膜的准确重量，必须首先借助 AWS 的 Einzeln wiegen/lesen 功能进行称重（见 3.2.8.1）〕：a. 在主窗口中选择配置菜单，通过点击参考滤膜储存塔打开参考滤膜储存塔-配置窗口（图 3-18）；b. 在第 1 行输入第一个参考滤膜的名称，例如"参考滤膜1"；c. 在重量（mg）一列输入第一个参考滤膜的重量（mg），精确到小数点后三位；d. 对所有其他插入的参考滤膜重复步骤 b. 和 c. ；e. 对每个参考滤膜来说，下一步必须输入给定重量的最大偏差，系统检查称重过程中可以允许该公差；f. 在参考滤膜储存塔-配置窗口中偏差（mg）一列下输入最大许可重量偏差（mg）；g. 对所有的参考滤膜重复步骤 e. 。

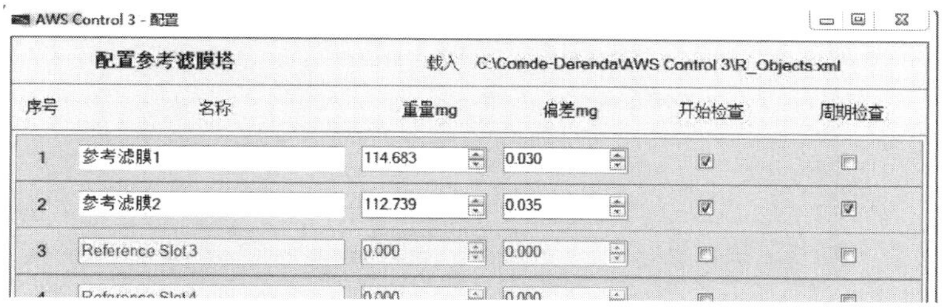

图 3-18　参考存储室的参数设定（窗口截图）

提示：参考滤膜的重量将在检查称重中通过当前检测的数值替换，以便可以平衡长期的重量变化。

2）启动检查和定期检查　通过启动检查和定期检查可以确保维持固定的公差。

每个称重任务开始时都会执行启动检查。定期检查的间隔时间可以调节。可以依次激活各个参考滤膜的检查功能。按照以下步骤操作，激活特定参考滤膜的启动检查功能：a. 在配置-参考滤膜储存塔窗口中找到标题为开始检查的一列；b. 在需要检查的参考滤膜一行，点击开始检查下的小方框，打勾选择；c. 对所有需要启动检查的参考滤膜重复步骤 b. 。

按照以下步骤操作，激活定期检查功能：a. 在配置-参考滤膜储存塔窗口中找到标题为周期检查的一列；b. 在需要检查的参考滤膜一行，点击周期检查下的小方框，打勾选择；c. 对所有需要定期检测的参考滤膜重复步骤 b. 。

3）其他设置　对参考滤膜存储塔进行参数设定需要完成以下设置：a. 在主窗口中选择系统菜单下的系统设置菜单项；b. 选择设置菜单下的质控选项卡（图 3-19）；c. 根据需要，在自定义名称右侧的输入框中输入参考滤膜存储塔的自定义名称；d. 在起始位置右侧的输入框中输入第一个参考滤膜或参考滤膜存储塔中参考砝码的位置（从下面数起）；e. 请在总数右侧的输入框内输入参考滤膜存储塔中参考滤膜和参考砝码的总数；f. 请在周期检测右侧的输入框内输入所需的定期检测频率，该数值和称重任务中的滤膜称重数量相符，如果某次称重任务中，每称重 16 个滤膜需要进行一次定期检测，就输入数字 16，每称重 16，32，48……滤膜后会进行定期检测；g. 如果希望系统在超出规定公差（见 3.2.4.4 部分）的情况下中断运行中的称重任务，请在超出偏差终止任务后面打勾，中断运行后运输叉行驶到初始位置，屏幕上显示相应的报告，整个称重过程无效，如果没有在菜单中相应的位置打勾，只会显示超出公差值的报告，称重任务继续进行；h. 点击保存按钮保存设置；i. 点击确认关闭窗口。

图 3-19　设置窗口，质控选项卡

注意：参考滤膜储存塔-配置窗口中未保存的设置在 AWS Control 3 关闭时会丢失。

3.2.4.5　分配滤膜自定义 ID 代码

通过 AWS 数据库模块（见 3.2.6.1 部分），可以在有需要时，将用户自定义 ID 代码（文字加数字代码，例如 Wxch-0926）和编码的或未编码的滤膜-滤膜托座-对进行配对。如果系统没有配备 RFID 台，需要自定义 ID 以便有效的使用 AWS 的数据库功能（例如计算加载和装载滤膜之间的重量差）。如果系统中有 AWS-RFID 台，可以把自定义 ID 作为额外的信息使用，系统在这种情况只使用二进制代码用于识别滤膜。

必须在 AWS 数据库模块配置中，在使用自定义 ID 的选项框中打勾（见 3.2.6.1 部分），才能使用自定义 ID。如果不需要使用自定义 ID，请确保没有在相应的选项前打勾。如果使用自定义 ID 功能被激活，每次称重任务开始时都会自动打开 Custom ID 窗口（图 3-20）。

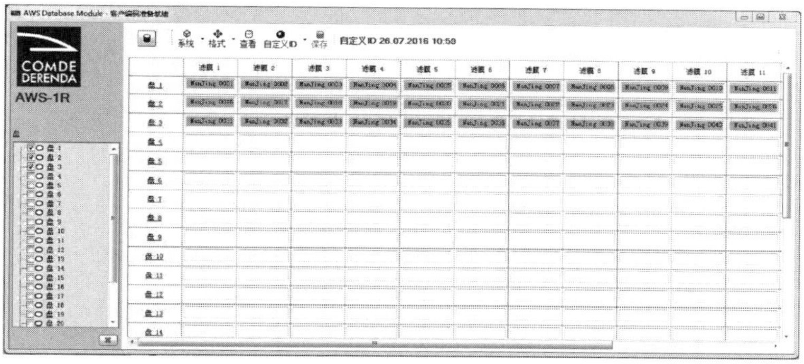

图 3-20　ID 自定义窗口

用户特定的自定义 ID 必须满足下列条件：a. 只能包含大小写字母，数字和空格；b. 不能超出 255 个字符；c. 系统无法检验出大小写字母的重复字段，因此不允许同时使用例如 ABC 和 Abc。

AWS 数据库模块自带检验功能，只能使用许可的代码。软件会检查，是够遵守上述句法，是否有重复字段（重复使用的代码）和是否所有需要的领域都包含数据。在创建客户代码前，需要注意以下几点：a. 在称重任务开始前才分配自定义 ID；b. 比较空白和加载滤膜的称重结果时，如果 AWS-RFID 台有产生二进制代码则系统使用该代码识别滤膜，如果选择了读码选项用于装载滤膜的称重任务，那么自定义 ID 可以被忽视；c. 分配加载滤膜的自定义 ID 时，系统会检查所选择的代码是否被使用过，如果该代码已经被使用过，用粉色标记相应的区域，并且不保存该代码；d. 分配的自定义 ID，只有输入一个存储盘的全部激活区域代码时才能够保存分配的自定义 ID；e. 为了更简单的创建自定义 ID，AWS 数据库模块可以根据您的预订参数提供自动生成代码。

（1）自动填充设置

使用自动填充功能（自动填写功能）前，必须进行以下操作：a. 在 AWS Control 3 的主窗口中选择配置菜单，点击分配采样编号打开 AWS 数据库模块的 Custom ID 窗口；b. 在 Custom ID 窗口中打开 Custom ID 菜单，点击自动填充打开自动填充设置窗口（图 3-21）；c. 在起始编号右侧可以输入代码开始的数字部分（自动填充功能提高每个后续的生成代码加 1）；d. 在数量右侧输入需要创建代码的每个存储盘的滤膜数量；e. 在自定义 ID 右侧输入所需的自定义 ID，"♯"代表代码的数字部分（例如♯♯♯代表 999 以内的数值），"♯"上的数字必须允许步骤 c.、d. 得出的最大数字，否则用红色标注。初始编码和上一次的编号两行显示根据设置得出的第一和最后一个自定义 ID（用于滤膜储存盘）；f. 点击保存，然后点击确认保存设置。

图 3-21　自动填充设置窗口

（2）使用自动填充分配自定义 ID 代码

按下以下步骤操作，借助自动填充功能给滤膜分配给定参数的自定义 ID：a. 在 AWS 数据库模块的 Custom ID 窗口中点击需要分配自定义 ID 的滤膜的存储盘行标签，例如盘 1。自动填充功能将根据之前保存的参数（见 3.2.4.5 部分）填写每一行相应的滤膜位置区域；b. 对其他所有需要为滤膜分配自定义 ID 的存储盘重复步骤 a.；c. 自动生成的代码可以通过点击各个字段进行随后编辑；d. 点击盘窗口区域中打勾标记的存储盘的滤膜符号，以便标记空白或加载滤膜（图 3-22）；

e. 打开自定义 ID 菜单，点击检查菜单项，系统检查代码的有效性并在信息框中显示检验的结果；如果没有发现任何问题（所有方框都显示为绿色），点击信息框中的"OK"，如果发现无效的代码，相应的方框显示为橘色（无效符号），红色（重复使用的代码）

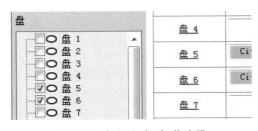

图 3-22　标记空白/加载滤膜

或黄色（空白方框）；更正无效的代码并重复检查步骤；f. 点击保存按钮，打开
Custom ID 保存窗口；g. 如有需要，可以点击"Name"方框更改系统生成的数据名
称，然后点击 OK 保存自定义 ID 代码；h. 系统会跳出信息框，显示自定义 ID 是否成
功保存，点击确认；i. 为特定的称重任务创
建自定义 ID 代码时要注意，代码的分配和过
滤盘配置滤膜储存盘-配置的设置相符（见
3.2.4.6 部分）；j. 点击窗口左下角的［X］
（删除）按钮删除 Custom ID 窗口中所有方框
中的内容并重新输入（图 3-23）。

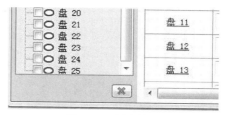

图 3-23　删除按钮

（3）手动创建和保存自定义 ID 代码

操作步骤：a. 在 AWS 数据库模块的自动填充-设置窗口中的数量一行输入每
个存储盘上需要创建代码的滤膜数量；b. 在 Custom ID 窗口（图 3-22）的盘窗格
中打勾选中所有需要创建代码的存储盘。相应的方框显示为淡黄色；c. 在盘窗格中
点击打勾标记的存储盘的滤膜符号，用来标记装载或加载的存储盘滤膜；d. 在所
有标记为淡黄色的方框中输入所需的代码，不允许有空白的方框。注意句法（见
3.2.4.5 部分）；e. 打开自定义 ID 菜单，点击检查菜单项，系统检查代码的有效性
并在信息框中显示检验的结果，如果没有发现任何问题（所有方框都显示为绿色），
点击信息框中的 OK；如果发现无效的代码，相应的方框显示为橘色（无效符号），
红色（重复使用的代码）或黄色（空白方框），更正无效的代码并重复检查步骤；
f. 点击保存按钮，打开 Custom ID 保存窗口；g. 如有需要，可以点击 Name 方框更
改系统生成的数据名称，然后点击 OK 保存自定义 ID 代码；h. 系统会跳出信息
框，显示自定义 ID 是否成功保存。点击 OK 确认。

（4）加载保存的自定义 ID 代码

按照下列步骤，加载和查看以前保存的自定义 ID 代码的句子：a. 在 AWS 数
据库模块的 Custom ID 窗口中点击查看按钮，打开存储自定义 ID 窗口；b. 点击相
关的行，选择自定义 ID 的句子；c. 点击 OK 加载选中的代码句子，显示在 Custom
ID 窗口中。

3.2.4.6　装配和配置存储室的滤膜储存盘

每个新的称重任务都必须手动装配存储室的滤膜储存盘并且配置相应软件的
规格。

滤膜储存盘从上往下编号，最上面的滤膜储存盘为盘 01。插入的时候要注意，
滤膜平放在滤膜托座的中间，滤膜托座位于滤膜储存盘存放位置的中间。

（1）装载滤膜储存盘存储室

1）装载嵌入式的储存塔　系统中的空滤膜储存盘可以通过手动简单快捷的装
载。首先用镊子将滤膜平整地放在滤膜托座中间（图 3-24），然后小心地将滤膜托

座放在托盘上编号为 1～15 的任意一个存储位置（图 3-25）。滤膜从最上面的滤膜储存盘的滤膜位置 01 放起并且逐渐按照升序接下去。为了更简单地达到各个位置，根据 3.2.8.5 部分所述可以通过支架手动转动储存塔。该方法特别适用于插入滤膜或单个称重。

图 3-24　装载过滤器保护套

图 3-25　储存塔的装载

图 3-26　取出储存塔

2）外部装载储存塔　因为储存塔只是平放在底部的转台上，并没有固定焊接在一起。所以如果需要插入大量滤膜，建议整体取下储存塔。抓住储存塔的顶部，小心地将其向上从转台上提起来并从称重室中取出来（图 3-26）。然后根据 3.2.4.6 部分所述在外部的工作台上装载储存塔。

放回储存塔时必须将转台的定位销准确的插入储存塔底板的接口中。25 号盘 1 号位底部有接口，放回装载过的储存塔时要特别小心，避免掉落或滑落。确保储存塔准确地放置在转台上，如有可能的话可以再次确认一下。

注意：装载和放回储存塔后，需要手动缓慢地将储存塔旋转 360°并检查是否所有的滤膜都平放在滤膜托座中间，并且滤膜托座平放在存储位置的中间。

系统无法处理错误摆放的滤膜，并且可能造成称重任务中断或系统故障。

（2）配置滤膜储存盘存储室

配置滤膜储存盘存储室时要小心的进行设置，否则系统无法处理称重任务。此外，设置还包括滤膜识别和需要处理的圆盘。在 AWS Control 3 的滤膜储存盘-配置窗口中进行以下配置操作（见 3.2.4.1 部分）。在主窗口中选择配置菜单中的滤膜储存塔 A 或滤膜储存塔 B 菜单项打开该窗口。直到 AWS Control 3 关闭，其中的设置保持不变。因此，必须随时保存新创建的配置（见 3.2.4.6 部分）。拥有多个储存塔的系统，需要分别对每个储存塔进行配置。

1）滤膜储存盘命名　可以在 AWS Control 3 中分别命名滤膜储存盘以便于归类。请按照下列步骤进行操作：a. 进入滤膜储存盘-配置窗口中的名称一栏，点击需要命名的滤膜储存盘方框，例如滤膜存储盘 1 一行；b. 输入名称；c. 对所有需要命名的滤膜存储盘重复上述两个步骤。

2）输入滤膜类别和滤膜状态　可以确定每个滤膜储存盘所使用的滤膜类型，状态（空白或加载）以及采集到的颗粒物大小。不强制输入滤膜类型，这只是为了更好地归类和信息采集而不会影响称重过程。按照以下缩写对滤膜进行归类：GF＝玻璃纤维滤膜；QF＝石英纤维滤膜；ZN＝硝酸纤维素滤膜；TF＝特氟龙滤膜。

有必要对滤膜状态进行分类（空白滤膜＝空滤膜，加载滤膜＝已经采集颗粒物的滤膜），因为空白和装载的滤膜公差不同。只有当对不同颗粒物的称重采用不同的设置时，采集的颗粒物（PM_1、$PM_{2.5}$ 或 PM_{10}）分类才有意义（例如关于称重通道的数量）。

按照以下步骤操作，根据滤膜储存盘分别输入滤膜类型和滤膜状态：a.进入滤膜储存盘-配置窗口中相对应的圆盘一栏；b.在滤膜属性一栏中通过下拉菜单选择相应的状态；c.在 PM_x 一栏中通过下拉菜单选择相应的颗粒物；d.在滤膜类型一栏中通过下拉菜单选择相应的滤膜类型；e.对其他所有的滤膜储存盘重复步骤 b.和步骤 c.。

3）调整每个滤膜储存盘的滤膜数量　如果不需要使用滤膜储存盘的全部 15 个滤膜储存位，可以设置低一点的滤膜数量，以免系统在空的、不必要的滤膜位置处运行，这可以显著节省时间。按照以下步骤，设置所需的间隔：a.进入滤膜储存盘-配置窗口中的数字一栏，点击需要命名的滤膜储存盘的输入框，例如滤膜存储盘 1 一栏；b.在输入框中输入所需的滤膜数量或则通过箭头选择合适的数值。

4）选择操作　在滤膜储存盘-配置窗口的右侧部分可以确定系统在自动称重过程中需要完成哪些任务。有称重、读取和编码选项可供选择，后者互相排斥。

按照以下步骤，根据滤膜储存盘分别选择所需的操作：a.进入滤膜储存盘-配置窗口中相应的滤盘一栏；b.在称重、读取和编码各栏前打勾选择想要的操作；c.对其他所有的滤膜储存盘重复上一步骤。

行标题称重、读取和编码同时也是功能按钮，通过该按钮可以一次选择或取消相应栏中的所有打勾选项。该功能简化了完全装载滤膜储存盘存储室的配置工作。未需要选择相应操作的滤膜储存盘在窗口中呈灰色，未激活。称重任务中系统不会对其进行处理。

注意：不要预先规定装载滤膜的编码，因为称重结果可能出现错误。相应的配置会导致称重任务中断。

提示：自动称重过程中不考虑未激活的滤膜储存盘，因此需要在称重任务开始前检查是否所有需要处理的滤膜储存盘都已经正确配置完毕。同样，需要确保没有被激活的加载滤膜储存盘，因为这会浪费称重任务的处理时间。

5）保存和加载设置　滤膜储存盘-配置窗口中的设置可以以数据的形式保存在电脑的硬盘中，并且可以随时再次加载。使用的数据后缀名为 *.xml。按照以下操作步骤保存当前的配置：a.点击滤膜储存盘-配置窗口中右上角的保存按钮；b.在保存窗口中选择需要保存数据的文件夹，选择一个文件名并点击保存确认；

c. AWS Control 3 关闭时，滤膜储存盘-配置窗口中没有保存的设置会丢失。

按照下列操作步骤加载之前保存的配置：a. 点击滤膜储存盘-配置窗口中右上角的装载按钮；b. 在打开窗口中从相应的文件夹中选择所需的数据，并点击打开确认。

执行本章节说明的所有步骤后，AWS 装配和参数设置完毕。经过一些最后的准备工作后，可以开始自动称重任务。

3.2.5 自动称重任务的启动和运行过程

3.2.5.1 最后的准备工作

开始称重任务前，必须完成一些最后的准备工作：a. 确保储存塔正确安装并且特别平整的放置在转台上；b. 检查是否所有的滤膜平整的位于滤膜托座的中间，所有的滤膜托座平整的位于滤膜储存盘的存储位置中间。可以手动将装载的滤膜储存盘存储室旋转 360°；c. 点击 AWS Control 3 主窗口检查，称重室内的环境条件是否和预定参数相符；d. 再次检查 AWS Control 3 中的配置设置，避免出现耗费时间的错误配置；e. 检查天平是否位于正确的位置，这非常重要，因为天平是系统中唯一没有固定安装的部件，并且可能不小心被移动；将输送托叉行驶至 3.2.8.5 部分中所述的位置"天平"，检查托叉是否垂直位于正确的位置，在天平滤膜存储位置的下方，如果情况不相符则请按照 3.2.11.3 部分中所述进行操作；f. 查看天平的内置水平仪是否正确校准，如果没有则根据天平说明手册重新调节天平平衡；g. 最后确保称重室内没有杂物，并关上玻璃门。

3.2.5.2 启动称重任务

如果不使用 AWS 编码和读取功能，建议在每次称重任务时使用自定义 ID 代码（见 3.2.4.5 部分），以便系统能够识别滤膜。最实际的是使用自定义 ID 功能，在启动称重任务前，可以根据滤膜储存盘配置和每个滤盘的滤膜配置创建自定义 ID（例如样品编号）。

按照以下步骤操作，启动称重任务：a. 在 AWS Control 3 窗口中选择配置菜单；b. 点击称重任务准备菜单项，打开称重任务准备窗口（图 3-27），可以看见根据当前配置所选择的各个操作的数量（读码和称重）和存储室部件数量（塔、盘和膜）；c. 如有必要，可以点击称重任务准备窗口中任务名称右侧的输入框，输入自定义称重任务名称，默认情况下使用"称重任务＋编号＋当前日期"；d. 如有必要，可以更改称重方式右侧的称重通道数量及是否需要监控检查，默认情况下执行先前完成设置；e. 点击确认按钮确认设置内容；f. 在 AWS Control 3 主窗口中点击开始按钮（图 3-27）；g. 关闭使用自定义 ID 功能（见 3.2.4.5 部分）后，称重任务开始。如果自定义 ID 功能被激活，AWS 数据库模块的 Custom ID 的窗口会自动打开；后续操作，请参阅以下部分。

图 3-27　启动准备窗口

称重任务中使用的自定义 ID：打开 Custom ID 窗口时，会自动加载和显示最后保存的自定义 ID 设置。软件会检查语句是否和滤膜储存盘配置和每个滤膜储存盘的滤膜配置相一致。如果所有输入框显示为绿色，则配置正确，可以执行下一步指示。

以下颜色代码表示配置出现问题：a. 粉色区域表示需要通过系统识别但是未编码的滤膜，缺少自定义 ID 代码；b. 浅黄色区域表示已经经过编码或标识的滤膜，自定义 ID 代码为可选项；c. 灰色区域表示无法输入自定义 ID 代码的滤膜。这些是已经设置成通过读取站识别的滤膜；d. 红色字符的代码不能用于指定的称重任务，因为滤膜的位置和滤膜储存盘配置以及每个滤膜储存盘的滤膜的设置不相符。

上述错误可以通过在相应的区域手动校正解决。点击窗口左下角的［X］（取消）按钮（见图 3-20 和图 3-23）可以删除所有输入框中的内容，并创建新的代码（浅黄色可以留空）：a. 请在彩色标注的区域手动输入代码，或使用自动填充功能为所有彩色标注的区域创建代码，或加载之前创建的和采取标注区域相匹配的代码；b. 打开 Custom ID 菜单，点击菜单项 Check，系统开始检验代码的有效性，检验结果显示在信息框内；如果没有发现问题（所有区域都标记为绿色），点击信息框内的 OK；如果发现无效代码，相应的区域显示为橘黄色（无效符号），红色（重复使用的代码），这种情况下需要修改无效代码并重复检查过程；空白区域标注为黄色，可以根据情况留空；c. 点击保存按钮，打开 Custom ID 保存窗口，如有需要可以点击 Name 方框更改系统生成的数据名称，然后点击 OK 保存自定义 ID 代码，系统会跳出信息框，显示自定义 ID 是否成功保存，点击 OK 确认；d. 打开 Custom ID 菜单，点击菜单项 Diese 配置 anwenden 将自定义 ID 代码运用到当前的称重任务中；e. 完成以上步骤后，系统启动称重程序。

3.2.5.3　称重任务的过程

启动后，称重任务根据当前的配置分多个步骤全自动运行。在这种情况下，装载和加载滤膜的称重没有原则性的区别。使用编码的滤膜的优势在于,进行第二轮装载滤膜称重时系统能够重新识别编码的滤膜。由此,装载的称重数据可以归入加载称重数据并且可以在数据库中补充重量差的数值。自动称重任务包括以下步骤。

① 任务开始后,首先将之前输入的参数传输到 AWS 的机器-PC 中。AWS Control 3 主窗口的状态区域显示相应的消息。然后系统通过试运行和试样称重检查输送托叉是否能够自由移动和没有装载。

② 参考滤膜存储塔配置窗口中设置了特定参考滤膜的启动检测,并按照设置执行。如果超出了规定的公差,称重任务中断。

③ 系统通过环境检验检查称重室中的温度和湿度是否处于客户给定的公差内。如果不是,并且配置中选择了中断功能,那么称重任务中断。

④ 然后开始为预选时间(例如 48h)进行滤膜空气调节。使用可选调节单元时,称重室内的气候在空气调节期间由系统自动调节。否则必须确保遵守用户规定的气候条件。

⑤ 使用运输叉将最上面激活的滤膜储存盘上的第一个滤膜从滤膜储存盘存储室中取出来。托叉根据配置将滤膜传送至 RFID 滤膜识别装置,在这借助代码进行编码或识别。已经读取的滤膜代码会显示在 AWS Control 3 的主窗口中。如果配置中既没有选择编码也没有选择读取,滤膜会被直接传送至天平。

⑥ 接下来滤膜被输送至天平处称重。第一个称重过程的每次称重前,自动扣除天平的皮重并自动降下挡风玻璃。AWS Control 3 主窗口中显示滤膜的重量。称重过后,滤膜输送叉将滤膜再次送回滤膜储存盘存储室中原来的位置。

⑦ 重复步骤⑤和⑥,直到所有激活滤膜储存盘的所有滤膜处理完毕。按照滤膜在圆盘上的位置顺序(1~15)和滤膜储存盘的编号(1~25,从上向下)开始处理。在处理任务期间,可能进行预先选定的根据参考滤膜的定期检查。任务状态和当前处理中的滤膜会显示在 AWS Control 3 的主窗口中。当前称重的数值包括滤膜代码会清楚地显示在 AWS 数据库模块中。

⑧ 第一轮称重结束后是预先设置的休息时间。设定的休息时间指第一轮称重开始和第二轮称重开始之间的时间间隔。第一轮称重的总时长也属于该休息时间。

⑨ 选定后,接下来就开始第二轮称重。根据步骤⑥和⑦中说明的样品进行。

⑩ 如果第 1 次和第 2 次称重得出的重量差超出了预定公差,那么需要对两次称重过程进行检查,对相关滤膜进行第三轮称重。

⑪ 最后一个滤膜处理完毕后,称重任务就结束了。任务期间的所有数据被保存在电脑中的临时 JOB 文件中。

3.2.5.4 暂停、继续和中断称重任务

点击 AWS Control 3 主窗口中的暂停按钮可以暂停运行中的称重任务(图 3-7)。执行当前运行步骤后暂停称重任务(任务进度一行有进度条)。点击开始按钮继续称

重任务。

点击终止按钮中断运行中的任务，称重任务不会立即停止，需完成当前运行过程。此外，出现一个对话框，点击对话窗口中的确定，确定中断称重任务；如果点击返回，系统保持暂停状态并且点击开始按钮继续运行任务。为了让系统在最终中断之后再次处于待机状态，点击 AWS Control 3 主窗口中的任务菜单，选择恢复任务菜单项。

3.2.5.5　监控和保存称重任务

请按照 3.2.6.1 部分操作内容，监控称重任务的进度和查看当前的称重数据，完成称重任务后保存数据。

3.2.6　数据保存和处理

在处理称重任务的过程中，系统会采集大量的数据，其中包括滤膜代码、温度数值和测得的重量值。首先，这些数据被保存在电脑的临时文件中，然后保存到 MySQL 数据库中。厂家在安装系统的时候可以一并安装该数据库。MySQL 数据库可以将称重数据以 CSV 文件导出，然后在外部程序如 Microsoft Excel 中打开继续处理和分析。

可以直接在电脑上或通过 AWS Control 3 启动 AWS 数据库模块软件，用于观察，输出和保存数据库中当前和旧的称重数据。AWS 输出工具可以通过 AWS Control 3 或 AWS 数据库模块打开，用于从数据库输出数据。

3.2.6.1　AWS 数据库模块

在 AWS Control 3 中选择查看→当前称重任务或查看→历史称重任务，打开 AWS 数据库模块（AWS 数据库模块）。模块的主窗口包括下列元素和功能（图 3-28）。

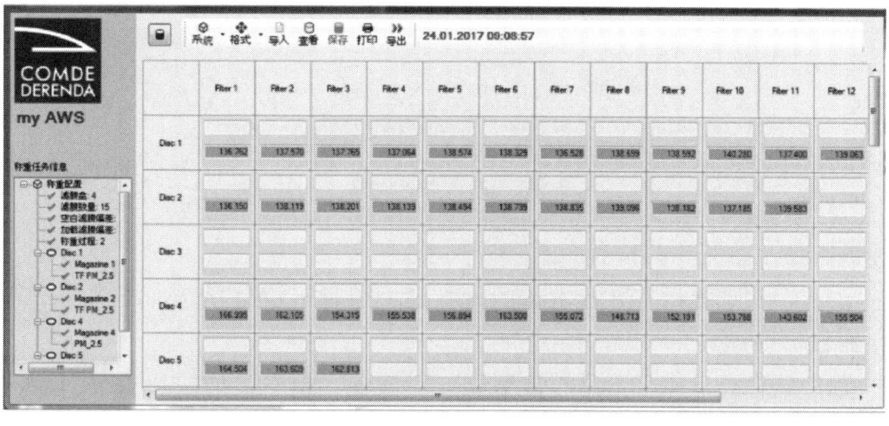

图 3-28　数据库模块的主窗口（当前的称重数据模块）

① 系统菜单：系统和数据库设置，程序信息和结束模块。

② 格式菜单：自定义窗口布局。

③ 导入按钮：导入 CSV 文件和较早的称重数据。

④ 查看按钮：访问以前保存的称重数据。

⑤ 保存按钮：在数据库中保存当前称重数据。

⑥ 打印按钮：打印当前或以前的称重数据。

⑦ 导出按钮：启动 AWS 输出工具（见 3.2.6.2 部分）。

⑧ 滤膜位置信息窗：显示当前处理中的滤膜和相应的存储盘（仅在查看当前的称重数据时）。

⑨ 称重任务信息窗：显示有关当前或装载的称重任务的信息（修改过的存储盘，每个圆盘上的滤膜，空白和加载滤膜的偏差，滤膜状态空白/加载，存储盘-名称，滤膜类型，PM 微粒）。

⑩ 连接符号（系统菜单旁边）：显示激活的数据库连接。

（1）数据库和系统设置

首先，在 AWS Control 3 中选择查看→历史称重任务，然后选择系统→系统设置。

1）系统设置　在设置窗口中点击系统标签更改系统设置（图 3-29）。

图 3-29　系统设置

在该标签下进行下列设置。

① 语言：在选择语言一栏右侧的输入框中通过下拉菜单选择所需的语言。点击保存按钮保存设置。

② 程序路径：该路径下是程序数据。点击输入框右侧的按钮更改目录。选择所需的目录并点击保存按钮保存设置。

③ 日志文件路径：该路径下是 AWS 数据库模块的日志文件。点击输入框右

侧的按钮更改目录。选择所需的目录并点击保存按钮保存设置。

④ 日志文件：如果您的电脑存储空间有限，可以通过日志文件限制最大内存使用情况。此外，在右侧输入或通过点击箭头按钮选择所需的数值（MB）。点击保存按钮保存设置。建议大部分系统设置 10MB。

⑤ 更改设置后点击 OK 按钮关闭设置窗口，否则点击取消按钮。

2）数据库连接设置　为了连接 AWS 和数据库，需要进行一些必要的设置。首先，在设置窗口中点击数据库标签（图 3-30），进行以下设置。

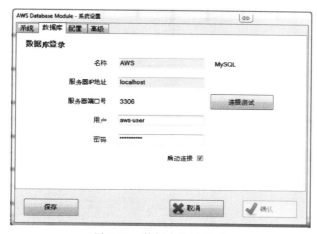

图 3-30　数据库连接设置

①（数据库）名称、服务器名称（IP 地址）和服务器端口号：出厂设定，如需更改需联系康姆德润达公司。

② 用户：点击右侧的输入框输入和数据库连接所必需的用户名称。点击保存按钮保存设置。

③ 密码：点击右侧的输入框输入和数据库连接所必需的密码。点击保存按钮保存设置。

④ 启动时连接：如果您需要在启动数据库模块时系统自动连接数据库，请在启动连接后打勾。点击保存按钮保存设置。

⑤ 连接测试：点击连接测试按钮检测和数据库的连接。屏幕显示连接状态以及其他信息。

⑥ 更改设置后点击确认按钮关闭设置窗口，否则点击取消按钮。

3）设备配置设置　首先在设置窗口中点击配置标签（图 3-31），可对 AWS 系统进行下列必要的 AWS 数据库模块配置设置。

① 系统型号：在右侧选择相应的系统型号名称：AWS-1、AWS-1、AWS-2 或自定义；然后点击保存按钮保存设置。

② 自定义名称：点击右侧的输入框输入所需的名称，确定单个系统名称；然

图 3-31　配置设置

后点击保存按钮保存设置。

③ 使用自定义 ID：打勾选择或不选用户自定义 ID 前的方框，激活或关闭系统的自定义 ID 功能（见 3.2.4.5 部分）。

④ 滤膜储存塔：点击滤膜储存塔一行的输入框输入该类别所需的特定名称，如果您使用的是用户特定系统，点击用户自定义名称下的输入框输入该类别的自定义名称，创建该类别的名称。如果使用的是用户特定系统，点击输入框左侧的上下箭头选择系统的储存塔数量。然后点击保存按钮保存设置。

⑤ 滤膜储存盘：点击用户自定义名称下滤膜储存盘一行的输入框输入该类别所需的自定义名称。如果使用的是用户特定系统，点击输入框左侧的上下箭头选择系统中每个塔的存储室数量。然后点击保存按钮保存设置。

⑥ 滤膜储存位：点击用户自定义名称下滤膜储存位一行的输入框输入该类别的自定义名称。如果使用的是用户特定系统，点击输入框左侧的上下箭头选择系统中每个储存位（滤膜位置）的数量。然后点击保存按钮保存设置。

⑦ 更改设置后点击 OK 按钮关闭设置窗口，否则点击取消按钮。

4）高级设置　一般情况下，下述高级设置应保持交货时的状态。如有需要，可以在设置窗口中点击高级标签查看高级设置（图 3-32）。

① 当前数据路径：处理称重任务期间，系统在 JOB 文件中保存当前的称重数据，正常情况下保存在本地电脑中。使用以下数据名称和路径：… \ AWS Control \ CSV \ CurrentData. job（路径的开头取决于特定的安装路径。）

如果选择另一个文件，点击输入框右侧的按钮。然后从文件浏览器中选择所需的文件，并点击确认键保存更改设置。

② 数据传输速度：为了确定 CurrentData. JOB 文件数据更新的间隔，在右侧的输入框中输入所需的秒数，或者通过点击箭头按钮操作。对于大多数系统，建议

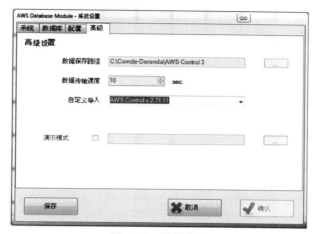

图 3-32　高级设置

设置时间间隔为 3s。

③ 自定义导入：只有需要导入之前的称重数据文件时才需要更改该设置。

④ 演示-模式：可以选择任意的 OLD.JOB 文件用于演示。和称重任务运行过程一样，其数据会显示在当前称重任务窗口中。点击演示模式后的小方框，然后点击右侧的按钮在文件浏览器中选择所需的文件。

⑤ 更改设置后点击确认按钮关闭设置窗口，否则点击取消按钮。

（2）窗口布局

点击菜单项格式更改 AWS 数据库模块的主窗口视图。点击相应的选项，调整高度，宽度和字体大小。点击窗口大小，使数据表格的显示更精确的和窗口大小相匹配。点击保存按钮保存设置。点击重置布局按钮重置窗口布局，然后关闭窗口并重新启动 AWS 数据库模块。

（3）查看完成的称重工作数据

在 AWS Control 3 中选择查看→历史称重任务调用之前执行的称重任务的数据。在打开的 AWS 数据库模块中有以下 2 个选项。

1）查看数据库中保存的称重数据　为了查看已经完成的并且保存在数据库中的称重任务数据，请按照以下步骤操作：a. 在 AWS 数据库模块主窗口中点击查看；b. 然后可以看到历史称重任务列表和相应的 ID 编号，数据名称，空白/加载滤膜的数量以及任务的开始和结束的时间（图 3-33），点击需要查看其数据的称重任务；c. 点击确认。

选中称重任务的数据以表格的形式显示在 AWS 数据库模块的历史称重任务窗口中（图 3-34）。

每一行的上半部分显示的是滤膜的代码（滤膜字段：滤膜编号）。每个彩色标记的区域含义如下。

① 蓝色：正确读取代码。

图 3-33　数据库保存的历史称重任务列表

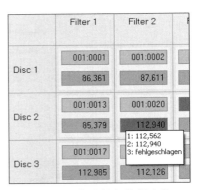

图 3-34　称重任务数据表格

② 红色：无法读取代码，滤膜未编码，无可用滤膜或两次称重读取结果不一致。

③ 黄色：正确读取第 1 次和第 3 次称重过程的代码，但是没有正确读取第二次称重过程的代码。

④ 空白：读取功能没有被激活。

每一行的下半部分显示各个称重结果（mg）。每个彩色标记的区域含义如下。

① 绿色：滤膜称重正确，称重结果在偏差范围内。

② 黄色：第 2 次和第 3 次称重的结果在偏差范围内。

③ 红色：无可用滤膜或第 3 次称重结果超出偏差范围。

每次称重后，将鼠标指针放在任意区域，显示每个称重过程的数值。通过点击相应的区域可以对数值进行后期处理。

2）查看保存在 CSV 文件中的称重任务　为了查看封闭的，以 CSV 文件形式保存的称重任务的数据，请按照以下步骤操作：a. 在 AWS 数据库模块的主窗口中点击导入；b. 在文件浏览器中选择包含所需要的 CSV 文件的文件夹；c. 点击所需的文件；d. 点击打开按钮确认选择。

（4）查看运行中的称重任务的数据

AWS Control 3 中点击需要查看的储存塔→当前称重任务塔 A 或当前称重任务塔 B，查看当前运行中的称重任务的数据。AWS 数据库模块在当前称重任务窗口中显示如 3.2.6.1 部分所述的带彩色代码的当前称重数据。

关于彩色代码还要补充一点：粉色区域表示，第 1 次和第 2 次称重过程之间存在许可的变差，因此需要进行第 3 次称重。在 In Bearbeitung 区域显示当前被处理的滤膜包括相关联的滤膜储存盘。

（5）手动添加或更改数据

如果在称重任务结束后，某个表示代码或重量值的数据字段被标记为红色，表明出现错误，可以进行手工更正。AWS 数据库模编辑功能的操作原理说明如下。

提示：只能对实际完成的称重过程进行数据的添加和更改操作。假设某个称重任务只进行两轮称重，那么无法在数据区域输入第 3 个数值。

1）通过鼠标悬停功能识别错误类型　将光标停留在当前称重任务窗口的任意区域，可以查看各个称重过程的数值（代码或重量）。这可以帮助识别错误类型。

例如，图 3-34 中，Disc 2 上的 Filter 2 称重出现错误。造成错误的原因是第 1 次和第 2 次称重过程的结果偏差超出了允许范围并且第 3 次称重失败。

2）在代码区域添加数据　按照以下步骤操作，将更正错误的数据添加到 AWS 数据库模块（Disc 一栏的上半部分）中的代码区域：a. 识别错误类型；b. 在相应的区域点击鼠标右键，打开编辑框（图 3-35）；c. 在编辑框中间的区域输入需要更正的代码，或者使用单滤膜称重/读码功能让系统自动识别滤膜代码，读取的代码显示在编辑框的中间区域；d. 在编辑框的下部通过下拉菜单选择需要使用新代码的称重过程；e. 点击编辑框中的确认；f. 成功纠正错误后，相应区域的红色标记被删除。

3）在重量区域添加数据　按照以下步骤操作，将更正错误的数据添加到 AWS 数据库模块（Disc 一栏的上半部分）中的重量值区域：a. 识别错误类型；b. 在相应的区域点击鼠标右键，打开编辑框（图 3-36）；c. 在编辑框中间的区域会显示用单滤膜称重/读码功能系统自动加载的当前的重量值（注意无法手动输入重量值）；d. 在编辑框的下部通过下拉菜单选择需要使用新重量值的称重过程；e. 点击编辑框中的确认；f. 成功纠正错误后，相应区域的红色标记被删除。

图 3-35　添加滤膜代码

图 3-36　添加重量值

（6）保存当前称重数据

在处理称重任务期间，系统会以 JOB 文件形式自动保存当前的称重数据。请按照以下步骤将称重数据持久保存在数据库中：a. 在 AWS Control 3 主菜单中选择查看→当前称重任务塔 A 或当前称重任务塔 B；b. 等 AWS 数据库模块接收全部数据后点击保存按钮；c. 如有需要，在预览窗口中更改电脑数据库记录名称并点击确认；d. 于是数据被保存在数据库中并在信息框中显示是否保存成功，点击确认；e. 除了保存在数据库外，系统自动创建一个以 OLD. JOB 格式保存在…∖ AWS Control ∖ CSV ∖ 文件夹中的备份文件；路径开始名称取决于特定的安装路径。备份文件的名称由相应称重任务的日期和开始时间组成；接着删除 JOB 文件中的当前称重任务数据。

（7）打印当前或以前的称重数据

请按照以下步骤，借助 AWS 数据库模块的打印功能打印当前或以前保存的称重任务数据：a. 在 AWS 数据库模块的主窗口中点击打印，打开打印窗口（图 3-37）；b. 点击窗口的一角，根据需要打印的尺寸调节窗口大小；c. 点击页面设置，打开页面设置窗口；d. 选择所需的打印机并点击 OK；e. 点击打印预览，打开 Print Preview 窗口（图 3-38），该窗口中显示被打印的页面内容；点击窗口左上侧的按钮调整缩放比例和显示页数；点击打印按钮直接打印当前页面；点击 Close 关闭 Print Preview 窗口；f. 在打印窗口中点击打印打开最终的打印窗口；g. 根据需要更改打印机设置并点击打印，打印称重数据。

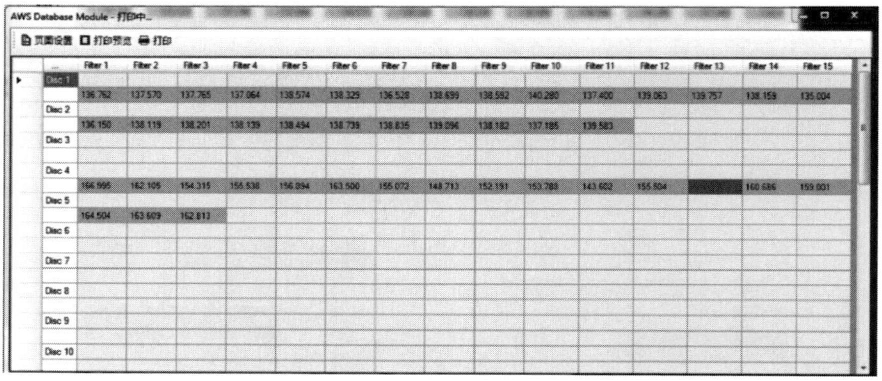

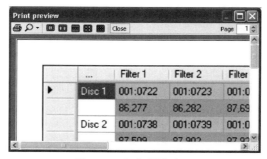

图 3-37　打印窗口

图 3-38　打印预览窗口

(8) 自定义 ID-窗口

AWS 数据库模块的自定义 ID 窗口，可以为抽样滤膜创建自定义 ID 代码（字母数字代码）。自定义 ID 也可以用于或代替 AWS 滤膜代码。具体的操作步骤见 3.2.4.5 部分。该窗口包括以下元素：a.系统菜单包括系统和数据库设置，程序的信息和应用程序终止；b.格式菜单用于调节窗口布局；c.查看按钮用于加载之前创建的代码；d.Custom ID 菜单带自动填充和检查功能；e.保存按钮用于保存创建的代码；f.盘窗口区域显示为自定义 ID 准备的滤膜储存盘和滤膜状态（空白/加载）；g.删除［X］按钮用于删除表格内容。

3.2.6.2　AWS 输出工具

AWS 输出工具用于显示和输出保存在数据库中的称重数据，以 CSV 文件形式输出。在 AWS Control 3 中通过点击查看→数据库预览/导出或在 AWS 数据库模块中通过点击导出按钮启动 AWS 输出工具。

输出的数据包含以下数据类别的所有或自定义选择：a.连续的内部编号；b.滤膜 ID（AWS 滤膜代码，如果没有使用自定义 ID）；c.自定义 ID；d.空白/加载滤膜的重量差；e.滤膜储存盘的名称；f.采集的 PM 微粒；g.滤膜类型（例如聚四氟乙烯、硝酸纤维素等）；h.称重日期；i.空白/加载滤膜称重过程日期；j.所有称重过程的 AWS 滤膜代码；k.所有称重过程的滤膜（空白/加载）重量值；l.所有称重过程的称重室温度；m.所有称重过程的称重室空气湿度；n.所有称重过程的滤膜（空白/加载）称重平均值。

AWS 输出工具的主窗口（图 3-39）包括以下元素：a.系统菜单包括系统和数

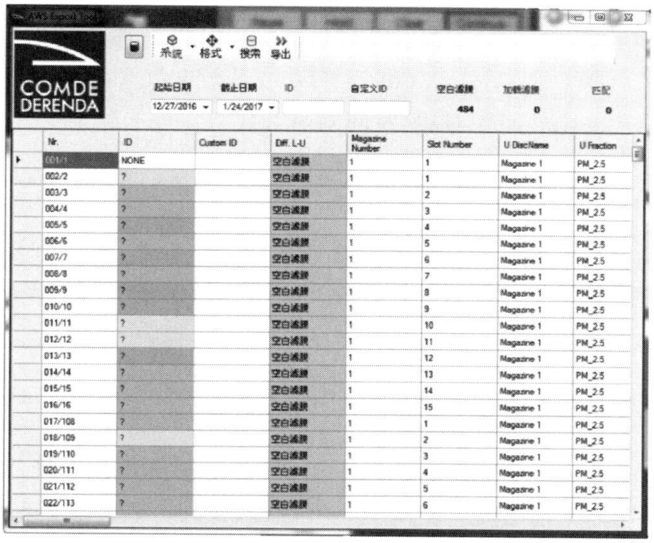

图 3-39　AWS 输出工具的主窗口

据库设置（目前未激活），程序的信息和应用程序终止；b. 格式菜单用于选择显示的/需要导出的数据；c. 搜索按钮用于查找功能；d. 导出按钮用于保存输出的 CSV 格式数据；e. 时间搜索的起始日期和截止日期区域；f. ID 和 Custom ID 用于查找滤膜代码和自定义 ID；g. 空白滤膜和加载滤膜信息区域显示已选择搜索的空白和加载滤膜的数量；h. 匹配信息区域显示空白和加载重量（对于同一张滤膜）已匹配的滤膜数量。

（1）选择数据类别

AWS 输出工具既可以输出所有可供使用的数据类别（见 3.2.6.2 部分）也可以输出其中的单个选择类别。所有数据在交付状态中都被选择用于输出。按照以下步骤选择所需的数据：a. 在 AWS 输出工具的主窗口中选择格式-菜单，并点击选择数据打开选择数据类别窗口，可供使用的数据类别显示在名称一行；b. 在所有需要查看或输出的类别前面打勾；c. 如果需要为数据类别分配用户自定义名称，点击自定义名称下方的输入框输入所需的名称，AWS 输出工具的主窗口中的表格行标题为用户自定义概念；d. 点击确认保存设置。

（2）查看和输出数据

① 在 AWS 输出工具的主窗口中有以下可以输出数据的可能：a. 在起始日期和截止日期中输入所需的时间间隔；b. ID 一栏中输入滤膜代码；c. 在 Custom ID 一栏输入自定义 ID。

② 点击搜索显示查找结果。

③ 点击导出，导出显示的数据。

④ 数据以 CSV 文件形式输出。CSV 文件保存在 AWS Control 3 程序文件夹下面的子文件夹"输出"中：… \ AWS Control \ Export。接着，输出的文件可以使用外部程序如 Microsoft Excel® 打开并进行编辑。文件名称的格式取决于输出的变型或之前执行的查找，例如"［Code］_DB_Export"（根据滤膜代码查找）或"［Periode］_DB_Export"（根据时间间隔查找）。

3.2.6.3 参考滤膜和参考砝码数据

在对参考砝码和参考滤膜称重时（见 3.2.4.4 部分），系统在本地电脑的日志文件中自动保存称重结果。随时都可以使用文本编辑器或类似的程序打开，查看和编辑文件。

3.2.7 机器人控制软件

在正常运行时通过所述软件 AWS Control 3 控制系统，此外用户还可使用安装在机器-PC 控制台上的 Robot Control（机器人控制）软件。Robot Control 控制称重室中的系统元件。机器-PC 通过 LAN-电缆与用户-PC 连接。通过此连接，用户在 AWS Control 3 中的请求可转换为对 Robot Control 的指令并完成相应操作。

Robot Control 提供一种可能性，即通过图形的用户界面直接调用系统功能队列并手动操作机械系统元件。

Robot Control 在出厂时已安装，且在系统启动时自动开启。如要使用软件，请打开称重室下方的抽屉，抽屉中集成了平板电脑和 Jog-Dial（飞梭旋钮）。在平板电脑显示屏上您可以看到软件的窗口［Robot Sequencer（机器人序列号）、Motor Control（发动机控制）、Balance Control（平衡控制）和 Pending Errors（挂起的错误）］，后面会进行说明。

此节给出 Robot Control 的结构和功能概览，实际应用见 3.2.8.5 部分。

（1）程序控制窗口

在程序控制窗口（图 3-40）中可查看 AWS-1 程序控制系统的状态。软件从用户的个人软件接收指令，按顺序，以此方式使信号发送至其他程序模块。处理的顺序和步骤显示在程序控制窗口中。此外，用户也可在窗口中对程序控制进行操作，例如停止或者删除序列等。窗口包含一个脚本区域、四个功能按钮、一个状态显示区域和一个 TCP 区域。

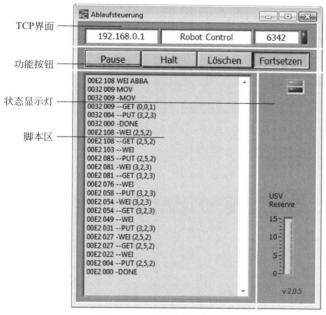

图 3-40 程序控制窗口

1）TCP 窗口区域 窗口最上面一行由 3 个显示框和 1 个指示灯组成，显示与用户个人软件接口有关的详细信息。在此窗口区域可得到以下信息。

① 左侧区域：平板电脑在系统内网中的 IP-地址。

② 中间区域：软件说明。

③ 右侧区域：本地 TCP 连接端口号。

④ 指示灯：绿色指示灯亮表示与 AWS Control 3 连接成功。

2）功能按钮　用户通过程序控制窗口的功能按钮可以对 AWS-1 的控制系统进行操作，4 个按钮设置在窗口上方部分。

① 暂停：程序暂停。

② 停止：程序停止。

③ 删除：程序删除。

④ 继续：程序继续。

3）脚本窗口区域　在运行过程中，此窗口区域内以脚本形式实时显示系统的活动。详细的指令将转换为多个脚本基线，系统根据优先程度合并到已经运行的脚本中。

4）状态显示　在窗口右侧是状态显示区域，同时带有不间断电源（USV）的储备显示以及一个绿色和一个红色的指示灯。指示灯显示以下状况。

① 红色亮：自动程序运行。

② 红色闪：故障，自动程序停止。

③ 绿色亮：没有等候运行的自动程序。

（2）发动机控制窗口

发动机控制窗口（图 3-41）显示系统发动机的活动并提供发动机控制的通道，例如通过操作相应的按钮可以停止发动机或者执行操作系统的单一运动。窗口包括位置说明、发动机状态说明、编码说明、一个停止按钮以及发动机控制按钮。上面窗口区域的蓝色部分显示编码，显示最后识别的滤膜-滤膜托座-对应的 RFID-编码。在窗口的右上方区域是停止/关闭-按钮。操作 0（零/发动机关闭）按钮时发动机停止，但是这里不能停止电源，该功能与紧急停止按钮的作用不同。操作 1（1/发动机启动）按钮重新激活发动机。

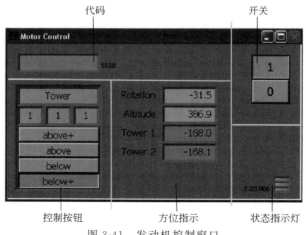

图 3-41　发动机控制窗口

1）位置显示　在窗口中间可看见发动机位置显示，显示当前位置以及滤膜支架和操作系统的调整。上面两行显示操作系统的位置。

① 旋转轴：操作系统在旋转轴上（转动轴）的位置，度数（角度）。

② 垂直：操作系统在垂直轴的位置，单位 mm，零点位于轨道下边缘。

滤膜支架的对齐在塔 1（＝塔 A）和塔 2（＝塔 B）两列中显示，一个称盘上的项目 1～8 的角度分别为 $-165°$、$-120°$、$-75°$、$-30°$、$15°$、$60°$、$105°$、$150°$。

点击单一显示区域可以借助 Jog-Dial 手动控制相关元件或者轴。

2）控制按钮　操作系统的控制按钮分布在窗口左边区域。通过按钮可以使摇臂运输机按照系统定义的位置排列运行。此处包括滤膜支架所有隔层以及天平的存放位置、传送闸和采集单元。

3）状态显示　发动机状态显示位于发动机控制窗口右下角，由 3 个绿色状态指示灯组成。

① 上灯（Corridor）：闪烁，当操作系统位于称重室的四个区域内，可沿垂直轴安全运动时。

② 中间灯（Completed）：通过操作系统达到目标位置时点亮。

③ 下灯（PowerSaver）：闪烁，当发动机处于节能模式时。当发动机处于睡眠状态超过 5s 时自动激活节能模式。

（3）称重控制窗口

称重控制窗口（图 3-42）显示天平称重值和天平状态，并提供启动天平去皮和校准的功能接口。系统启动后窗口将最小化，只显示其主要元件。窗口中央的大部分区域显示最后进行称重的数值。绿色指示灯代表稳定的称重结果。上方区域显示程序控制和称重控制的通信情况。左下角是防风罩按钮，可以打开和关闭天平的防风罩。此按钮也显示防风状况（打开/关闭）。在窗口下边可以找到功能按钮皮重和校准，见 3.2.8.3 部分。

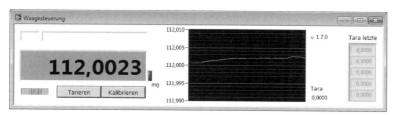

图 3-42　称量控制窗口

拉伸窗口右边缘可以扩大称重控制窗口，可以清楚看见另外两个显示的内容。较大的区域显示测量皮重过程的测量值的运行曲线，右下方显示皮重值。在窗口右边区域 Tara letzte 项目下显示最后 5 个得到的皮重值，最新的数值位于最上方。如果在自动运行中最后 5 个皮重值超过标准值 $0.3\mu g$，5 个区域将保存为绿色数值，在接下来的 10min 内不会继续进行皮重测量。如果测量值超过标准值 $1.0\mu g$，5 个区域变为黄色，在接下来 2min 内不会进行皮重测量。如果测量值为 $1.0\mu g$ 或者超出更多，区域变为红色，每个称重过程之前都会进行皮重测量。

在启动设备进行首次皮重测量后，每 4h 都会自动进行一次额外的内部校准以测量皮重。此过程可能持续数分钟。

（4）错误提示窗口

Pending Errors 窗口显示出现的系统错误。

3.2.8 特殊功能和手动控制

除了事先参数化称重任务这一最重要功能，系统也提供其他系列功能。部分功能如单一滤膜的称重和读取可视情况使用。其他功能，如控制面板的特殊功能，对于大多数用户来说没有用，不必使用。在使用以下功能前要确保 AWS 处在准备运行的待机状态（待机模式），没有执行其他称重指令或任务。

3.2.8.1 单独称重/读取

如果想要称重单一的滤膜或者借助读取站进行识别，必须首先手动放到滤膜称盘-支架中。用镊子把滤膜放平在任意称盘的任意位置中间。确保 AWS 处于待机状态并按以下方式操作：a. 进入 AWS Control 3 主窗口的任务菜单；b. 点击菜单项目单独称重/读取；c. 在新弹出的单独称重/读取窗口中点击塔-录入框，并输入选择需称重滤膜所在的支架塔；d. 在盘录入框中选择想要的支架盘编号（支架盘从上至下进行编号）；e. 在滤膜-录入框选择盘上滤膜的位置编号；f. 通过在对应的选择框内打钩，选择是否对滤膜进行读取、称重；g. 点击确认按钮确认输入。

这样运输叉会从选定的位置取出滤膜并执行选择的动作。在称重或者读取后得到的数值会显示在 AWS Control 3 主窗口和控制面板显示器上。接着滤膜将被运送回原来的支架位置。

3.2.8.2 打开侧室

在打开侧室前要点击 AWS Control 3 主窗口中的小房间（Kammer）按钮。以此激活（慢速）关闭内部挡板，这样在打开侧室时可以防止外部空气进入称重室。倒计时窗口显示侧室完全打开所剩余的时间。在窗口关闭 5min 后挡板再次自动打开。

注意：此功能不能在所有系统处理过程中使用。

3.2.8.3 天平的校准和皮重

系统天平有自动校准和皮重功能。进行天平自动皮重可点击 Robot Control 称重控制窗口的皮重按钮。再次点击皮重按钮完成皮重过程。进行天平自动校准可点击称重控制窗口的校准按钮。

注意：在启动设备进行首次皮重测量后，每 4h 都会自动额外进行一次的内部天平校准以测量皮重。此过程可能持续数分钟。

3.2.8.4　通过智能电话读取 RFID 数据

通过合适的外部设备可以把任意数据保存在滤膜称盘的 RFID 芯片上；芯片的存储量为 825Bytes。借助一个有 NFC 功能的智能电话可以读取之前存储的数据。因此，即使 AWS-3 关闭或者设备不在身边时也可以在任何时间读取滤膜称盘的数据，该过程只需要一个拥有 NFC 功能的智能电话并安装相应的 App 即可实现。使用安卓智能电话可以使用例如免费 App "NFC TagInfo"。

下载合适的 App（例如 "NFC TagInfo"）并安装在智能电话上就可以读取滤膜托座的数据。根据 App 供应商的说明实现读取功能。读取数据时智能电话必须保持在称盘附近，直到阅读过程结束。

3.2.8.5　手动控制、程序控制和定义的位置

正常情况下通过 AWS Control 3 操作 AWS-3，系统功能按照输入的参数自动执行。这样系统元件的功能以及称重结果保存在关联的数据库中，并保证高度的自动化和安全等级。此外，还有另外 3 个平面，用户可以在系统控制时使用。

① 通过机器人接口控制：借助一个可执行机器人命令的特殊软件工具，或者通过 Robot Control 程序控制窗口的命令行可以直接控制操作系统和滤膜支架。

注意：因为使用支架位置处无法更新数据库，所以滤膜支架内部存在碰撞的风险。

② 通过发动机控制移动到指定位置：通过 Robot Control 的发动机控制窗口可以使操作系统的运输装置移动到指定位置。因此，可以实现例如滤膜重新排列或者单独称重滤膜等操作。

注意：这里虽然要避免危险的命令组合，但鉴于已占用的存放位置的使用情况无法避免碰撞的情况。

③ 通过 Jog-Dial 手动控制：通过 AWS-3 操作界面的 Jog-Dial 可以直接控制滤膜支架和操作系统。

注意：这里不能激活任何安全防护措施，因此操作错误很容易导致系统元件的碰撞和损坏。

正常情况下用户不需要使用特殊功能。在个别情况下，例如故障或者系统元件测试时可以使用。在使用特殊功能前要确保 AWS-3 处在准备运行的待机状态（待机模式），没有执行其他称重指令或任务。

注意：在使用此节所述的特殊功能和手动控制时系统没有或者部分有错误操作保护。错误操作可能导致极大的物品损坏，使用此处所述功能要独自承担相应风险。

（1）干预程序控制

个别情况下有必要干预自动系统流程，例如在出现故障的情况下有以下两种

可能。

1）程序控制窗口中的功能按钮 Robot Control（图 3-43）的程序控制窗口中的 4 个功能按钮允许直接对程序控制进行干预。不建议使用 Halt 和 Löschen 按钮，因为它们可能导致不好的状况。点击 Pause 按钮停止当前流程，系统接着进入"暂停"状态。点击 Fortsetzen 按钮结束此状态，系统重新启动中断的流程。

图 3-43　程序控制窗口中的功能按钮

2）发动机控制窗口中的停止功能 Robot Control 的停止功能可直接停止称重室中系统元件的所有发动机。点击发动机控制窗口中的 0（零/发动机关闭）按钮激活停止功能（图 3-44）。点击 1（1/发动机启动）按钮重新激活发动机控制。

点击 0（零）按钮后，要求发动机运动的程序控制进入"停止"状态，并停止运行其他脚本。点击程序控制窗口中的 Fortsetzen 按钮可以继续中断的流程程序。

（2）运动到定义的位置

通过 Robot Control 的发动机控制窗口中的控制按钮（图 3-45）可以使操作系统的运输叉移动到系统中指定的位置。

图 3-44　发动机启动/停止按钮

图 3-45　控制按钮（在发动机控制窗口中）

① Corridor：称重室中可自由移动的 4 个垂直位置。

② Tower：滤膜支架所有项目上方和下方的位置。

③ Balance：称重模块存储位置上方和下方的位置。

④ Reader：RFID 滤膜识别装置的存储位置上方和下方的位置。

⑤ Reference：参考支架存储位置上方和下方的位置。

1）滤膜塔　使用输送叉移动到滤膜塔位置：此外每个位置都沿着向后延伸的 Y-轴，在称重室中的防碰撞配件中移动。

① 点击发动机控制窗口（图 3-45）控制按钮区域最上方的按钮。

② 选择 Pop-up-元件中的 Tower（图 3-46）。

③ 在第二行中先后点击 3 个选框，并为每个 Pop-up 元件选择滤膜支架位置：a. 左选框，在 1～2 之间选择希望的支架塔编号（从左数起）；b. 中间选框，在 1～25 之间选择希望的滤膜塔编号（从上数起）；c. 右选框，在 1～15 之间选择希望的滤膜储存盘项目编号。

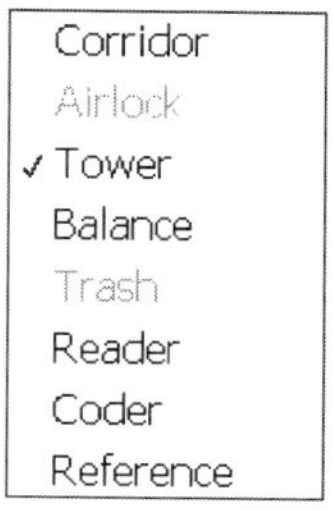

④ 根据目标点击以下控制按钮中的一个：a. above＋，移动到选择的位置的外面的上面；b. above，移动到选择的位置的里面的上面；c. below，移动到选择位置的里面的下面；d. below＋，移动到选择位置的外面的下面。

⑤ 输送叉移动到选择位置并停留。

2）天平、RFID 滤膜识别装置、参考支架和 Corridor　为了使用运输臂移动到天平或者 RFID 站的位置，参照上面段落所述，在前述 1）②步骤中区分选择想要的 Balance、Reader 或者 Reference 元件，并取消 1）③步骤。选择 Corridor 以移动到指定位置。

3）重新排列或者单独称重的移动组合　通过输送叉的连续多个组合运动可以实现例如重新排列滤膜或者单独称重滤膜。

注意： 在运输叉每次移动前要检测目标位置是否空置。系统无法识别目标位置是否已被占用。错误操作可能导致极大的物品损坏。

（3）手动控制系统元件

此外，也可通过 Jog-Dial 直接手动控制操作系统和滤膜塔移动到指定的系统位置。对此按照以下步骤操作。

① 在 Robot Control 的发动机控制窗口中心是位置显示区域。点击：a. 旋转轴，使运输臂沿着旋转轴（回转）运动；b. 垂直，使运输臂向上或向下运动。

塔 1（＝塔 A）或者塔 2（＝塔 B），使相应的滤膜塔旋转。

② 旋转 AWS-3-操作界面上的 Jog-Dial，控制选择的元件。点击 Jog-Dials 可以在两个可用的控制速度之间进行切换。

图 3-46　用于 Pop-up 可选择的元件

```
Corridor
Airlock
✓ Tower
Balance
Trash
Reader
Coder
Reference
```

3.2.9　空调单元（可选）

AWS 的空调单元保证在颗粒物滤膜调整和测重时必要的温度和湿度等气候条件。系统包括加热、冷却、加湿和除湿功能。

3.2.9.1　构造

作为 AWS 的一部分把空调元件安装在称重室上方的封闭腔室内（气候室）。包括以下元件。

① 加湿单元。

② 除湿和加热单元。

③ FFU（Fan Filter Unit）用于往称重室内引入过滤的空气。

④ 位于气候室外部的、同样属于空调设备的元件是：a. Chiller 单元（空气-热量-交换器）在 AWS 外部的单独壳体内；b. 在 AWS 称重室内的温度和湿度感应器；c. 在气候室背面的 4 个连接水、排水、Chiller 单元向前和向后运行的接口，所有接口都配备自锁耦合器。

3.2.9.2 安装条件和运行条件

① 在安装空调单元前必须满足以下重要的条件和安装位置：a. 水管-管道（3bar）接近 AWS 水接口 1m；b. 无压出水口；c. 电源供应 230V，功率消耗 2kW。

② 空调设备可以在环境空气相对湿度 30%～60% 和温度 15～32℃ 条件下运行。

3.2.9.3 操作

空调单元在供应时额定温度设置为 20℃，额定相对湿度 50%RH。如果想设置其他额定值，请与康姆德润达公司联系。在 AWS 启动和打开软件后系统自动运行，不需要用户进行额外设置。

在开始运行前要保证所有的输入管道和排出管道正确连接并做足够的隔热处理，使废水可以无压排出。按照以下步骤激活空调单元：a. 如果还未进行操作，要打开 AWS 主开关；b. 点击桌面上对应的图标，启动所连接 PC 的 Housekeeper 软件（如果软件没有自动启动）。

在软件窗口可以看到当前称重室内温度和相对湿度的数值，可以随时检查数值是否处于规定偏差范围内。不必也不能通过软件对设置进行更改。请注意，在使用 AWS 之前要让空调单元预运行 3～4h。

3.2.10 保养、维护和存放

3.2.10.1 系统元件和称重室的清洁

为了保证 AWS 的功能性和无障碍运行，必须定期对单一元件进行清洁。建议在每次称重任务之前清洁称重室和元件。

注意：清洁前必须把 AWS 从网络隔离。

可使用一个柔软的清洁笔清洁天平、参考储存室和读码站上附着的灰尘和污物。也不要忘记例如参考储存室存放处等不易够到的位置。

使用无毛布和中性清洁剂清洗称重室地板和元件外表面，接着必须擦拭干燥。在擦拭时必须注意，没有任何液体流入电子配件中。

清洁滤膜储存塔时建议把储存塔整个取下，使用无毛布在称重室外分别擦拭支架和滤膜储存盘。底板和支架结构可以按照上述方式和称重室剩余部分一起清洁。

请不要尝试吹气来清洁称重室，因为污物可能会飞到元件里。

总体来说，要注意尽量避免弄脏称重室。只有在非常必要时才打开称重室的门，保证 AWS 所在房间足够干净时。

3.2.10.2　天平的维护

AWS 中使用的天平必须定期由服务技术人员进行维护。必须按照 EN 12341 对天平进行校准，以保证设备精确性和使用情况。关于维护时间间隔和相应的联系方式请看天平使用手册。

3.2.10.3　空调单元的维护

（1）加湿单元

空调单元的加湿单元含有一个汽缸，汽缸中包含加湿所需的水。因为可能钙化，汽缸必须定期更换。大约每年一次，更换频率取决于当地水质，也可能更频繁。

汽缸的水量在正常运行时的波动应在汽缸下方 1/3 内。为取得更好的运行条件水量不能超过下部 1/3。

（2）冷水机单元

关于冷水机单元运行的信息请参看设备单独的使用说明书。

3.2.10.4　存放

如果超过 1 周时间不使用 AWS，建议把设备断电。在 AWS 停用期间，要保持称重室处于关闭状态并避免污染。

3.2.11　故障和消除

Robot Control 软件可识别许多错误并使用专属的错误编码显示在操作界面上。用户可以排除或者鉴定这些错误。

3.2.11.1　系统称重任务中断

（1）因错误的温度和相对湿度造成中断

在开始称重任务时系统会检查温度和相对湿度是否在用户确定的偏差范围内。如果传感器得到的数值超出偏差范围，称重任务中断。造成此问题的原因大多是未严格遵守必要的气候条件或者不当的参数设定。解决办法取决于 AWS 是否使用空调单元。

1）系统未使用空调单元　在 AWS Control 3 中检测温度和湿度的偏差设置是否准确（例如温度 20℃±1℃，相对湿度 47.5%±2.5%）并进行调整。偏差选择过小可能很快就超过设置值并导致任务中断。

检测系统运行的安装位置是否合适。

确保对房间气候条件充分测量的设备并准确设置。

2）使用空调单元的系统　按照上面未使用空调单元的系统说明操作，最后一点有所不同（安装地点的房间气候条件）。

在 AWS Control 3 中检测气候设置是否一致，温度和空气湿度偏差设置是否符合。如有必要进行修正。

（2）根据参考滤膜-称重中断

AWS 在称重参考滤膜时确定超过偏差范围，需要在中断当前称重任务时进行相应的配置。运输叉移动到初始位置会在屏幕上显示相应的消息。因此整个称重序列无效。为了排除错误的参数设置，要需首先检测参考滤膜-称重的偏差设置是否正确和有效。

如果偏差设置正确，要检测滤膜的调整是否满足必要的气候条件。如果 AWS 使用空调单元，要检测气候设置。检测未使用空调单元的系统的设备是否有足够适合的房间气候和设置是否准确。紧接着再次调整需称重的滤膜，并重新启动称重任务。

3.2.11.2　使用障碍防止运输叉的碰撞

系统错误或者错误操作在个别情况下可能导致称重室内运输叉与其他系统元件或者外来物品的碰撞。

在这种情况下需要检测运输叉和其他元件的状况。如果系统的配件断裂、弯曲或者损坏，不允许继续运行系统，必须更换相应的配件。这种情况下请联系专业人员处理。

如果系统元件没有结构性的损坏，按照以下方式操作：a. 通过手动控制把运输叉从碰撞处移开，这里要非常慢且小心地操作；b. 紧接着把运输叉移动到一个过道区域，这里是操作系统可在称重室中垂直自由移动的区域；c. 在操作界面关闭 Robot Control 的程序控制窗口，并重新启动 Robot Control；d. 在完成这些步骤后系统再次准备就绪。

3.2.11.3　天平的调整

因为天平未通过螺丝固定在称重室内，外部影响可能会导致天平的移动。如果天平的位置发生变化，运输叉不能准确移动到其位置，系统不能正常运行。为了处理这一实际操作中非常少见的问题，必须手动操作把天平移动到正确的位置。

为了把天平重新定位到正确的位置；a. 从称重室中手动移出支架塔；b. 把一个滤盘储存盘放到天平上方防风单元的滤盘储存盘存放环中；c. 天平放置后，天平托盘要在滤盘储存盘下方中心位置；d. 借助单独称重/读取功能进行试验性称重（见3.2.8.1部分）；e. 试验性称重成功后可重新使用系统。

3.3 元素碳、有机碳检测（DRI）

3.3.1 范围和应用

本节适用于使用美国沙漠研究所（DRI）光热法碳分析仪对用石英滤膜采集的颗粒物样品中的有机碳（OC）和元素碳（EC）进行的分析。

3.3.2 方法概述

本方法是基于有机碳和元素碳在不同的温度下氧化速率不同而对两者加以区分。沉积在滤膜上的颗粒物样品中的有机碳在低温的纯氦气（He）环境中被加热挥发，而元素碳在氧化环境中被氧化分解。碳组分在不同的温度和氧化环境中从石英滤膜中打孔取下来的一小片样品中释放出来。这些分解产物都随着经过填充了二氧化锰（MnO$_2$）的氧化炉被转化为 CO$_2$，CO$_2$ 接着通过一个甲烷转化器（富氢镍催化剂）被减少转化成 CH$_4$，最后使用火焰离子检测器（FID）对 CH$_4$ 进行定量。分析仪的光学元件被用来校正有机碳向元素碳的碳化，以避免对 OC 测量值的低估和对 EC 测量值的高估。在整个分析周期中，样品的反射率和透射率持续地由一个氦氖激光器和光电探测器进行检测。当热解发生时，样品对光的吸收增加导致反射率和透射率的减少。因此，通过测量反射率/透射率，EC 峰中对应被碳化的 OC 的那部分就可以被重新分配到 OC 中去。

由于被吸收在石英滤膜上的气态有机物的碳化，光热反射法（TOR）和光热透射法（TOT）对碳化部分的修正不一定是相同的。由这两种方法得出的 OC 和 EC 值都会被记录下来。

当使用 IMPROVE-A 升温程序时，在 7 个升温阶段，TOR 和 TOT 方法的碳化校正量都会分别被定量并记录下来。基于热学法得到的 OC 和 EC 值，以及碳酸盐碳也都会被记录下来。

3.3.3 干扰因素

① 某些矿物质的存在会影响激光对热解碳的修正量。当切割后的样品被加热时，这些矿物元素会改变颜色，通常会导致样品变得更黑。当样品中有大量的再悬浮过的土壤时，需要手动确定 EC 和 OC 的分割点。

② 一些矿物质通过临时改变颜色或改变样品残渣的表面结构有可能会影响激光的反射率。这些改变随着温度的变化是可逆的。

③ 有色的有机化合物会影响激光的校正，当这些化合物被分解释放时会增加样品的反射率。在有机分析部分，通过检查激光量可以确定这个影响，当这个影响比较大时需要手动确定 EC 和 OC 的分割点。

④ 作为样品沉积物质的一部分，一些元素（Na、K、Pb、Mn、V、Cu、Ni、Co 和 Cr）的存在显示出在低温的时候会催化 EC 的去除。这种催化作用会在分析时影响碳组分峰的分布。

⑤ 水蒸气会改变 FID 的基线。在开始分析之前，通入气体经过切割样品足够长的时间以让其干燥，这样可以消除水蒸气带来的影响。

⑥ 所有物体的表面都应该是干净的，以免被污染。小心操作滤膜使其不要受到污染。

3.3.4 设备和材料

（1）光热法碳气溶胶分析仪

DRI 2001A 型光热法碳气溶胶分析仪（美国内华达州沙漠研究所），这款仪器的详细描述和操作程序参见 Atmoslytic 公司提供的仪器操作说明书。

（2）精确的滤膜切割器

滤膜切割器用于切割滤膜的采样部分；建议打孔工具的直径为 5/16in，实际的打孔面积为 $0.5cm^2$。打孔面积的核实方法是：对一片 47mm 石英滤膜（$17.35cm^2$）进行称重后，使用打孔工具从滤膜中打孔切割下 10 片样品，对 10 片小滤膜分别进行称重，然后用 17.35×（10 片切割样品的平均重量/原始的滤膜重量）来计算得到。

（3）钢瓶气体

① 用于进样杆气压传动的合成空气。

② FID 使用的混合气。

③ 高纯氢气（99.999%）。

④ 氦氧混合气体（10%/90% 氧气/氦气）（认证过的）。

⑤ 甲烷氦气混合气体（5%/95% 甲烷/氦气）（认证过的）。

⑥ 高纯氦气（99.999%），氦气在到达碳分析仪之前要经过一个由仪器制造商提供的氧捕集器。

（4）注射器

用于校准时注射用的 Hamilton $1000\mu L$ 气密注射器。

（5）镊子

用于操作石英滤膜样品和打孔器。

（6）玻璃板

用于从滤膜样品中移除切割滤膜。

（7）分析天平

可以精确称量至 ±0.0001g；检查天平室的记录表，确保天平在一年的认证有效期内；在使用前用 Class 1 的砝码检查天平；在相应的记录表上记录下所有的称量结果。

（8）记录表格（略）

（9）无尘纸（略）

（10）蔗糖

99.9％分析纯。

（11）苯二甲酸氢钾

含量 99.95％～100.05％，标酸基准，EMScience PX1473-3 或相同等级。

（12）不含有机物的水

通过一个超纯水净化系统产生的去离子水。

（13）容量瓶（略）

3.3.5　分析仪启动

3.3.5.1　吹扫气

如果分析仪是第一次使用，或者是很长时间没有使用过，则需要预热一段时间（建议 12h）使系统达到稳定，让所有气体通入仪器吹扫大约 15min。调整前面板的阀门使气体流量如表 3-4 所列。

表 3-4　气体流量设置

气体	钢瓶压力	浮子流量计的设置
He-（1）	15psi	4.7
He-（2）	15psi	2.5
He/O$_2$	15psi	2.5
Cal Gas	约 5psi	15～20
He-（3）	15psi	4.9
H$_2$	15psi	3.9
空气（FID）	15psi	5.1
压缩空气	20～25psi	

注：1psi＝6.895kPa，下同。

3.3.5.2　系统检漏

① 连接炉子压力传感器数字面板的两个开关切断阀位于仪器的前面和转子流量计的上面，用来对分析仪进行检漏。炉子出口的肘节阀位于面板的右边。

② 确保 He-1、He-2 和合成空气有流量，并且进样杆的入口是密封的。如果不是，手动调节进样杆到"Calibrate"来确保其是密封的。

③ 关闭（向下轻击把手）炉子出口的开关阀，样品炉压会增加。当压力大于 5psi 时关闭炉子进口的开关。压力不能在几分钟内迅速下降（每秒下降 0.01psi 是可以接受的），否则表示可能有漏气。一般来说，漏气的位置可能是位于热电耦推杆以及石英炉入口和出口附近的特氟龙套管，需拧紧螺母；也可以检查隔板部分，石英炉顶部和底部的密封圈，以及石英炉是否出现破损。

④ 如果漏气问题依然存在，使用干燥的 KIMTECH 无尘纸擦拭所有的管线和接头，重新安装后再次测漏。

⑤ 检查后炉的 O 形圈，确保它正好在凹槽的位置，能够有足够的压力关闭后炉。

⑥ 当系统检漏测试符合要求后，首先轻按炉子出口的开关，然后将炉子进口的开关拨回到"On"的位置，使流量恢复，这样做是为了避免先关炉子进口开关带来的增压。

3.3.5.3　开机升温

① 在加热氧化炉和还原炉之前，让 FID 检测器和转移区域加热分别达到 125℃和 105℃的操作温度。

② 在 120℃加热氧化炉和还原炉约 0.5h，接着每 30min 升温 100℃直到氧化炉和还原炉最后的温度分别达到 900℃和 420℃。

3.3.5.4　流量平衡

① 使用分析仪右侧面板的 3 个针状阀进行流量调节使流量达到平衡。

② 确保进样杆是关闭的，所有气体流量正确。

③ 打开 Keithley DIO 控制面板或者 DRI 分析仪的软件界面（手动/控制菜单）上的"Back valves"（I/O 线路 1）。将样品炉的流量调节阀完全打开，记录下前面板上样品炉压力表上显示的压力，调整流量调节阀使压力增加至 0.5psi 左右，压力轻微的偏高或偏低并没有太大的关系，记录下这个读数。在 Keithley DIO 控制面板上关闭"Back valves"（I/O 线路 1），调节"Vent Adjust needle valve"来达到同样的样品炉压力。通过打开和关闭"Back valves"来观察样品炉的压力是否有波动。让"Back valves"保持在开的状态准备进入下一步骤。

④ 打开 Keithley DIO 控制面板上的"Front valves"（I/O 线路 3），记录下 He-2 转子流量计的球的运动。如果在这个过程中转子流量计的球跳了起来，顺时针方向轻微调节 He/HeO$_2$ 气的针状调节阀，如果球往下降，则往逆时针方向调节针状调节阀。

⑤ 打开"Front valves"让流量稳定几分钟，重复步骤④直到小球轻微震动或者不再震动。

3.3.6　关闭分析仪

3.3.6.1　需要关闭分析仪的情况

① 将有一段时间不需要进行样品分析。

② 电源将要被中断。

3.3.6.2　关闭分析仪的步骤

① 当分析仪处于"standby"模式时，直接将氧化炉、还原炉、FID 和管式加热器的温度设置为零。不要关闭钢瓶气和计算机。

② 当氧化炉、还原炉、FID 和管式加热器的温度变为室温时，关闭钢瓶气的减压阀。

③ 当转子流量计的读数低于 0.5psi 时，关闭前面板的所有阀门，包括石英炉的进口和出口的开关。

④ 关闭 DRICarb.exe 软件，软件会提示多功能开关（位于前面板的左侧）处于分析或校准状态。

⑤ 关闭分析仪的主电源，关闭计算机。

3.3.7　校准

应每 6 个月校准一次仪器，或者当更换过任一种钢瓶气体时也需要对仪器进行校准。校准仪器时需要用到苯二甲酸氢钾（KHP）或者蔗糖溶液，在校准程序运行过程中甲烷钢瓶气体也会被仪器自动注入进去。校准时，需要向预先烧过的石英样品上打入 1.0～10.0μL 的 4210μg/g 的 KHP 或蔗糖溶液。

3.3.7.1　标准溶液的准备

一套外部标准校准溶液包括溶解于去离子水中的蔗糖或苯二甲酸氢钾（KHP），用于建立 FID 响应的线性关系和用于校准在每次分析过程的结尾都要注入的内部气体标准（CH₄）。

（1）蔗糖溶液

标称浓度为 4210μg/g 的蔗糖溶液是将 10.000g 的蔗糖放入 100mL 的容量瓶中，然后加入不含有机物的水使其彻底混合溶解，最后稀释到 100mL。将配制好的蔗糖溶液放入 4℃的冰箱中储存，可以保存 40d。在容量瓶上贴好标签，写上试剂名称、配制日期、配制人和浓度。蔗糖溶液中的碳含量用如下式计算：

$$\left(\frac{10.000\text{g 蔗糖}}{100.00\text{mL}}\right) \times \left(\frac{12 \times 12.01\text{gC}}{342.32\text{g 蔗糖}}\right) \times \left(\frac{1\text{mL}}{1000\mu\text{L}}\right) \times \left(\frac{10^6\mu\text{g}}{1\text{g}}\right) = 4.21\frac{\mu\text{gC}}{\mu\text{L}}$$

（2）KHP 溶液

在准备标称浓度为 4210μg/g 的 KHP 标准溶液前，KHP 需要先在 110℃下干燥 2h。当 KHP 在干燥器中回复到室温后，将 0.8948g KHP 放入 100mL 的容量瓶中，并记录下 KHP 的质量，加入 50mL 不含有机物的水和 0.2mL 浓缩的 HCl 溶液并使 KHP 溶解，然后加入不含有机物的水稀释到 100mL，让 KHP 溶液充分混合。将配制好的 KHP 溶液放入 4℃的冰箱中储存，可以保存 40d。在容量瓶上贴好标签，写上试剂名称、配制日期、配制人和浓度。KHP 溶液中的碳含量用下式计算：

$$\left(\frac{0.8948\text{gKHP}}{100.00\text{mL}}\right)\times\left(\frac{8\times12.01\text{gC}}{204.22\text{g 蔗糖}}\right)\times\left(\frac{1\text{mL}}{1000\mu\text{L}}\right)\times\left(\frac{10^6\mu\text{g}}{1\text{g}}\right)=4.21\frac{\mu\text{gC}}{\mu\text{L}}$$

3.3.7.2 蔗糖和 KHP 校准

① 选择 DRICarb. exe 软件开始界面上的"Analysis"按钮来执行完整的校准（图 3-47）。

图 3-47 DRICarb 软件欢迎界面

② 选择软件设置界面中"Command table"的"cmdBakeOven"选项，将一个干净的切割后的空白石英滤膜放在分析仪的炉子中，在 900℃下烘烤 10min（图 3-48）。

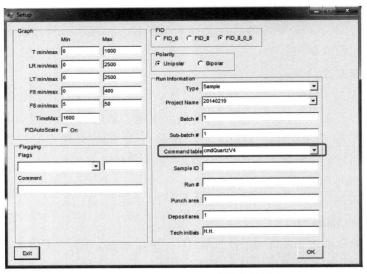

图 3-48 Command table 菜单中的选项

③ 在烘烤完石英滤膜后，将"Command table"菜单的选项改为"cmdIm-proveA"。

④ 在运行 KHP 或蔗糖程序之前先执行系统空白测量。

⑤ 输入样品 ID 号，格式应为 "mmddSTD-♯"。通常选择 FID_8 来判断 FID 峰面积，并在分析开始前在这个软件界面上写下标记和备注。

⑥ 输入 "Run♯"，对于样品分析 "Punch area" 和 "Deposit area" 都要输入 1。

a.输入操作人员的姓名。

b.当石英滤膜冷却至 50℃ 以下后，用注射器将 $10\mu L$ 的蔗糖溶液或 KHP 溶液注入石英滤膜上，之后的校准按顺序注入以下体积的溶液：（a）不注入校准溶液（作为系统空白）；（b）$1\mu L$ 的蔗糖溶液或 KHP 溶液；（c）$4\mu L$ 的蔗糖溶液或 KHP 溶液；（d）$7\mu L$ 的蔗糖溶液或 KHP 溶液；（e）$10\mu L$ 的蔗糖溶液或 KHP 溶液。

⑦ 用校准溶液冲洗注射器至少 5 次后才能开始抽取校准需要的体积的溶液，抽动注射器柱塞把气泡去除。

⑧ 用注射器将校准溶液缓慢地打入石英滤膜的中间，然后用超纯水将注射器清洗干净。如果注入溶液的速度太快，有可能会形成水珠从滤膜上流走。

⑨ 在分析仪的 "Setup" 软件界面单击 "OK"，进样杆会移动到校准的位置。

⑩ 在延迟菜单中输入要延迟开始分析的时间长度（单位为 s），用以吹扫干燥已经注射了蔗糖溶液或 KHP 溶液的滤膜样品盘。通常，每放入 $1\mu L$ 的溶液应有 $60s$ 的吹扫时间。单击 "OK" 按钮，分析开始。

⑪ 让滤膜充分的干燥，滤膜会从半透明的变成不透明的。滤膜必须干燥，是为了避免水蒸气对 FID 和激光反射与透射信号的影响。

⑫ 样品和校准峰在 7 个温度阶段的所有数据都会被记录下来，通过把 OC1、OC2、OC3、OC4 以及 EC1、EC2、EC3 的峰面积相加得到总的峰面积。热解的部分没有包含在总的峰面积中。

3.3.7.3　校准数据的处理

用实际的 $TC(\mu gC/cm^2)$ 和记录的 $TC(\mu gC/cm^2)$ 绘制标准曲线，标记出明显的离群值并重新计算。获得校准数据的线性关系和校准见下式。

$$y_i(实际\ TC)=ax_i(记录的\ TC)+b$$

式中　y_i——实际的 TC，$\mu gC/cm^2$；

　　　x_i——记录的 TC，$\mu gC/cm^2$；

　　　a——斜率；

　　　b——截距。

用这个公式来重新计算样品中的实际碳浓度。

3.3.7.4　样品数据的处理

在分析结束时软件会自动计算将总的峰面积转换成 μg 碳。

对于 IMPROVE-A 方法，记录的峰值有：4 个有机峰值（OC1、OC2、OC3

和 OC4），分别对应于 He 气环境下的 140℃、280℃、480℃ 和 580℃；3 个元素碳峰值（EC1、EC2、EC3），分别对应于加入氧气后的 580℃、740℃ 和 840℃；以及根据反射率和透射率得到的 3 个热解有机碳的峰值（较低的、常规的和较高的切割点），分别对应于在加入氧气后的较低的分割时间、常规分割时间和较高的分割时间之前的峰值，得到反射和透射的光学法碳化修正系数；记录的 EC 值包含了热解的碳。

实际的碳浓度根据如下式手动计算得出，这个公式是进行蔗糖或 KHP 溶液校准时得到的：

$$y_i（实际 TC）= ax_i（记录的 TC）+ b$$

最后，用如下式将碳的值转化成空气中的浓度：

$$\frac{\mu gC}{m^3} = \frac{切割滤膜的碳含量 \mu gC \times \dfrac{1}{切割的滤膜面积（cm^2）} \times 滤膜采样面积（cm^2）}{采样体积（m^3）}$$

3.3.8 系统空白

① 每天进行一次系统空白分析来检查系统是否干净。

② 将一片空白的切割滤膜放在进样杆中，烘烤系统几分钟后，在 "Command table" 菜单中选择 "cmdBakeOven" 开始分析，在分析任何样品前系统空白值应 TC<0.2μg。

3.3.9 例行操作

① 检查所有的气瓶确保有足够的气体能够供仪器运行一整天，打开 He-(1)、He-(2)、校准气体和空气的气瓶开关。

② 检查分析仪中的所有气体流量，正确的设置如表 3-4 所示，可以通过调节球的中心位置来调节气体流量；吹扫系统 15min。

③ 系统检漏测试（见 3.3.5.2 部分），确保进样杆的位置在校准的位置，这样执行系统检漏测试前样品池就会是关闭的。

④ 减少空气的流量到转子流量计上的刻度 2.5，等待 1min，用丁烷点火器将 FID 点火，有爆裂的打火声显示火焰已经点着，用一对钳子握住 FID 的排气管检查火焰是否点着并等待它的凝结。增加空气流量恢复到 5.1，使 FID 稳定 10min。

⑤ 在电脑上单击 DRICarb 软件快捷图标来运行程序。

⑥ 当系统检漏测试结果理想后，点击软件欢迎界面上的 "analysis" 按钮，设置类型为 "Sample"，在 "Command table" 菜单的下拉选项中选择 "cmdBakeOven"。填写项目名称和样品 ID，设置 "Run #" "Punch area" "Deposit area fields" 为 1，点击 "OK"，然后点击 "Run"。

⑦ 在石英炉被烘烤过后进行系统空白分析，在 "Command table" 菜单的下拉

选项中选择"cmdImproveA"。

⑧ 如果系统空白值的 TC＜0.2μg，就可以继续进行例行校准。设置类型为 "Sample"，在"Command table"菜单的下拉选项中选择"cmdAutoCalibCheck"。填写项目名称和样品 ID，设置"Run♯"（当天的第 1 次校准设置为 1，第 2 次校准设置为 2，以此类推），设置"Punch area""Deposit area fields"为 1，点击 "OK"，然后点击"Run"。回顾温度记录曲线，在记录表上记下数值，如图 3-49 所示。这 3 个校准峰值（OC3、EC1、LtpyMid）应该超过 20000，而且面积应该差不多完全相同的（在校准峰面积值的 10％以内）。只要更换 MnO_2 或者镍催化剂，都需要运行一次自动的例行校准以确定之前的校准曲线仍然有效。当校准曲线仍然在限值内时，就可以对样品进行分析了。

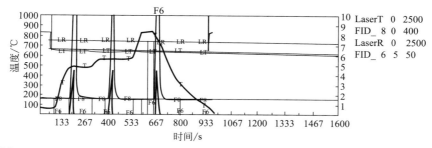

图 3-49　DRI Model 2001A 光热法碳分析仪 cmdAutoCalibCheck 命令的温度曲线图

⑨ 检查下列参数并记录在表格中，从主欢迎界面的 manual 选项中进入可以看到这些参数的值（见图 3-50）：a. 反射率和透射率（通过将干净的空白滤膜放在 Analyze 位置进行测量）；b. 反射率的数值应在 1400～2000 之间，并且与前一天的值保持一致；c. 透射率的数值应在 800～1300 之间，并且与前一天的值保持一致；d. 系统空白值，TC 应＜0.2μg；e. 校准值，针对分析仪器，与前一天的值保持一致。

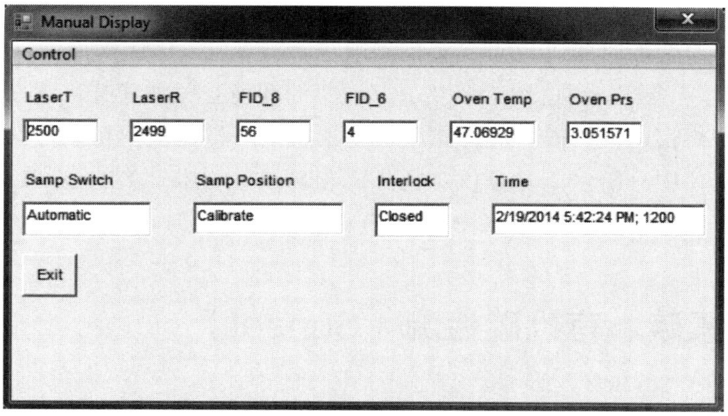

图 3-50　记录激光信号参数显示

⑩ 确保镊子、滤膜切割工具和用来切割滤膜的桌面用干燥的无尘纸清洁干净。

⑪ 从冰箱中取出样本滤膜样品，等它恢复到室温，在电脑软件中填入样品 ID、切割后的滤膜面积、滤膜采样面积和操作人员名称。点击"OK"，然后点击"Run"。

⑫ 用镊子将滤膜放入玻璃培养皿中，轻轻地从滤膜切割工具中推出切割后的样品，轻微地摇晃切割工具来确认样品已经完全被切割出来，切割后的样品仍然会在切割工具中，用镊子捏住底部边缘把切割样品从切割器中取出来。将一片切割样品放入进样杆中，用玻璃吸管的粗端轻推切割样品以保证它很好地放在进样杆中。

⑬ 放置好样品后点击"OK"。当软件开始延时时间时点击"OK"，默认时间为 90s，之后样品开始进行分析。

⑭ 用干净的无尘纸擦拭镊子、滤膜切割器和玻璃器皿，将剩余的滤膜样品放回冰箱。

⑮ 每做 10 个样品需要做一个平行样，平行样是从滤膜样品中切割同样大小的第 2 块样品来进行分析。

⑯ 当天的样品分析完后，在每日检查结束时会执行 cmdAutoCalibCheck 程序来进行例行校准。

⑰ 记录校准峰的数值，超出范围的数值需要进行调查并重新计算。在每天结束时的校准中的低值有可能使全天的数值无效。任何偏离可接受范围的数据都要被记录下来，并查找可能的原因。

⑱ 让 DRI 软件继续运行。

⑲ 关闭 He-1、He-2 和校准气体，关闭 H_2 并确认 FID 火焰已经熄灭。接着再次打开 H_2，关闭空气。

3.3.10 检测限

① 随着光热法碳分析仪测量方法的发展，其方法检测限（LOD）也首先跟着确定下来。检测限每年验证一次，或者当仪器发生了配件更换或维修等会对仪器性能造成影响的改变的时候，也需要对检测限进行验证。

② 通过对一个 TC 浓度约为 $3.0\mu gC/cm^2$ 的环境空气滤膜样品重复进行 7 次分析来确定碳分析仪的检测限：a. 用滤膜切割工具从采样滤膜上切割一块样品，并把它放入碳分析仪中分析，重复分析 7 次；b. 根据 7 次分析的结果来得到标准偏差；c. 用这个标准偏差乘以 T（对于 7 次重复分析，T 值为 3.143）得到检测限。

3.4 元素碳、有机碳检测（Sunset）

3.4.1 范围和应用

本标准操作程序适用于使用美国 Sunset 实验室 OC-EC 气溶胶分析仪对用石英

滤膜采集的颗粒物样品中的有机碳（OC）、元素碳（EC）和总碳（TC）进行的实验室分析。

3.4.2　方法概述

热光分析法被广泛应用于测定环境和颗粒物样品中的 TC、OC 和 EC。在分析过程中，OC 和 EC 在选定的温度下于无氧环境中从样品承载物（例如石英滤膜）中挥发出来，转化成 CO$_2$ 或 CH$_4$ 气体，接着用红外吸收法（CO$_2$）或者火焰电离法（CH$_4$）进行检测。EC 则在有氧环境中被氧化成 CO$_2$ 释放出来。大气中的大部分 OC 在无氧环境中较低温度下即可释放，因此 OC 可以和 EC 分离开来。然而在惰性环境下加热，仍有小一部分 OC 会被热解或者焦化，而被错认为 EC。当前，激光透射法（Transmittance）和激光反射法（Reflectance）被广泛应用于对热解碳的测量进行修正。

3.4.3　干扰因素

（1）热解产生的元素碳（热解碳）

激光透射率用来对在分析的第一阶段（非氧化阶段）从有机成分中热解产生的元素碳（或称作热解碳）进行光学修正。热解碳的产生会减少激光束在系统中的透射率。在分析的第二个阶段（氧化阶段），所有的元素碳（包括热解碳）都从滤膜中被氧化释放出来。当激光束的透射率回复到分析开始时的初始强度时的这一刻，被计算机软件作为 OC 和 EC 的分割点，在分割点左边的总的 FID 响应值被分配为OC，在分割点右边（但在内标峰之前）的总的 FID 响应值被分配为 EC。引入氧气的时间点到 OC-EC 分割点之间的碳被定义为热解碳。如果 OC-EC 分割点发生在加入氧气之前，那么热解碳为零，并且 PK4 OC 在分割点那里结束。

（2）氧化铁和铁元素

氧化铁是最常见的有色无机组分。除非由于大量沉积在样品中，它通常不会造成干扰影响，因为与目前的 EC 相比较氧化铁对红色激光的吸收是相当微弱的。

（3）受生物质燃烧影响的样品

样品中的生物质燃烧组分对红光的吸收系数与 EC 相比是比较小的，因此它会带来的干扰也是非常小的。但是，如果样品中 EC 的量比较小，而样品中沉积的有机物非常多的话，1%～2%的有机碳有可能会被错误的分配给 EC 部分。

（4）非吸收性无机物，比如硫酸铵或硝酸盐

不吸收的无机物种会散射光线和在分析时蒸发，但是它的影响极小，可以忽略，除非它在样品中的浓度非常高（>100μg/cm^2）。

（5）水分

样品中的水分会增加透射率，从而干扰光学法对 OC-EC 分割点的正确判断。这些样品应在温度小于 70℃下干燥 1～2min。

3.4.4 设备

（1）热/光碳气溶胶分析仪

实验室 OC-EC 气溶胶分析仪（Sunset 实验室，Forest Grove，OR，USA）。Birch 和 Cary（1996）对该仪器的操作进行了详细地描述和说明。

（2）精确的滤膜切割器

滤膜切割器用于切割滤膜的采样部分；矩形切割器的切割面积用千分卡尺测量的内宽和深来计算，现在通常使用的切割器的测量面积是 $1.5cm^2$ 和 $1.0cm^2$。

注意： 每一个滤膜切割器都需要定期检查在其锋利边缘处是否有不平整的地方，如果在切割器的边缘有一个或多个明显的凹口，就需要更换切割器。滤膜切割器在切割样品前需要用洁净的石英滤膜擦拭其边缘来进行清洁。

（3）注射器或自动移液枪

必须是经过校准的注射器或自动移液枪；能够用来精确地吸取标准溶液。

（4）镊子

有硅树脂涂层的镊子用于在装载样品时操作石英进样杆；没有硅树脂涂层的镊子用于操作石英滤膜样品。

（5）容量瓶（略）

（6）反射镜（略）

（7）分析天平

可以精确称量至±0.0001g；检查天平室的记录表，确保天平在 1 年的认证有效期内；在使用前用 Class 1 的砝码检查天平；在相应的记录表上记录下所有的称量结果。

3.4.5 试剂

① 超纯氦气（99.999％）：氦气在进入碳分析仪前要先经过一个非指示型高容量的氧捕集器（Scott Specialty Gases，产品目录号 53-43L，或相同等级）和一个指示型低容量的氧捕集器（Scott Specialty Gases，产品目录号 53-43T，或相同等级）。

② 超纯氢气（99.999％）。

③ 氦氧混合气体（10％/90％氧气/氦气）。

④ 甲烷氦气混合气体（5％/95％甲烷/氦气）。

⑤ 空气或超纯零气。

⑥ 蔗糖，99.9％分析纯。

⑦ 苯二甲酸氢钾：含量 99.95％～100.05％，标酸基准，EMScience PX1476-3 或相同等级。

⑧ 不含有机物的水：通过一个超纯水净化系统产生的去离子水。

⑨ 一个 NIST 滤膜标准：过滤介质上的空气颗粒物。

3.4.6 标准溶液配制和分析

使用去离子水配制的蔗糖外部标准校准溶液用于建立 FID 响应的线性关系和用于校准在每次分析过程的结尾注入的气态内标物（甲烷氦气混合气体，5%甲烷）。

苯二甲酸氢钾（KHP）溶液用于核实蔗糖标准的碳浓度。

3.4.6.1 蔗糖储备溶液（储备标准）

准备蔗糖储备溶液的方法：称量 10.000g±0.010g 蔗糖（在称量蔗糖之前，用追溯到 NIST 的 10g Class 1 标准砝码核实天平的准确度）放入 1000mL 的容量瓶中，并用不含有机物的水稀释到刻度线。

注意：10.000g 蔗糖（$C_{12}H_{22}O_{11}$，分子量为 342.31）所配制的 1000.00mL 溶液中的总碳浓度是 $4.210\mu gC/\mu L$。准确的浓度用以下式根据蔗糖称重的质量来进行计算：

$$\left(\frac{10.000g\ 蔗糖}{1000.00mL}\right) \times \left(\frac{12\times12.01gC}{342.31g\ 蔗糖}\right) \times \left(\frac{1mL}{1000\mu L}\right) \times \left(\frac{10^6\mu g}{1g}\right) = 4.210\ \frac{\mu gC}{\mu L}$$

3.4.6.2 校准标准

准备至少 3 个校准标准（工作标准），其浓度要能覆盖样品浓度范围。校准标准的准备：a.称量适当重量的蔗糖放入容量瓶中并用不含有机物的水稀释到刻度线；b.在容量瓶中用不含有机物的水定量稀释蔗糖储备溶液。

注意：一套典型的校准标准包含蔗糖储备溶液（标称浓度为 $4.2\mu gC/\mu L$）和两瓶稀释后的蔗糖储备溶液（浓度分别为 $2.1\mu gC/\mu L$ 和 $0.42\mu gC/\mu L$）。通常在做校准分析时，每种校准标准各取 $10.0\mu L$，在需要扩展测量范围时需要用到更大体积的蔗糖储备溶液。

3.4.6.3 KHP 验证标准

准备苯二甲酸氢钾（KHP）标准溶液的方法：将 KHP 在 110℃ 下干燥 2h，让干燥的 KHP 冷却平衡到室温，称量 0.5000g±0.010g KHP，然后溶解于有 0.4mL 浓缩 HCl 的纯水中，再倒入 100mL 的容量瓶中并稀释到刻度线。

注意：0.5000g 干燥的 KHP（$KHC_8H_4O_4$，分子量为 204.22）所配制的 100.00mL 溶液其含有的总碳浓度是 $2.352\mu gC/\mu L$。

$$\left(\frac{0.500gKHP}{100.00mL}\right) \times \left(\frac{8\times12.01gC}{204.22gKHP}\right) \times \left(\frac{1mL}{1000\mu L}\right) \times \left(\frac{10^6\mu g}{1g}\right) = 2.352\ \frac{\mu gC}{\mu L}$$

工作蔗糖标准应在进行蔗糖校准前新鲜配制，整套工作标准在使用后就作废了。

将蔗糖储备标准溶液和 KHP 验证标准溶液储存于温度≤4℃的冰箱中。

至少每 6 个月应重新配制蔗糖储备溶液和 KHP 验证标准溶液。

3.4.6.4 用蔗糖标准溶液进行校准

蔗糖外部标准校准溶液用于建立 FID 响应的线性关系和用于校准在每次分析过程的结尾注入的气态内标物（甲烷氦气混合气体，5%甲烷）。准备切割好的滤膜样品用于进行蔗糖校准，校准步骤如下。

① 悬挂一片经过预先烘烤的干净的切割滤膜在针尖上，这个针尖是安装在聚苯乙烯泡沫表面或其他合适的表面上。

② 使用一个精确的注射器或经过校准的移液枪转移 $10.0\mu L$（或其他适当的体积）蔗糖标准溶液到这片干净的滤膜上，让其风干 $20\sim30min$。

③ 将这片滤膜放入进样杆上并推进分析仪的石英炉中，关闭石英炉的门。

④ 分析这片切割滤膜。

⑤ 重复步骤①～④，直到对所有 3 个蔗糖标准都进行了分析且符合以下标准：

3 个校准点的相关性符合 $R^2 \geqslant 0.998$（用加入的标准中的碳浓度和总的 FID 峰面积响应值进行强制拟合过原点最小二乘法线性回归）；

每次分析得到的回收率应在理论值的 93%～107%之间（用测量的 μgC 除以实际注入的 μgC）；

每次分析的内标 FID 响应应该在 3 次校准分析的内标平均 FID 响应值的 90%～110%之间，并且每次分析得到的校准标准的响应系数（counts/μgC）应在 3 次校准分析的平均响应系数的 90%～110%之间。

表 3-5 点校准

水平	注入的碳含量/μgC	FID	CH_4 峰面积
1			
2			
3			
	平均的 CH_4 峰面积		
	90%×平均的 CH_4 峰面积		
	110%×平均的 CH_4 峰面积		

⑥ 填写表 3-5 并将这个表复制到仪器的记录日志中。

3.4.7 滤膜样品分析

(1) 工作区域的准备

① 在 OC/EC 仪器旁边准备好一个指定区域，保持干净无尘、没有化学品。在这个地方铺上 5～6 层干净的铝箔，并将铝箔边缘用胶带固定。

② 在每次分析步骤开始的时候，取一片新的干净的石英滤膜卷在镊子上，用它在铝箔上擦拭一个约 2in 直径的面积，用于切割滤膜。

（2）启动

① 在待机状态下点击 CONTINUE 按钮（如果程序已经退出，双击"OCECINST"图标来启动分析仪）

② 设置气体流速如下：a. He-1，$52 \sim 56mL/min$；b. He-2，$12 \sim 15mL/min$；c. He-3，$67 \sim 70mL/min$；d. He/O₂，$12 \sim 15mL/min$；e. 空气，$280 \sim 300mL/min$。

氢气：当准备好可以点燃 FID 火焰后，设置氢气流速大于 $100mL/min$。一旦火焰点燃后（通常根据小的爆裂声来判断），将流速调整为 $44 \sim 48mL/min$。

注意：

1. 使用制造商提供的软件上推荐的气体流速范围，除非制造商的技术人员特别提供了一个不同的流速范围。

2. 检查气体压力（PSIG），在离线模式时压力应在 $0.0 \sim 0.1psi$（$1psi = 6.895kPa$，下同），而在分析状态时压力会增加到 $0.5 \sim 2psi$。炉的压力会发生变化，取决于流速和 MnO₂ 氧化池和还原炉的阻力。

气体流速与压力关系分析如图 3-51 所示。

（3）样品分析

石英滤膜储存在温度为 $-15℃$ 或以下的冰箱中，并应在采完样之后的 6 个月内进行分析。

在切割石英滤膜样品用来分析前，将每一个装有石英滤膜样品的滤膜盒都回复到室温。切割后，将剩下的石英膜放回膜盒中，用石蜡膜将膜盒封好，并立即放回冰箱。

当计算机软件显示"Safe to put new sample"后才可以将切割的滤膜样品放入石英炉中。

① 用精确的滤膜切割工具（$1.0cm \times 1.0cm$ 或者 $1.0cm \times 1.5cm$）从石英滤膜样品上切割一部分用于分析。

② 打开石英炉的门。

③ 用不锈钢的镊子部分地移出石英炉的进样杆，然后用不加涂层的镊子将切割滤膜放入进样杆中。

④ 用不锈钢镊子轻轻地把进样杆推进石英炉直到碰到热电耦的前端后停止，不要用手碰触进样杆。

⑤ 关闭石英炉的门，确保石英炉的球形接头处 O 形密封圈密封良好，并放一

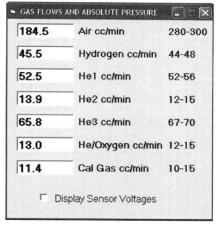

图 3-51　气体流速与压力关系分析

个夹钳固定住接头。

⑥ 检查监视窗口（见图 3-52）的压力读数确认没有报警标识出现（如果有的话，说明有漏气）。

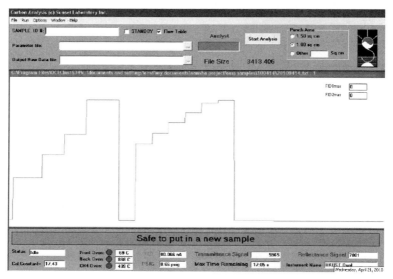

图 3-52　监视窗口

⑦ 在电脑上打开操作程序 OCECInst634.exe。

⑧ 在 SAMPLE ID♯栏中输入样品 ID 号和操作人员姓名。

⑨ 选择一个合适的或者指定的参数文件，选项中已经默认给出一个范例参数文件 Quartz.par（如果希望有不同的升温程序，可以修改具体的操作参数，但在修改之前应先复制一份 Quartz.par 文件并给它重命名）。选择输出数据文件的文件夹、切割滤膜的面积。Quartz.par 的升温程序来源于 NIOSH 方法。

注意：Quartz.par 的升温程序如下：

```
'quartz.par
'mode<comma>time<comma>temperature
'n.b.regimen must end'Offline'mode.
Minimum Step Time,45
Maximum Step Time,300
Helium,10,1,.001,100,16
'start ramping the temperature
Helium,80,310,.06,73,6
Helium,60,475,.10,55,3
Helium,60,615,.16,55,0
Helium,90,870,.30,30,0
'let the oven cool before starting elemental
```

```
Helium,45,0,.001,100,16
'elemental
Oxygen,45,550,.12,55,0
Oxygen,45,625,.16,58,0
Oxygen,45,700,.18,43,0
Oxygen,45,775,.23,38,0
Oxygen,45,850,.25,38,0
Oxygen,-1,870,.32,20,0
Oxygen,45,870,.30,20,0
CalibrationOx,110,1,.001,100,16
'All done!
'this last mode persists until we start a new sample.
'The last entry * must*  be "go offline and turn blower on".
Offline,1,0,.001,100,16
'end.
'* * * * * * * * * * * * * * * *
'don't put any comma's in your comments-bad things happen
'format
'Mode;time;temperature;power constant;time constant;blower mode
'power constant-.0001 to 1;think of it as a percentage
'typical.01 to.4 must be positive
'time constant (seconds)-1 to 200 must be positive
'typical-10 to 120
'low temperature-long time constant;low power
'high temperature-high power;short time constant
'blower speed-0 and 3 to 16;0= off;16= full
'do not run blower at settings of 1 or 2-too slow
```

或者选择参数文件"improve.par",这是另一个升温方法 IMPROVE(Chow et al.,1993),样品在纯氦气环境下逐步被加热到 120℃、250℃、450℃ 和 550℃,然后在 2% 的氧气和 98% 的氦气环境下被加热到 550℃、700℃ 和 800℃。

```
'improve.par
'mode <comma> time <comma> temperature
'n.b. regimen must end 'Offline' mode.
Helium,10,1,.001,100,8
'start ramping the temperature
Helium,180,120,.01,90,8
Helium,180,250,.03,80,4
Helium,180,450,.05,70,0
```

```
Helium,180,550,.08,60,0
Oxygen,240,550,.08,60,0
Oxygen,210,700,.12,45,0
Oxygen,210,850,.20,25,0
CalibrationOx,110,1,.001,100,16
'All done!
Offline,1,0,.001,100,16
'end.
'* * * * * * * * * * * * * * * * *
'don't put any comma's in your comments-bad things happen
'format
'Mode;time;temperature;power constant;time constant;blower mode
'power constant-.0001 to 1;think of it as a percentage
'typical.01 to.4 must be positive
'time constant (seconds)-1 to 200 must be positive
'typical-10 to 120
'low temperature-long time constant;low power
'high temperature-high power;short time constant
'blower speed-0 and 3 to 16;0= off;16= full
'do not run blower at settings of 1 or 2-too slow
```

⑩ 在开始分析之前，记录下日期、样品名称或编号、操作人员的名字。

⑪ 检查初始的激光透射率。

⑫ 点击 "START ANALYSIS" 按钮。

⑬ 在分析结束时，检查最后的样品激光透射率，在下次分析开始前先在记录表上记录下此次分析的甲烷峰 FID 信号。

（4）关机

① 如果在当天稍晚的时候还需要进行分析或者过几天还需要使用仪器，点击 "STANDBY" 按钮。在 Standby 模式下，后炉和还原炉保持在比通常的操作温度稍低一点的温度下，以延长加热线圈使用寿命，激光会关闭，且由于气体保持较低的流速，系统压力接近零。

② 如果数天内都不需要再使用仪器，则从菜单中选择 "EXIT"，这会关闭石英炉的所有电源，使它们冷却下来。设置气体流速如下（或者使用 Sunset 实验室仪器支持技术人员的推荐设置）：

H_2，$4 \sim 7 mL/min$

空气，关闭

校准气，关闭

He3，$6 \sim 8 mL/min$ 缓慢流动

He2，0～4mL/min 缓慢流动

He1，6～8mL/min 缓慢流动

He/O₂，4～6mL/min 缓慢流动

③ 当程序关闭了好几天之后，除了 He-1 和 He-3（大约 5～10mL/min）外所有气体都要关掉。

3.4.8　计算

（1）滤膜中含碳浓度的计算（μgC/cm²）

① 仪器的应用软件（OCECInst634.exe）会将分析时获得的数据自动存储为 ASCII 格式的文本，以供后续的计算、显示和打印。

② 使用 Sunset 实验室提供的另一个应用软件（OCECCalc2PD182.exe 来进行结果计算（图 3-53）。每个样品数据都能绘成包含有温度、激光透射率和吸收率以及 FID 剖面图的图表（被称作温度记录图），这个图表输出的文本包含计算出的滤膜中 OC、EC 和 TC，以及 Pk1 OC、Pk2 OC、Pk3 OC、Pk4 OC 和热解炭（单位均为 μgC/cm²）。OC、EC 和 TC 测量的不确定性也在图表中给出了。软件没有估算 Pk1 OC、Pk2 OC、Pk3 OC 和 Pk4 OC 不确定性，这个需要分析人员对积分限手动设定。热解炭的不确定性也没有包含在这个文件内，软件会给出热解炭的边界（从加入氧气后到计算出的 OC-EC 分割点之间的时间）。另一个输出的文本文件包含了 EC/TC 比、日期、时间、校准常数、切割面积、FID1 和 FID2 状态、校准峰面积、分割时间、手动分割时间、初始吸收率、最初的元素碳的吸收系数、仪器名称、操作人员、激光修正系数和过渡时间。

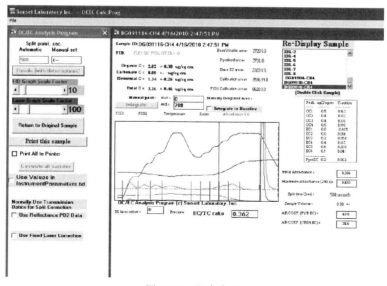

图 3-53　程序窗口

③ 计算软件（OCECCalc2PD182.exe）会生成一个带有附加数据列的制表符分隔的输出文件。在这个文件中，数条标题行后所接为各次分析的单行数据，当软件每运行一次新的行会被增加到文件的最底部，因此最新一次的计算总是会位于文件的最底部。

④ 默认的计算使用透射率的数据。点击左边列的"Use ReflectancePD2 Data"（图 3-54），可以使用反射率的数据来计算。点击后，数据会重新计算，OC、EC 和 TC 的反射率也会记录在输出的 excel 文件中。

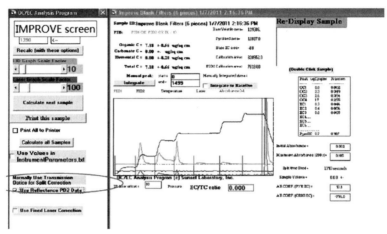

图 3-54　程序窗口

⑤ ".csv"的结果文件包含报表数据

sample ID：分析的样品的 ID。

optics mode：如果是透射率，则显示为"Trans."；如果是反射率，显示为"Refl."

OC(μg/sq cm)：每平方厘米的 OC 含量（μg/cm^2）。

OC unc：OC 的不确定度。

EC(μg/sq cm)：每平方厘米的 EC 含量（μg/cm^2）。

EC unc：EC 的不确定度。

CC(μg/sq cm)：每平方厘米的碳酸盐碳含量（μg/cm^2）。

CC unc：碳酸盐碳的不确定度。

TC(μg/sq cm)：每平方厘米的 TC 含量（μg/cm^2）。

TC unc：TC 的不确定度。

EC/TC ratio：EC 占 TC 的比率。

Pk1 C μg/sq cm-Pyrol Cμg /sq cm：不同温度阶段的 OC 的峰面积。

EC1 C μg/sq cm-EC6 Cμg /sq cm：不同温度阶段的 EC 的峰面积。

Date：样品分析的日期。

Time：样品分析的时间。

CalConst：校准常数。

Punch Area：用于分析切割滤膜面积。

FID 1：如果 FID1 偏移，显示"Offscale"（如果不是"offscale"，最后两个值为"ok"）。

FID 2：如果 FID2 偏移，显示"Offscale"（如果不是"offscale"，最后两个值为"ok"）。

Calibration area：甲烷校准峰的原始面积。

Split time(sec)：自动计算的分割时间（s）。

Manual spilt time：若分析人员手动修改了分割点，则此项会包含一个数值。

Init Abs.：计算的样品吸收率（无单位）。

Abs. Coef..：计算的样品吸收系数（单位为 m^2/gEC）。

末端有更多的数据列，例如大气压力等。

（2）滤膜中碳的质量（μgC）

滤膜中 OC、EC、TC、CC、Pk1 OC、Pk2 OC、Pk3 OC、Pk4 OC 和热解炭的质量（m, μgC）用每一种类型炭的浓度（c, μgC/cm^2）乘以滤膜采样面积（A, cm^2）来计算：

$$m = cA$$

注意：通常用来采样的 47mm 石英滤膜，其采样的范围是 38.7mm 内径区域，估算的采样面积是 11.76cm^2，作为滤膜采样面积。

（3）空气中的碳浓度

用滤膜中每一种类型碳的质量（m, μgC）除以采样体积（V_{air}, m^3）来计算空气中每种碳的浓度（C_{air}）：

$$C_{air} = \frac{m}{V_{air}}$$

用空白值修正的空气中采样的 OC 和 EC 浓度（ng/m^3）用下面的公式来计算：

$$OC_{air} = \frac{(OC_{sample} - OC_{blank})}{V_{air}} \times A \times 1000$$

$$EC_{air} = \frac{(EC_{sample} - EC_{blank})}{V_{air}} \times A \times 1000$$

式中　OC_{sample}，OC_{blank}——样品滤膜和空白滤膜上的 OC 浓度，μgC/cm^2；

　　　EC_{sample}，EC_{blank}——样品滤膜和空白滤膜上的 EC 浓度，μgC/cm^2。

（4）测量的不确定度

数据分析软件自动计算出 OC、EC 和 TC 测量的不确定度，均包含了一个绝对不确定度和一个相对不确定度，计算公式如下：

$$OC_{uncertainty} = \pm [0.20 + 0.05 \times OC]$$

$$EC_{uncertainty} = \pm [0.20 + 0.05 \times EC]$$
$$TC_{uncertainty} = \pm [0.20 + 0.05 \times TC]$$

其中，$OC_{uncertainty}$、$EC_{uncertainty}$ 和 $TC_{uncertainty}$ 分别代表 OC、EC 和 TC 测量的不确定度（$\mu gC/cm^2$），OC、EC 和 TC 为测量的浓度（$\mu gC/cm^2$）。

3.4.9　质量控制与质量保证程序

3.4.9.1　仪器空白

在每天分析的开始或者同一天同台仪器运行了大约每 30 个样品后，从预先烘烤过的洁净的石英滤膜上切割样品，做一次仪器空白。仪器空白值需要符合以下标准：

TC 的空白应≤$0.4\mu gC/cm^2$。

在仪器空白分析结尾的内标的 FID 响应应该在最近（或当前）的三点校准时内标的平均 FID 响应值的 90%～110%之间。

如果仪器空白不符合上述标准，需要判断是滤膜的问题还是仪器的问题。有必要的话，在重复进行仪器空白分析前，应采取纠正措施解决存在的问题，在继续进行另一个样品分析前仪器空白的分析结果必须是可以接受的。

3.4.9.2　校准

当更换了任一气体或是气体控制部件发生了改变时，需要执行一次完整的蔗糖校准；当分析仪的石英炉或还原炉更换过后，需要确定总碳的最小检测限（MDL）。

运行一整套完整的校准标准（也就是 6 种不同的质量）。对总的碳质量与峰面积进行最小二乘法线性回归（强制拟合过原点），如果相关系数<0.998，则应采取措施查找原因并解决仪器可能存在的问题。然后重新进行三点校准，在进行样品分析前应得到理想的校准结果。而且，三次标准分析的每一次均应符合以下标准：a.校准标准分析得到的总碳浓度应该在实际值的 93%～107%之间；b.每次分析的内标 FID 响应应该在三次校准分析的内标平均 FID 响应值的 90%～110%之间；c.每次分析得到的校准标准的响应系数（counts/μgC）应在三次校准分析的平均响应系数的 90%～110%之间。

如果蔗糖标准分析的结果不符合以上任何一个标准，重复进行标准分析并采取纠正措施，在分析样品前解决可能存在的问题。

注意：校准系数（固定体积的内标环中的碳质量）在以下情况下需进行更新：a.当更换了校准钢瓶气时；b.当经过重复分析标准溶液得到的总碳质量与实际值相差超过 7%时；c.当每日的蔗糖标准的测量结果持续高于或低于实际值 7%以上时；d.或是实验室管理者要求更高频次的更新。

KHP 验证标准的分析结果也需要符合跟日常校准一样的三项标准。

对一个低浓度样品至少重复分析 7 次，得到总碳的最小检测限（MDL）。加入干净滤膜上的低浓度水平标准溶液的体积应为 $10\sim20\mu L$，其中的碳浓度应约为 $1.5\mu g$。

MDL 以对一定质量碳进行至少 7 次重复测量结果的 3 倍标准偏差表示，不超过估计的实际定量限度（PQL）的 2 倍（PQL 是重复测量结果的十倍标准偏差）。

3.4.9.3　重复样

每分析 10 个滤膜样品应分析一个重复样（重复样的数量至少为样品总量的 10%）。重复样之间的总碳浓度的一致性取决于样品采样过程和样品沉积的均匀性。高浓度样品（$>5\mu gC/cm^2$）的重复样可接受标准基于重复样测量结果的相对百分比误差（RPD）；低浓度样品（$<5\mu gC/cm^2$）的重复样验收标准则基于重复样测量结果的绝对误差（$\pm0.75\mu gC/cm^2$），它是低浓度样品中总碳测量值的不确定度的主要决定因素。

不同浓度范围的验收标准如表 3-6 所列。

表 3-6　验收标准

TC 浓度范围	验收标准
$>10\mu gC/cm^2$	$<10\%RPD$
$5\sim10\mu gC/cm^2$	$<15\%RPD$
$<5\mu gC/cm^2$	$0.7\mu gC/cm^2$ 以内

滤膜样品采集的不均匀会导致重复样测量结果的不一致。如果采集的滤膜样品可以看到明显的不均匀，或者重复样的测量结果不符合上表所列标准，对这个滤膜样品的数据标记为"不均匀采集样品"。

对于大多数城市样品来说，如果样品 OC/EC 比率<0.5，则需要运行一个重复样，并再次检查温度记录图上的 OCEC 分割点。

3.4.9.4　内标 FID 响应

记录每天任一样品分析时的内标（含 5% 甲烷的甲烷氦气混合气体）FID 响应值。如果某次分析的 FID 响应值超出当天那台仪器所有样品 FID 响应的平均值的 95%～105% 的范围，则这次分析的数据无效，如果可能的话，从同一个滤膜样品中再切割一片样品进行重复分析。

注意：若仪器前端球形接头部位在运行时发生漏气状况，则 FID 的响应值明显低于平均值；每天开始分析样品前，都要进行仪器空白和标定检验样品的检测，其内标 FID 响应值的验收标准参照 3.4.9.1 和 3.4.9.2 部分所述。

3.4.9.5　OC 部分开始整合的时间

根据蔗糖和 KHP 标准溶液分析结果的原始数据文件中 FID 信号来决定 Pk1 OC、Pk2 OC、Pk3 OC 和 Pk4 OC 开始积分的时间。非氧化分析过程开始积分时间为 FID 响应达到最小值的时间点或是温阶间的某个拐点的时间点。开始积分时间在以下任一种情况下均需要进行检查：a. 在维修或更换分析仪的石英炉或加热线圈后；b. 在上次检查或更换后 6 个月内。

注意： 在分析颗粒物样品时 FID 响应最小值发生的时间，会因为样品采集和滤膜材质成分的不同有数秒的差异。校准样品和颗粒物样品的 FID 响应最小值平均发生的时间是非常接近的。根据蔗糖和 KHP 标准溶液分析的结果来决定 Pk1 OC、Pk2 OC、Pk3 OC 和 Pk4 OC 开始积分的时间，是为了给不同的分析仪提供可比较性，因为不同的分析仪加热的速率会略有不同。

注意： 对于某些研究来说，如果所有用来比较的样品都是用同一台分析仪分析的话，平均的 FID 最小响应时间可用来作为开始积分时间。

3.4.9.6　过渡时间

在 TOT 分析中，激光信号器实时监测着滤膜透射率，但由于气态的碳组分从滤膜进入到 FID 中需要时间，因此滤膜样品中碳的 FID 响应会相对滞后。这个滞后的时间被称作过渡时间。计算软件利用过渡时间将 FID 响应值适当匹配激光透射率，用于根据 OC/EC 分割时间（这个分割时间仅通过激光透射率确定）计算 OC 和 EC 部分（通过对 FID 响应值进行积分）。

一旦分析系统在石英炉和 FID 之间的有效容积发生改变时，就需要重新确定过渡时间。这种改变包括更换石英炉、还原炉的管子和 FID，更换或变动石英炉与 FID 之间的任何输送管线。

3.4.9.7　控制图表

控制图表用于显示仪器性能随着时间的变化：a. 将每日仪器空白分析的 TC 值绘在图表中，并每月更新一次；b. 将每日蔗糖 6 点校准的线性关系（R^2）绘在图表中；c. 将每日蔗糖 6 点校准的斜率 k 值绘在图表中，并每月更新；d. 将重复样测量的相对百分比误差和所有重复样分析的 TC 平均值绘制在图表中，为每台分析仪绘制独立的图表。

3.4.9.8　激光透射率

激光读数（在原始数据文件的标题为"laser"的那一列中显示）不仅是滤膜切割样品中 EC 含量的一个很重要的指示值，也是显示用于进样杆和石英炉上面和下面窗口的石英光学平面的状况的指示值。

当刚开始分析时，如果滤膜样品的激光读数小于 1000，说明在样品中采集了大量的 EC，或者软件划分的 OC/EC 分割点不准确，因为在碳化、非氧化的加热阶段，激光响应可能会降到谷底。可以用温度记录图底部的吸收率曲线来检查分割点。

一片干净的滤膜在分析时的初始激光读数≥3000 和当石英炉冷却后分析的最后一段时间中激光读数轻微的上升，这都显示了石英光学平面（进样杆和石英炉窗口）是完全光滑无磨砂的，因而可以精确的确定 OC/EC 分割点。如果初始激光读数<3000，以及在分析的最后一段时间（石英炉冷却后）激光读数轻微的下降，那么应该检查石英光学平面（进样杆和石英炉窗口）是否不光泽，有可能需要更换进样杆或石英炉。

3.4.9.9　分析人员的培训和确认

分析人员的培训和确认包含以下步骤：a. 实习人员需要先学习 SOP 并逐渐熟悉和了解；b. 实习人员要花一段时间观察和倾听经过培训的分析员对 OC/EC 分析仪操作程序的讲解；c. 实习人员在一名经过培训的分析员陪同下练习执行操作程序；d. 实习人员需要花几天时间来分析样品，同时会有一位经过培训的分析员在旁边观察实习生的操作，以及回答实习人员的问题和纠正他可能发生的错误；e. 为了测试实习人员的能力，实习人员需要独自完成分析至少 10 个之前已经由经过培训的分析员在同一台仪器上分析过的样品；f. 使用重复样测试的标准来比较由分析员和实习人员所做的同样 10 个滤膜样品的结果，g. 如果实习人员不能满足重复样测试标准的分析结果不到 10% 则认为分析员无需直接监督即可胜任分析操作，否则，实习人员需要仔细回顾操作程序，确定可能导致误差大的原因（除了不均匀样品），然后重新测试样品。

3.5　无机水溶性阴阳离子检测（IC）

3.5.1　概述

本程序修改自美国加州环保局空气资源委员会标准操作程序 MLD064。

本标准操作程序旨在提供一种利用戴安离子色谱系统（IC）分析环境空气 PM$_{2.5}$ 样品中离子浓度的基本方法。

3.5.2　方法总结

本标准操作程序可用于分析由站点工作人员提交至实验室的石英滤膜所采集的环境空气颗粒物中阴离子（Cl^-、NO_3^- 和 SO_4^{2-}）和阳离子（Na^+、NH_4^+ 和 K^+）的浓度。滤膜使用去离子水进行萃取，进行声波处理 1h，机械振荡 60min 后放入冰箱中储存过夜。离子色谱分析系统包括保护柱、分析柱、自动再生抑制器以及电导检测器。利用戴安变色龙软件进行峰的分析。

在本标准程序所规定的分析条件下，也可以分析诸如甲磺酸离子、草酸根离子、镁离子和钙离子的浓度。典型的气溶胶萃取液样品中离子的 IC 色谱如图 3-55（阴离子）和图 3-56（阳离子）所示。

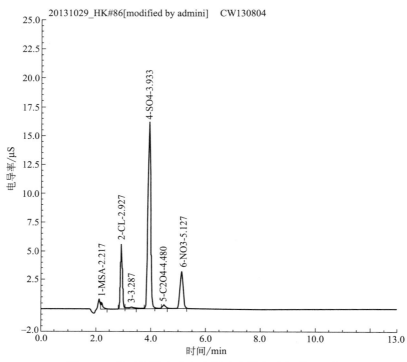

图 3-55　典型气溶胶萃取液样品中阴离子色谱图示例

3.5.3　干扰和限制

① 具有相同的保留时间的离子会造成共洗脱干扰，其他离子因此与目标离子重叠；任何一种阳离子或阴离子浓度较高时，易干扰到另外一种与之保留时间非常相近的离子的峰分离，此时也会产生共洗脱干扰。稀释样品溶液或者降低洗脱剂浓度可以减少上述共出峰干扰。

② 试剂水、试剂、玻璃器皿、石英膜和其他样品处理装置中存在的污染杂质都可能引起干扰，此种干扰可导致检测基线抬高或目标离子检出浓度偏高。每次分析均需进行试剂水空白、萃取水空白和滤膜空白分析来检测可能的干扰来源。

③ 保留时间缩短和分离度的降低表明可能柱效下降。检测分析物的保留时间和柱的背压值可确定分析柱或保护柱何时需要更换。

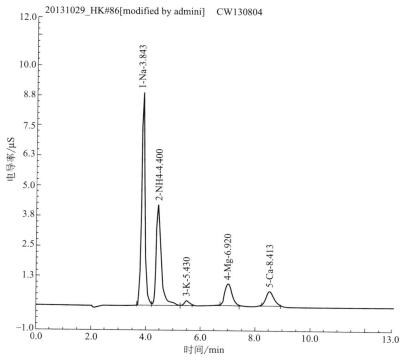

图 3-56　典型气溶胶萃取液样品中阳离子色谱图示例

3.5.4　仪器和设备

本标准操作程序假定读者已熟悉了戴安离子色谱系统的安装和操作步骤（如 ICS-1100、ICS-3000）。详细的戴安离子色谱系统操作指引请参考戴安操作指南。

（1）系统组成

戴安离子色谱系统由以下模块单元（购置自戴安公司）组成：a. 等浓度泵或梯度泵；b. 电导检测器；c. 自动进样器。

（2）系统操作条件

如表 3-7 所列。

表 3-7　系统操作条件

定量环容积	阴离子和阳离子管均为 $60\mu L$
分析柱[①]： 阴离子 阳离子	戴安，IonPac AS11HC 戴安，IonPac CS12A
保护柱[①]： 阴离子 阳离子	戴安，IonPac AG11HC 戴安，IonPac CG12A

定量环容积	阴离子和阳离子管均为 $60\mu L$
抑制器[②]： 阴离子 阳离子	戴安，ASRS-300 戴安，CSRS-300
洗脱剂： 阴离子 阳离子	20mmol/L NaOH 和去离子水 25mmol/L 甲磺酸和去离子水
洗脱剂流速： 阴离子 阳离子	1mL/min 1mL/min
数据采集软件	戴安变色龙软件，版本为 6.80

① 柱子和抑制器均还有其他多种型号（如阴离子：AG14，AS14&AERS500，阳离子：CG16，CS16&CERS500）。
② ASRS 系列的抑制器已停产，新型号是 AERS。

（3）其他设备

包括：a.分析天平；b.配置一次性移液枪头的移液器，规格有 $10\sim100\mu L$ 和 $100\sim1000\mu L$；c.超声发生器；d.冰箱。

3.5.5　材料和化学试剂

（1）材料

① 容量瓶：规格为 10mL、25mL、50mL 和 2000mL。

② 高透明度聚丙烯带盖圆锥管（Falcon[®]）：$17\times120mm$ 和 $30\times115mm$ 规格。

③ 注射器（TERUMO[®]），3.0mL，无菌，无毒，无热源，不含乳胶。

④ Millex-FH 针头过滤器（Millipore[®]），$0.45\mu m$，Fluoropore[TM]（PTFE）微孔滤膜（13mm），未经灭菌。

⑤ 大口烧杯：500mL。

⑥ 用于自动进样器的聚丙烯进样瓶，瓶盖垫片为 PTFE/硅胶复合垫片。

⑦ 超高纯度（99.999%）氮气。

⑧ 丁腈手套（一次性，无粉型）。

⑨ 镊子。

⑩ 铝箔。

（2）化学试剂

所有的化学试剂至少应为光谱纯级别，主要品种有：a.甲磺酸（CH_3SO_2OH）；b.氢氧化钠（NaOH）；c.氯化钠（NaCl）；d.硝酸钠（$NaNO_3$）；e.硫酸钠（Na_2SO_4）；f.氯化铵（NH_4Cl）；g.氯化钾（KCl）。

3.5.6　洗脱剂的制备

操作用的洗脱剂使用超纯水制备。表 3-8 中列出了制备一批洗脱剂所需的每一种化学试剂的用量。

表 3-8 洗脱剂及用量

洗脱剂	每批用量
阴离子:氢氧化钠	20mmol/L(0.8g/L)
阳离子:甲磺酸(MSA)	25mmol/L(2.4g/L)

3.5.7 阴离子和阳离子标准溶液配制

阴离子和阳离子标准储备液浓度均为 1000μg/mL。所有的标准储备液均需储存在冰箱中待用。

（1）阴离子工作标准液

表 3-9～表 3-11 列出了配制用于阴离子分析使用的工作标准液所需的稀释条件。工作标准液的浓度范围应根据分析样品的浓度水平来配置。使用超纯水稀释配制工作标准溶液，配制完后将标准液装入聚乙烯瓶并放入冰箱中储存。工作标准液在存放时间不超过 21d 之前均可用，过后必须重新使用储备液重新制备。

表 3-9 氯离子标液

最终浓度/(μg/mL)	最终稀释体积/mL	储备液浓度/(μg/mL)	所需储备液体积/mL
0.05	10	5	0.100
1.00	10	1000	0.01
3.00	10	1000	0.03
5.00	10	1000	0.05
7.00	10	1000	0.07

表 3-10 硝酸根离子标液

最终浓度/(μg/mL)	最终稀释体积/mL	储备液浓度/(μg/mL)	所需储备液体积/mL
0.05	10	5	0.100
5	10	1000	0.05
10	10	1000	0.1
15	10	1000	0.15
20	10	1000	0.2

表 3-11 硫酸根离子标液

最终浓度/(μg/mL)	最终稀释体积/mL	储备液浓度/(μg/mL)	所需储备液体积/mL
0.05	10	5	0.100
5	10	1000	0.05
20	10	1000	0.2
35	10	1000	0.35
50	10	1000	0.5

（2）阳离子工作标准液

表 3-12～表 3-14 列出了配制用于阳离子分析使用的工作标准液所需的稀释条件。使用超纯水稀释配制工作标准溶液，配制完后将标准液装入聚乙烯瓶中并放入冰箱中储存。工作标准液在存放时间不超过 21d 之前均可用，过后必须重新使用储备液重新制备。

表 3-12　钠离子

最终浓度/(μg/mL)	最终稀释体积/mL	储备液浓度/(μg/mL)	所需储备液体积/mL
0.05	10	5	0.100
2.00	10	1000	0.020
4.00	10	1000	0.040
6.00	10	1000	0.060
8.00	10	1000	0.080

表 3-13　铵根离子

最终浓度/(μg/mL)	最终稀释体积/mL	储备液浓度/(μg/mL)	所需储备液体积/mL
0.05	10	5	0.100
10.00	10	1000	0.100
20.00	10	1000	0.200
30.00	10	1000	0.300
40.00	10	1000	0.400

表 3-14　钾离子标液

最终浓度/(μg/mL)	最终稀释体积/mL	储备液浓度/(μg/mL)	所需储备液体积/mL
0.05	10	5	0.100
2	10	1000	0.02
4.5	10	1000	0.045
7	10	1000	0.07
10	10	1000	0.1

3.5.8　滤膜样品分析

石英滤膜样品于 ≤4℃ 的条件下存储于冰箱直至分析。

① 制定一个待分析样品的工作清单然后按照日期进行分析。离子样品送至实验室后应在 20d 内完成分析。

② 样品分析序列从校正标准溶液开始，按照浓度递增的顺序，标准溶液后为

水空白，随后排序所采集的样品。样品序列中包含至少 10% 的重复样品，且每排列 20 个样品后，排列一个检验标准溶液。序列末尾采用另外一套校正标准溶液，同样按照浓度递增的顺序。

③ 用于离子分析的样品装于铝箔纸或塑料滤膜盒中。从铝箔纸或滤膜盒中取出样品，精确切取 $6cm^2$。在切割滤膜过程中必须清洁刀片。切取的滤膜放置在 $17mm×20mm$ 的带螺旋盖的聚丙烯圆锥管中。每个小瓶贴上注明样品编号的标签纸，并且在所有的试管中注入 5.0mL 的超纯去离子水。

④ 把装有萃取液的试管放在试管架上，并放入超声发生器中，超声发生器加水至操作刻度线。开启超声波，处理 60min。

⑤ 60min 超声处理完毕后，从超声发生器中取出样品，用毛巾吸干管外壁的水，机械振荡 60min，在 4℃ 的冰箱中储存过夜。

⑥ 分析之前，将样品从冰箱中取出，平衡至室温。使用注射器和过滤器过滤大约 1.0mL 的萃取液并储存在一个 1.5mL 有盖的聚丙烯自动进样小瓶中。将小瓶放入自动进样器中并开始分析。剩余的萃取液在冰箱中，储存期为 6 个月。

3.5.9　质量控制与质量保证程序

① 检测限（LOD）指在给定的置信水平上可以检出的被测物质的最低浓度。方法检测限是按照 40CFR，附件 B 中的方法对低浓度标准液进行 7 次分析得到，计算公式如下：

$$LOD = T_{(n-1, 1-\alpha=0.99)}(sd)$$

式中　（sd）——7 次重复分析的标准偏差。

公布的检测限值是基于估算的检测限值和化学家的方法和仪器经验，同时考虑仪器性能随时间的变化。对 LOD 进行年度核查以验证所公布的 LOD 是否有效。验证的检测限值 = 3.143× 标准偏差，而发布的检测限值（也叫定量限值，LOQ）= 10× 标准偏差。验证和发布的检测限值四舍五入到小数点后两位（0.01）$\mu g/mL$。新的检测限标准必须在旧的验证检测限值的 1～5 倍之间，且必须低于现有已发布的检测限值。

② 阴离子和阳离子校正曲线由 5 种不同浓度的标准溶液分析结果而得。为了使校准曲线在可接受范围内，相关系数必须 ≥0.995。如果相关系数 <0.995，必须重新分析标液。

③ 阴离子和阳离子标准液为美国科学和技术研究院（NIST）可溯源的，可作为外标以验证工作标准液。

④ 每一套萃取的滤膜样品，需同时分析超纯去离子水空白、萃取水空白以及滤膜空白。监测空白水平以确保样品的检测结果不受试剂或采样技术过程污染的影响。

⑤ 重复样为一独立等份滤膜萃取液，重复样品数量至少为样品分析数量的

10％。对于浓度在检测限 20 倍以上的样品，重复试验之间的差异百分比应该低于 10％；对于浓度在检测限 20 倍以下的样品，重复试验之间的差异百分比应低于 25％。对于浓度在检测限 5 倍以下的样品，不评估重复试验差异百分比。

3.6 金属元素检测（XRF）

3.6.1 概述

本规程修改自美国沙漠研究标准操作程序 DRI SOP♯2-209.1。

3.6.1.1 规程编写目的

本标准操作规程旨在提供利用 X 射线荧光光谱仪分析环境空气 $PM_{2.5}$ 样品中金属元素浓度的基本方法。

3.6.1.2 检测原理

使用 PANalytical Epsilon 5 X 射线荧光光谱仪对气溶胶膜样品的检测主要基于在一层薄膜样品上，不同的金属元素所产生的特征荧光 X 射线的能量大小。可以通过对经过一段时间积累的样品所发射的 X 荧光射线的分析，对从铝到铀等 49 种金属元素进行定量，并对钠和镁元素进行半定量。分析会得到 X 射线个数对质子能量的谱图并实时显示，其中每个能量峰和峰面积对应不同的元素及其质量浓度。该方法的优点在于对多种元素较灵敏，具有较高的分辨率，并对样品本身没有破坏性。另外，因为 X 荧光射线基于 M、L 和 K 轨道电子的吸收和光子的放射，该技术对元素的化学状态并不敏感。不足之处在于需要对样品进行真空处理，因此会导致某些挥发性组分的损失，例如烃类化合物、氨、硝酸盐、氯和溴等。

PANalytical Epsilon 5 光谱仪的 X 射线源置于主机内。X 射线可以聚焦到 11 个二级靶上，二级靶再发射极性的 X 射线来激活样品。二级靶或光管射出的 X 射线被样品吸收，电子被激活向高一级轨道发生跃迁。当电子返回基态时便会发射出光子，而这些光子根据电子跃迁能级的不同而不同，光子能量便可以作为不同元素的特征能量。荧光光子将会由固态锗 X 射线检测器检测。每个进入检测器的光子会生成一个带电的电荷，电荷大小同光子的能量成正比。检测器获得的电子信号将被归为不同的能量通道，并被记录显示出来。一个含有特征峰的样品谱图会叠加在由光管发射的 X 射线扫描的背景图上。经过特定时间的积累，谱图信息被保存在数据库中以备后续处理。

在进行单次检测时，可以使用不同的分析条件来优化报告中所有元素的检测灵敏度。每种分析条件均根据不同的元素进行组设计，包括对二级靶、X 射线光管电压和电流，以及能量检测范围进行调整。

3.6.1.3　测量干扰和消除方法

X 射线荧光谱法的测量不确定性包括以下几个方面。

（1）样品沉积过量

如果气溶胶样品 X 射线光谱分析方法和数据处理软件是针对较薄样品膜进行设计的，由于样品层较厚可能会造成 X 射线光谱的变形，因为样品同样会对入射 X 射线和出射 X 射线有所吸收。最佳样品量是约 $150\mu g/cm^2$（37mm 膜样品为 1mg/filter，47mm 膜样品为 2mg/filter）。当采集样品超出该范围时需要及时调整样品沉积区域和采样时间流量等确保样品不超负荷。

（2）样品沉积太少

当浓度较低时，记数统计和信号噪音对元素质量浓度的干扰较大。需调整沉积选择区域，采样时间以及流量确保样品沉积量至少为 $15\mu g/cm^2$。

（3）沉积量不均一

X 射线光斑集中在样品中心约 $2cm^2$ 的位置。结果将在数据处理阶段反算到整张膜样品沉积区域。因此膜中心必须能够代表整张膜的状况。可以通过在分析过程中以 12r/min 的速度旋转样品量杯的方法降低该干扰。

（4）大颗粒物

大颗粒会吸收入射和出射 X 射线。特别会影响轻金属（从钠到硫）。另外，大的颗粒物可能富含各种元素，可能会造成类似沉积样品不均一而导致的偏差。

（5）滤膜的厚度

较厚的滤膜会增大 X 射线的反射强度增加，从而增加光谱的背景值，对于背影消除的准确性和低浓度元素的定量造成干扰。另外，倘若滤膜的厚度变化较大，同样也会增大准确消除背景的难度。可以通过使用质量较可靠的商家提供的滤膜（例如 Gelman，Whatman，Pallflex）来消除这些问题带来的干扰。还需使用与采样滤膜同样生产批号的滤膜作为空白膜，并在使用之前在灯光下检查每张膜的厚度。

（6）背景污染

该干扰可能来自滤膜的制造或者处理过程。较小程度的污染也许可以通过扣除背景空白值得以校正，但这种污染不同膜之间的可比性较差，不确定性较高，尤其是污染源是比较关心的元素。使用质量较可靠商家提供的滤膜并对不同生产批号的滤膜进行验收实验可以减少背景污染干扰。

（7）滤膜种类

X 射线荧光光谱分析和数据处理规程原则上是针对聚四氟乙烯滤膜，比较清洁，膜体较薄，并已知孔径和颗粒物的收集效率。玻璃纤维或者石英膜样品也可以进行检测，但是基于它们的组成，对轻金属的检测毫无意义。由于颗粒物被石英或者玻璃纤维截获，X射线同样会被这些纤维吸收从而增加测量的不确定性。另外，不同厂家和不同批号的滤膜的背景污染水平相差较大，是聚四氟乙烯滤膜的几十倍。建议使用 Gelman 或者 Whatman 的聚四氟乙烯滤膜。

（8）损坏的滤膜

对滤膜样品损坏部分的检测结果有很明显的误差。但是X射线的信号主要取决于滤膜到X射线光管以及到检测器的距离，如果滤膜的损坏造成膜表面的凹凸不平以及褶皱，影响到这些距离时将影响测量结果。

3.6.1.4 测量范围和典型浓度值

该方法可以通过调整样品沉积区域，采样流速和时间以确保在最佳膜负荷范围内（约 $150\mu g/cm^2$），从而测量较大范围的气溶胶浓度。样品沉积质量在 $15\sim1000\mu g/cm^2$ 的样品都可以进行检测，但是高负荷样品的结果需在数据处理时进行手动校正，低负荷的样品可能会有一些元素的浓度低于检出限。

3.6.1.5 检出限

X射线荧光光谱法的检出限同一系列的因素相关，包括滤膜介质的种类、生产商、滤膜厚度和背景污染的一致性、分析记录时间、分析条件和元素等。聚四氟乙烯滤膜较典型的最低检出限请参考表 3-15。测量的准确度很大程度上取决于样品沉积的均一性，而不是测量本身。建议规定每种元素的精确度为 $\pm10\%$，或者在分析不确定度的 ±3 倍以内。分析不确定度是由样品的计数统计和背景光谱推算获得。

表 3-15　X射线荧光光谱法检测各元素的检出限

元素	检出限（MDL）/（ng/cm²）	元素	检出限（MDL）/（ng/cm²）	元素	检出限（MDL）/（ng/cm²）
Na	25.1	Ga	5.6	I	21.9
Mg	113.3	Ge	7.3	Cs	123.6
Al	45.4	As	0.55	Ba	155.4
Si	52.2	Se	3.2	La	174.3
P	4.4	Br	2.9	Ce	3.9
S	6.9	Rb	2.6	Sm	5.7
Cl	7.4	Sr	4.2	Eu	17.7
K	3.2	Y	2.1	Tb	5.8
Ca	10.6	Zr	8.4	Hf	45.0
Sc	37.1	Nb	6.7	Ta	24.0

续表

元素	检出限(MDL)/(ng/cm²)	元素	检出限(MDL)/(ng/cm²)	元素	检出限(MDL)/(ng/cm²)
Ti	2.9	Mo	7.1	W	49.6
V	1.2	Rh	9.1	Ir	8.5
Cr	1.7	Pd	14.1	Au	2.4
Mn	9.1	Ag	7.5	Hg	5.1
Fe	11.7	Cd	8.7	Tl	7.2
Co	2.2	In	13.2	Pb	8.1
Ni	2.1	Sn	20.8	U	9.4
Cu	3.7	Sb	21.7		
Zn	17.0	Te	22.4		

3.6.1.6　操作人员职责

所有实验室操作人员在使用 X 射线荧光光谱法进行分析操作前，应当阅读过并理解整个操作规程，包括系统操作、实际分析、数据处理，并能及时查阅质控数据，校正系统问题。

分析负责人需保证 X 射线荧光光谱法分析方法正确，检测重现性、质量控制标准、校正结果和验收实验数据等，并整理文档资料，负责耗材和所需气体的日常维护，以确保分析工作的正常运行，并在指定时间内呈交分析结果。

3.6.1.7　相关定义

① MLK 线：电子在 M、L 和 K 轨道进行跃迁时的一系列 X 射线。

② 二级靶：金属铝/化合物，由 X 射线光管发射的 X 初级射线聚焦在上面。发射的二次 X 射线将聚焦在分析的样品上。

3.6.2　仪器、设备、试剂和表格

3.6.2.1　仪器和设备

(1) 仪器

PANalytical Epsilon 5 EDXRF 分析仪主要包括两个，XRF 主机和电脑工作站主要部分。XRF 主机含有自动进样器和可以容纳 48 个样品的样品室。巨大的样品室可以允许操作者按照次序上样和卸样，而不间断样品在独立的样品分析室里进行分析。其分析条件列表详见表 3-16。

表 3-16 Epsilon5 分析条件列表

元素	测量时间/s	条件名称	二次靶	特征谱线	康普顿散射	使用感兴趣区	使用感兴趣区背景值	使用感兴趣区计数	感兴趣区下限/keV	感兴趣区上限/keV
Na	600	Mg	Al	Ka	No	Yes	No	No	0.983	1.098
Mg	600	Si-K	CaF$_2$	Ka	No	Yes	No	No	1.17	1.305
Al	600	Si-K	CaF$_2$	Ka	No	Yes	No	No	1.39	1.535
Si	600	Si-K	CaF$_2$	Ka	No	No	No	No		
P	600	Si-K	CaF$_2$	Ka	No	No	No	No		
S	600	Si-K	CaF$_2$	Ka	No	No	No	No		
Cl	600	Si-K	CaF$_2$	Ka	No	No	No	No		
K	600	Si-K	CaF$_2$	Ka	No	No	No	No		
Ca	360	Ti-Cr	Fe	Ka	No	No	No	No		
Sc	360	Ti-Cr	Fe	Ka	No	No	No	No		
Ti	360	Ti-Cr	Fe	Ka	No	No	No	No		
V	360	Ti-Cr	Fe	Ka	No	No	No	No		
Cr	360	Ti-Cr	Fe	Ka	No	No	No	No		
Mn	360	Cu-Zn	Ge	Ka	No	No	No	No		
Fe	360	Cu-Zn	Ge	Ka	No	No	No	No		
Co	360	Cu-Zn	Ge	Ka	No	No	No	No		
Ni	360	Cu-Zn	Ge	Ka	No	No	No	No		
Cu	360	Cu-Zn	Ge	Ka	No	No	No	No		
Zn	360	Cu-Zn	Ge	Ka	No	No	No	No		

续表

元素	测量时间/s	条件名称	二次靶	特征谱线	康普顿散射	使用感兴趣区	使用感兴趣区背景值	使用感兴趣区计数	感兴趣区下限/keV	感兴趣区上限/keV
Ga	360	Rb_Re-Tl	Zr	Ka	No	No	No	No		
Ge	360	Rb_Re-Tl	Zr	Ka	No	No	No	No		
As	360	Rb_Re-Tl	Zr	Ka	No	No	No	No		
Se	360	Rb_Re-Tl	Zr	Ka	No	No	No	No		
Br	360	Rb_Re-Tl	Zr	Ka	No	No	No	No		
Rb	360	Rb_Re-Tl	Zr	Ka	No	No	No	No		
Sr	360	Sr-Y_Pb-U	Mo	Ka	No	No	No	No		
Y	360	Sr-Y_Pb-U	Mo	Ka	No	No	No	No		
Zr	360	Mo-Tc	Ag	Ka	No	No	No	No		
Nb	360	Mo-Tc	Ag	Ka	No	No	No	No		
Mo	360	Mo-Tc	Ag	Ka	No	No	No	No		
Rh	360	Pd-In	CsI	Ka	No	No	No	No		
Pd	360	Pd-In	CsI	Ka	No	No	No	No		
Ag	360	Pd-In	CsI	Ka	No	No	No	No		
Cd	360	Pd-In	CsI	Ka	No	No	No	No		
In	360	Pd-In	CsI	Ka	No	No	No	No		
Sn	360	I	CeO₂	Ka	No	No	No	No		
Sb	360	I	CeO₂	Ka	No	No	No	No		

续表

元素	测量时间/s	条件名称	二次靶	特征谱线	康普顿散射	使用感兴趣区	使用感兴趣区背景值	使用感兴趣区计数	感兴趣区下限/keV	感兴趣区上限/keV
Te	360	I	CeO_2	Ka	No	No	No	No		
I	360	I	CeO_2	Ka	No	No	No	No		
Cs	400	Xe-La	Al_2O_3	Ka	No	Yes	No	No	30.462	31.138
Ba	400	Xe-La	Al_2O_3	Ka	No	Yes	No	No	31.65	32.362
La	400	Xe-La	Al_2O_3	Ka	No	Yes	No	No	32.864	33.613
Ce	360	Ti-Cr	Fe	Lbl	No	No	No	No		
Sm	360	Cu-Zn	Ge	La	No	No	No	No		
Eu	360	Cu-Zn	Ge	La	No	No	No	No		
Tb	360	Cu-Zn	Ge	La	No	No	No	No		
Hf	360	Rb_Re-Tl	Zr	La	No	No	No	No		
Ta	360	Rb_Re-Tl	Zr	La	No	No	No	No		
W	360	Rb_Re-Tl	Zr	La	No	No	No	No		
Ir	360	Rb_Re-Tl	Zr	La	No	No	No	No		
Au	360	Rb_Re-Tl	Zr	La	No	No	No	No		
Hg	360	Rb_Re-Tl	Zr	La	No	No	No	No		
Tl	360	Rb_Re-Tl	Zr	La	No	No	No	No		
Pb	360	Rb_Re-Tl	Zr	Lbl	No	No	No	No		
U	360	Sr-Y_Pb-U	Mo	La	No	No	No	No		

（2）其他设备

为使分析尽可能连续进行，请务必查核以下部件和耗材：a.用来夹滤膜的镊子（不锈钢平头镊子）；b.Kimwipes 无尘纸，大包装（VWR，♯34255）和小包装（VWR，♯34155）；c.最新的"Epsilon 5 XRF 分析记录簿"。

3.6.2.2 试剂

XRF 分析所需化学试剂有：a.装有 95％乙醇或异丙醇的塑料洗瓶，用以清洁样品夹和实验操作区域；b.用来冷却检测器的液氮。

3.6.2.3 表格

所有的样品需要在实验室分析登记簿上进行编号登记（见表 3-17）。实验分析列表需由实验室或者 XRF 负责人准备，标明哪些样品需要检测，有无特殊要求等。XRF 分析登记表需在上样之前完成。

表 3-17 登记表格的样本

托盘	滤膜类型		上样		上样人	
	滤膜尺寸		卸样		卸样人	
沉积重量/mg	1		2		3	4
样品编号						
备注						

沉积重量/mg	5		6		7	8
样品编号						
备注						

3.6.3 标准曲线

3.6.3.1 工作标准，标准值域范围和可追溯标准样品的准备

HKUST XRF 实验室使用两种标准：MicroMatter 公司提供的元素标准薄膜和 NIST 认证的大气颗粒物标准样品。两种标准均由公司直接配给，无需任何准备。为防止氧化避免挥发性元素的损失 MicroMatter 标准在不使用时应储存在膜盒中，并置于干燥器内。NIST 标准需储存在 XRF 实验室的样品盒中、大气环境下即可。

3.6.3.2 使用

HKUST XRF 体系使用标准物质进行校正，频率为每年一次。每种元素的校正因子由 Epsilon5 软件包通过线性回归分析计算得到。

每隔两个周会进行一次工厂标准的常规测试用以校正基线漂移。如果漂移超过阈值的 2%，系统会自动调整基线。

3.6.3.3 标准曲线的准确性

据厂商提供，MicroMatter 标准的准确度为±5%。

3.6.4 样品分析

3.6.4.1 开机

一般情况下 Epsilon 5 XRF 一直处于待机状态，不需要特别的开机程序。如果 X 射线主机曾经被关闭，只需按一下位于前面板上的主电源开关到"ON"位置即可。如中间断电，X 射线主机会在来电时自动开机，但是电脑程序需要重新启动。开启 Epsilon5 软件，只需双击桌面上的快捷键即可。软件开启后会自动连接光谱仪。

（1）检测器校正

检测器包含一个数据信息处理器，需要对其发出的信号进行校正，以确保其在适当的能量通道上。校准过程包括对置于 Epsilon5 内的钨（W）进行重复测量；不需要进行标准上样。如果系统不是很稳定，需每隔一个星期校准一次。在 Epsilon5 软件主页面，选择系统"drop down"菜单，选择"Detector Calibration"，点击"Calibration All"。重复的检测过程将开始，当结束时 3 个检测器设置中"Hours since cal"应该接近 0。当校正结束后关闭窗口即可。使用打印选项，可以从软件中获取检测器校正参数的结果。选择"clipboard"和"Tab delimited"选项，并点击"OK"可将结果复制到剪切板上，并可将粘贴到所需文件中。

（2）上样

聚四氟乙烯滤膜样品的分析大致分为 37mm 或 47mm 带支撑环的滤膜。由于垫环的厚度，标准薄膜和样品滤膜的 X 射线路径是有差异的，为了弥补这种差异，我们将厚约 1mm 的特制的塑料垫环放在膜上，垫环露出的部分稍微比样品沉积区域大一些，防止在将其放在膜上时碰触到样品沉积区域。这种垫环同样可以保护其他类似 NIST 大气颗粒标准这种没有垫环的滤膜的样品沉积区域不被取样量杯污染。

将滤膜置于镂空铝质膜托上（Aluminum filter insert），并盖上塑料垫环，使之为三明治样式，然后将其插入到不锈钢取样量杯中，并将取样量杯放在不锈钢样品托盘上。每个样品托盘可以容纳 2×4 组量杯。整个自动进样器可以放置 6 个样品托盘，所以总共可以放置 48 个样品。

上样流程如下所述。

① 使用蘸有溶剂的 Kimwipe 纸巾将工作区域擦拭干净。

② 在干净的工作区间预留空间放置托盘。

③ 将 TEWIPE 或者一张大的 Kimwipe 纸巾铺在桌面上，并用胶带粘牢。需保证平整，没有任何褶皱，避免上样时损坏滤膜。

④ 需佩戴无粉尘丁腈手套，并用蘸有溶剂的 Kimwipe/TEXWIPE 纸巾擦拭干净。

⑤ 使用蘸有溶剂的 Kimwipe/TEXWIPE 纸巾将取样量杯、垫环、filter inserts 和样品托盘以及镊子擦拭干净。必须确保所有表面无粉尘颗粒，尤其是同滤膜接触的部分。将样品量杯放在样品托盘上，并清理工作区间的其他地方。

⑥ 将即将分析的样品按照真实放置在样品托盘的顺序放置在托盘中。需注意：倘若样品直接从冰箱或冷袋中取出，需及时将其放置在干燥器中，不能打开样品盒子。当样品达到室温，并没有湿气的时候再将其拿出以待分析。在将样品放置在托盘之前一定注意样品盒子内不能有可见的潮气或水珠。

⑦ 在分析日志簿上记录下样品信息，指定在样品托盘中的位置以及其他必要的信息。

⑧ 倘若预先没有检查过滤膜，还需检查下是否有不合格样品，滤膜上是否有大的颗粒物，是否有损害或者是否有其他不正常状况。如有任何问题，需在分析记录簿的注释一栏做记录。

⑨ 将一个铝质膜托 filter inserts 放在工作区间，将扁平镂空的一面置于上端。

⑩ 将滤膜样品从托盘中拿出，打开样品盒子。如果需要，将可能会在分析中掉落的大的颗粒物或者松散的颗粒物去除。

⑪ 用干净的镊子将滤膜从盒子中取出，并放在铝质膜托上，有样品沉积的一面在上端。将滤膜调整在膜托的中心。

⑫ 将塑料垫环小心地置于滤膜上，避免碰触滤膜上任何样品沉积区域。如有需要，调整滤膜和垫环的位置。

⑬ 取出相应的样品量杯。

⑭ 将样品量杯分析口朝上，盖在整个膜托 insert-滤膜-垫环组件上。

⑮ 紧压 insert 和样品量杯，将其倒置。

⑯ 将样品量杯放进不锈钢样品托盘的相应位置。

⑰ 重复步骤⑨～⑯，将其他样品放置好。

⑱ 当所有样品上样完毕后，重新核查一下记录簿上的编码同托盘中空样品盒的编码一致。

（3）主机样品室上样

打开主机进样室的盖子之前，检查面板上"Free to Open"的绿色灯是亮的。进样室的盖子具有联锁保护功能，防止在盖子打开时，自动进样机械臂进行操作而造成对机械臂或者操作人员的损伤。如果舱门在机械臂正要换样品时打开，软件会发出警报窗口，要求操作人员关闭自动进样器盖子。当检查当前分析进展时，如果该样品分析即将结束，需等待分析结束后下个样品换上之后再打开盖子。如果在进行样品室上样的时候软件要求关闭进样器的盖子，则只需完成正在进行的操作之后关闭盖子即可。

当将样品托盘置于进样器中时需注意按照从 A～F 的顺序依次放入，以免出现顺序错误，保证样品按照从 1～8 正确的顺序排列。当所有托盘都上样完毕后，关闭进样室盖子。

将样品置入 Epsilon5 loading bay 流程：a.检查面板上 "Free to Open" 的绿色按钮是亮的；b.将 loading bay 的盖子拉起来打开；c.确认样品托盘已经放上样品并将其从工作区间取出，确定样品 1 的位置在托盘左上角，如果位置有错，则将托盘放回工作区间重新排序；d.找到相应的进样室，将样品托盘放在相应的位置，大直径定位锁在右上方，小直径定位锁在左下方，在上样时避免碰撞进样机械臂；e.重复步骤 c.至 d.，将其他样品托盘放入进样器。

3.6.4.2　样品分析

一旦样品托盘放入到 X 射线主机的样品分析室，分析便开始进行。开始分析，只需进入电脑工作站，确保 Epsilon5 软件正常运行即可，选择 "measure" 菜单下的 "Sample Changer Measurements" 选项。

从这个窗口界面可以通过点击在托盘位置，将样品的编号输入到分析列表中。点击后屏幕的下方会出现 "sample id" 窗口，操作者可将编号输入进去。一旦编号输入进去，样品位置的颜色就会变成蓝色，表明样品已经就绪等待分析。然后操作者将样品拖入 "Measure queue"，颜色会变成黄色。如果这是第一批添加到列表中的样品，开始按钮应该已经被选中，否则这些样品将会加到列表的最后。

对于膜样品的分析（47mm 和 37mm），样品托盘使用 2×4 的模式。相应的分析程序可以在分析程序列表中选择，通常情况下聚四氟乙烯滤膜样品的分析只需选择默认设置即可。

当样品分析顺利完成后，样品指示灯会变绿。如果分析中间遇到了任何问题，样品指示灯会变红；一旦有样品指示灯显示红色，请及时通知 XRF 实验室负责人。

滤膜分析流程如下：

① 在 "Measure" 菜单栏下选择 "Sample Changer Measurement" 按钮。样品进样测量窗口会显示在屏幕上。

② 在样品更换板区域，检查相应的托盘是 "Tray for 2×4 sample cup"。如果样品托盘位置是空的或者是错误的托盘类型，删除错误的托盘，重新将 "Tray for 2×4 sample cup" 图标从左侧面板上的 "Sample changer measurement" 拖入到托盘位置即可。

③ 选择相应的即将分析的样品，点击右键会弹出菜单栏，选择 "New sample"，移动鼠标选择应用程序名称。样品位置的颜色会变成橙色，表明样品的属性

有丢失，测量无法进行。

④ 将样品的编码信息、重量等输入进去，在 "Sample Changer Measurement" 窗口的底部输入样品编码之后，颜色变成蓝色。如果是用来做背景扣除的空白样品，需选上 "Type：is a blank"，并且在 "No of Meas…" 处选择 2. 这样系统会将该空白样品测量两次，该测量结果将被应用在 "Measure queue" 对其他的样品结果进行空白背景扣除。

⑤ 将样品拖入 "Measure queue" 面板区域，必要时调整测量顺序。

⑥ 如果将样品加入已经在进行测量的样品列表中，它们会被自动加入列表的最后，样品将会按照样品列表的顺序进行分析；否则可以点击 "Loading Position" 处的 "Start" 按钮。

注意：如果系统待机超过 1d，在样品列表的最开始设定一个检查样品。

3.6.4.3　关机

一般情况 Epsilon 5 系统将一直处于待机状态，但如果有紧急情况，可以将 "Power On" 按钮按到 "Off" 的位置来关闭 X 射线主机。

当 Epsilon 5 断电，或者软件被关闭的时候，应立即通知 XRF 实验室负责人或者相关负责人。出于对 X 射线检测器的保护，当液氮耗尽时软件会自动将其关闭（当液氮量较低时，软件会自动关闭监测器的高压电源），因此，如果软件被关闭但 X 射线主机仍处于工作状态时需密切关注液氮量。

3.6.5　计算

3.6.5.1　校正流程

Epsilon 5 XRF 光谱仪是通过分析 MicroMatter 标准薄膜进行定量的。软件包会通过空白和至少两组标准来对每种元素进行线性回归模拟定量。Cu 的校正曲线参考图 3-57。每种元素的校正结果会储存在应用程序中。

当某种元素的标准无法获得的时候，会通过绘制仪器响应和元素的原子序数的对应图，然后再反推丢失元素的校正因子。这项工作将由 XRF 实验室负责人通过 Microsoft Excel 软件来进行。当每日的质量保证标准在可接受范围外或者当仪器的主要或某些部件进行更换后需做所有元素的校正。

3.6.5.2　计算

Epsilon 5 软件会对每种元素的峰进行积分，使用 ng/cm^2 进行报告。所有的样品数据会保存在 XRF 计算机的数据库中。为了可以批处理，所有样品的数据一定要通过 "results" 窗口保存到文本文件中，之后再转换成数据库的格式以待最终处理。选择样品结果输出，可以通过打开 "results" 窗口，选中样品，然后点击

"Show report"按钮生成报告。将数据保存成可输出的文本文档格式，可以将报告打印成逗号隔开的文件形式。软件的分析结果窗口如图 3-58 所示。

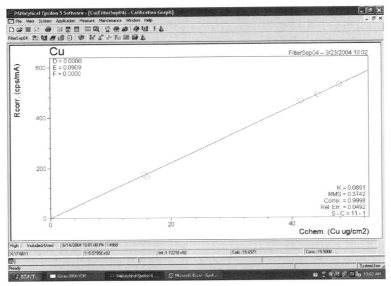

图 3-57　校正曲线图

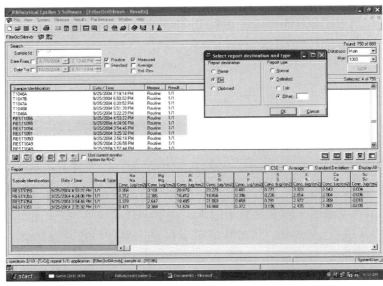

图 3-58　软件的分析结果窗口

3.6.6　质量控制与质量保证程序

在进行分析处理时有几种质量控制的方法。这些方法、检查频率、日常检查事项以及如果出现某些问题需要进行的处理方法总结在表 3-18 中。

表 3-18　质量控制流程

项目	检查频率	检查参数	处理方法	文件要求
常规检查	每天	仪器波长的校准	自动处理	在仪器使用记录簿登记
检测器校正	分析时每周	检测器发出的信号在合适的能量通道	自动处理	在仪器使用记录簿登记
检查标准曲线	每月	NIST 标准物质薄膜多种元素的回收率	调整仪器校正因子	在仪器使用记录簿登记,结果储存在 XRF 数据库中
分析中的样品检查	每个样品托盘	重现性在±10% 或者在 3 倍分析误差范围内	检查仪器的校正必要时进行调整,重新分析样品	在仪器使用记录簿登记

3.6.7　日常维护

（1）液氮瓶的填充

锗 X 射线检测器需要用液氮来冷却保持其稳定性。液氮瓶为 20L，在正常的操作条件下可以至少维持 1 个星期。一般在周三或者周四对液氮瓶进行填充。每次填充后需要检查罐中液氮水平。打开 "Maintenance Spectrometer" 菜单，点击检测器的图标，点击 "Calibrate" 按钮，检查 "Manual start nitrogen level calibration" 窗口。

（2）X 射线光管冷凝水的填充

在填充 X 射线光管冷凝水之前需将仪器关闭，因此此操作只能有 XRF 实验室负责人完成。关于详细的介绍可以在 Epsilon 5 软件 software Help 中的 "User Maintenance"，"Routine" 里面查看。

（3）检查正空泵的泵油量

在检查真空泵泵油量之前需要将仪器关闭，因此此操作只能有 XRF 实验室负责人完成。关于详细的内容介绍可以在 Epsilon 5 软件 software Help 中的 "User Maintenance"，"Routine" 里面查看。

3.6.8　安全问题

"Epsilon 5 EDXRF 光谱仪系统使用指南" 对在使用 XRF 光谱仪过程中需要注意的所有安全措施进行了全面介绍。其中要点简述如下。

（1）X 射线暴露

当 XRF 样品室上端的黄色 "X 射线发光" 灯和控制面板上三盏黄色 "X 射线开启" 灯亮起时，表明 XRF 的 X 射线光管正在运行。任何一盏灯打开失败，X 射线光管会自动停止工作。所有 XRF 仪器操作者必须佩戴辐射剂量监测牌，并每季进行辐射剂量检查。

（2）铍暴露

光谱仪的 X 射线检测器和 X 射线光管含有具有毒性的铍。但在正常的操作中这些物件都在 X 射线盒子里面，操作者不会直接接触任何一个配件。倘若必须接触这些部件需首先联系 XRF 实验室负责人。

（3）安全处理液氮

PAN alytical Epsilon 5 体系使用液氮对 PAN-32 锗 X 射线检测器进行冷凝。液氮的温度低至－196℃，在处理液氮时需佩戴低温安全手套，安全护镜/面罩。建议操作者在将液氮从储蓄罐转移到 Epsilon 5 体系时穿着低吸水性材质的外套。

虽然液氮是没有毒性的液体，但是其会在大气中迅速挥发，在狭小空间内或通风条件差的区域迅速降低大气中的氧含量，进而有导致窒息的危险。香港科技大学 XRF 实验室配备一个氧气感应器，当室内氧含量较低时会发出警告。当警告响起时请务必不要进入 XRF 实验室。请参阅文件"风险评估—香港科技大学大气研究中心实验室 EDXRF 系统液氮使用评估"获取 XRF 实验室通风率设定的详细信息。

3.7 非极性有机化合物检测（TD-GC/MS）

3.7.1 概述

（1）目的

① 介绍进样口内热脱附（TD）-色谱/质谱（GC/MS）联用方法（以下简称"本方法"）的原理和 GC/MS 的操作。

② 介绍应用 GC/MS 方法检测非极性有机化合物的常见影响因素。

③ 指出本方法的实验步骤及需要注意的事项，表明本方法目前在有机组分分析方面的先进水平。

（2）测量原理

本方法介绍了气溶胶滤膜样品中非极性有机化合物的定性与定量分析技术，目标物种包括正构烷烃、异构烷烃/反异构烷烃、藿烷、甾烷等直链烷烃，和环己烷、多环芳烃（PANs）等环状烷烃。本方法仅需切取一小片含有气溶胶样品的滤膜放入气相色谱的分流/不分流衬管中，样品中的有机成分就可以在进样口的高温下热脱附出来，并在色谱柱的进样端凝聚，经色谱分离后进入质谱进行检测，整个分析过程不需要对 GC/MS 系统进行任何硬件上的改变。与传统的溶剂萃取前处理（SE）-GC/MS 检测方法相比，本方法可节省样品前处理的人力、时间消耗，并且用于分析的滤膜量也较少（Ho and Yu，2004）。本方法可检出的目标物种见表 3-19。

表 3-19　目标非极性有机化合物表

化合物	备注[①]	标物来源	化合物	备注[①]	标物来源
多环芳烃			烷烃		
苊烯	++	SRM 2260a	直链烷烃		
苊	++	SRM 2260a	十七烷	++	SRM 1494
芴	++	SRM 2260a	十八烷	++	SRM 1494
菲	++	SRM 2260a	十九烷	++	SRM 1494
蒽	++	SRM 2260a	二十烷	++	SRM 1494
荧蒽	++	SRM 2260a	二十一烷	+	NA
芘	++	SRM 2260a	二十二烷	++	SRM 1494
䓛	++	SRM 2260a	二十三烷	+	NA
三亚苯	++	SRM 2260a	二十四烷	++	SRM 1494
苯并[b]荧蒽	++	SRM 2260a	二十五烷	+	NA
苯并[k]荧蒽	++	SRM 2260a	二十六烷	++	SRM 1494
苯并[a]芘	++	SRM 2260a	二十七烷	+	NA
苝	++	SRM 2260a	二十八烷	++	SRM 1494
茚并[1,2,3-cd]芘	++	SRM 2260a	三十烷	++	SRM 1494
二苯并[a,h]蒽	++	SRM 2260a	三十一烷	+	NA
苯并[g,h,i]苝	++	SRM 2260a	三十二烷	++	SRM 1494
茀	++	SRM 2260a	三十三烷	+	NA
蔻	++	SRM 2260a	三十四烷	++	SRM 1494
二苯并[a,e]芘	++	SRM 2260a	三十六烷	+	NA
环戊烯[c,d]芘	++	SRM 2260a	四十烷	+	NA
惹烯	+	NA[②]	支链烷烃		
藿烷			降植烷	++	SRM 1494
22,29,30-三降藿烷	++	SRM 2266	植烷	++	SRM 1494
α,β-降藿烷	++	SRM 2266	角鲨烷		
β,α-降藿烷	+	NA	异构烷烃/反异构烷烃		
α,β-藿烷	++	SRM 2266			
β,α-藿烷	+	NA	异二十九烷	+	NA
α,β,S-升藿烷	++	SRM 2266	反异二十九烷	+	NA
α,β,R-升藿烷	++	SRM 2266	异三十烷	+	NA

化合物	备注[①]	标物来源	化合物	备注[①]	标物来源
甾烷			反异三十烷	＋	NA
α,α 20R-胆甾烷	＋＋	SRM 2266	异三十一烷	＋	NA
α,β,β 20R-胆甾烷	＋＋	SRM 2266	反异三十一烷	＋	NA
α,β,β 20S 24S-甲基胆甾烷	＋	NA	异三十二烷	＋	NA
α,α,α 20R 24R-甲基胆甾烷	＋	NA	反异三十二烷	＋	NA
α,α,α 20S 24R/S-乙基胆甾烷	＋	NA	异三十三烷	＋	NA
α,β,β 20R 24R-乙基胆甾烷	＋＋	SRM 2266	反异三十三烷	＋	NA
α,α,α 20R 24R-乙基胆甾烷	＋＋	SRM 2266			

① "＋＋"表示该物质可直接用标准物定量；"＋"表示该物质没有相应的标准物，需通过与其相似化学组成的物质来进行半定量。

② "NA"表示无标准物。

（3）测量干扰因素及如何使干扰因素的影响最小化

本方法大大减少了从滤膜中萃取有机化合物所需的有机溶剂使用量，因此可避免由于有机溶剂带来的污染。同时，由于本方法需要的前处理步骤和时间大大减少，也可减少样品中待测物质的污染和损失的可能性。

色谱仪进样口的某些耗材（如进样垫、O形圈）在使用一段时间后，可能会对待测物质有轻微吸收，因此这些耗材需依照维护手册来定期更换。用于样品处理、转移和存储过程中所需要用到的一切工具和设备都必须保持洁净，所有使用的材料和化学品都应为最高级纯度。实验过程中用到的所有玻璃器皿在使用前必须在550℃在下烘烤。

（4）测量浓度范围

本方法的测量浓度范围同时受色谱柱和质谱检测器的影响。Hays（2003）的研究表明，本方法最佳的样品浓度范围在 $7\sim283\mu g$ 之间。浓度过高会影响色谱柱的分离效率，从而影响峰面积的计算，特别是对于那些具有相似物理化学性质、保留时间相近的物质。过多的待测物质同时进入离子源也容易导致检测灯丝的电流过载，从而损坏 MS 检测器。

（5）最低检出限、准确度与精确度

本方法的最低检出限为产生一个能可靠地被检出的分析信号所需的组分最小含量乘以空白样品中该物质峰面积信号的 3 倍标准差；由于一般情况下空白样品中不含有目标化合物，因此，本 SOP 中将某物质的标准曲线截距近似为空白样品中的该物质峰面积信号均值，而将标准曲线中峰面积的标准误差近似为空白样品中该物质峰面积信号的标准差（Miller and Miller，1993）。各目标化合物的最低检出限（ng）见表 3-20。

表 3-20　各目标非极性有机化合物的最低检出限（LQLs）

物种名称	LQL /ng	LQL /(ng/m³)[①]	物种名称	LQL /ng	LQL /(ng/m³)[①]
多环芳烃			烷烃		
苊烯	2.34	0.083	直链烷烃(C14～C44)		
苊	1.82	0.065	十四烷	1.43	0.051
芴	0.88	0.031	十五烷	0.86	0.031
菲	0.42	0.015	十六烷	0.89	0.032
蒽	0.17	0.006	十七烷	0.76	0.027
荧蒽	0.25	0.009	十八烷	0.66	0.024
芘	0.40	0.014	十九烷	0.51	0.018
䓛	0.40	0.014	二十烷	0.51	0.018
苯并[b]荧蒽	0.82	0.029	二十一烷	0.85	0.030
苯并[k]荧蒽	0.28	0.010	二十二烷	0.64	0.023
苯并[a]芘	0.90	0.032	二十三烷	0.74	0.026
苝	0.97	0.034	二十四烷	0.55	0.020
茚并[1,2,3-cd]芘	0.42	0.015	二十五烷	0.59	0.021
二苯并[a,h]蒽	0.94	0.033	二十六烷	0.59	0.021
苯并[g,h,i]苝	0.62	0.022	二十七烷	0.29	0.010
蔻	0.73	0.026	二十八烷	0.73	0.026
二苯并[a,e]芘	0.28	0.010	三十烷	0.96	0.034
藿烷			三十一烷	0.78	0.028
22,29,30-三降藿烷	0.51	0.018	三十二烷	0.90	0.032
α,β-降藿烷	0.32	0.011	三十三烷	0.57	0.020
β,α-降藿烷	1.38	0.049	三十四烷	0.67	0.024
α,β-藿烷	1.06	0.038	三十六烷	0.86	0.031
β,α-藿烷	1.17	0.041	四十烷	0.84	0.030
α,β,S-升藿烷	0.84	0.030	支链烷烃		
α,β,R-升藿烷	0.83	0.030	降植烷	0.99	0.035
甾烷			植烷	0.99	0.035
α,α,α 20R-胆甾烷	0.25	0.009	角鲨烷	1.00	0.035
α,β,β 20R-胆甾烷	0.66	0.024			
α,β,β 20S 24S-甲基胆甾烷	0.80	0.028			

续表

物种名称	LQL/ng	LQL/(ng/m³)[①]	物种名称	LQL/ng	LQL/(ng/m³)[①]
α,α,α 20R 24R-甲基胆甾烷	0.58	0.020			
α,α,α 20S 24R/S-乙基胆甾烷	0.78	0.028			
α,β,β 20R 24R-乙基胆甾烷	0.35	0.012			
α,α,α 20R 24R-乙基胆甾烷	0.37	0.013			

① 假设采样体积为 28.1m³；即使用 47mm 的滤膜采样，采样流量为 0.113m³/min，采样时间为 24h，取 3.0cm² 滤膜用于 TD-GC/MS 分析。

本方法的准确度和精确度详见 3.7.10.2 部分相关内容。

（6）分析人员要求

由于色谱、质谱操作、色谱图及质谱图解译及数据分析等技能的掌握程度可影响本方法的结果，因此每个分析人员都必须掌握以上技能。

3.7.2 安全性要求

（1）化学品的安全要求

本方法未对使用的每种化学试剂进行严格的毒性或者致癌性分类，但是仍需尽量避免接触这些化学试剂，以降低潜在的健康风险。本方法中的部分目标物种已被实验证明可对人类或哺乳类动物产生致癌作用，在使用这类标准物质和存储标准物质的有机溶剂时，必须采取适当的防护措施，避免皮肤、眼睛等接触。

（2）实验室操作人员须遵循的安全守则

包括：a.在实验室工作期必须穿着实验服；b.必须佩戴护目镜；c.在处理样品及标准品时需戴手套；d.实验室内不准穿露趾鞋；e.尽量避免在实验室单独作业，出于特殊情况而必须在非工作时间内进行实验操作时，必须向上级或同事报告行踪；f.时刻严密注意气瓶使用情况；g.实验结束后必须洗手；h.实验室内严禁饮食；i.所有化学物品和标准品必须贴好标签，标签上注明化学品名称、配置日期及首位使用人员。

（3）废物处置要求

溶剂等化学废物可暂时存放在玻璃瓶中，待玻璃瓶装满后再转移到 20L 的广口瓶中，交由有资质的机构处置。

3.7.3 仪器设备、化学试剂和分析记录要求

3.7.3.1 仪器设备

（1）基本要求

本方法的分析系统由安捷伦 GC 7890 和 MS 5973 或 5975 组成，配置包括：a.派热克斯玻璃材质的分流/不分流衬管，78mm（长）×4mm（内径）×6mm（外径）；

b.带升温程序的柱温箱，放置固定相毛细管柱；c.MS 使用 EI 源，离子源工作电压为 70eV；d.配备前级泵和扩散泵以保证分析系统的真空环境；e.GC/MS 耗材。

（2）仪器设置

本方法中的热脱附为整个分析过程中的环节之一，它取代了整个 GC/MS 分析系统中的进样部分。当进样口温度低于 50℃时，将装有被测样品的玻璃管替换掉进样口的衬管，安装好后立刻关上进样口盖，并将进样口温度手动设置到 275℃，大约 10.5min 后进样口会达到设定温度。在进样口升温期间，GC 柱温箱的温度始终保持在 30℃，以达到气溶胶样品中待测物质被热脱附出来后聚集在 GC 分离柱柱头的目的。当进样口温度到达 275℃时，立刻启动柱温箱升温程序，整个分析过程中，进样口都保持在 275℃并以不分流模式进样。GC 升温程序为：初始温度 30℃，保持 2min，10℃/min 速率升温至 120℃，再以 7℃/min 速率升温至 310℃，并保持 18min；毛细管色谱柱为 DB-5MS 柱（5％联苯/95％二甲基硅氧烷，30m× 0.25mm×0.25μm）；载气为氦气，流速恒定为 1.0mL/min；GC/MS 接口温度为 280℃；MS 检测器温度为 230℃，离子源电压为 70eV；质谱扫描范围为 50～650amu。每个样品使用一根新的热脱附柱，以避免样品间相互污染。热脱附柱在经清洗和烘烤后可重复使用。

GC/MS 维护步骤请参考仪器维护说明书。

3.7.3.2　化学试剂

（1）标准物质

包括直链烷烃、异构烷烃/反异构烷烃、藿烷、甾烷及多环芳烃。

（2）标准曲线制备

利用单标来配置混标，每次至少配置 5 个浓度点。标准物浓度点设置取决于环境样品的浓度范围，一般在 1～30μg/mL 之间。

标准物质以固态的形式在−4℃下保存以尽可能减少降解，使用时再用经蒸馏后的苯-异丙醇（1:1）混合溶剂溶解。配置好的标准溶液密封保存在安瓿瓶中以尽可能减少物质的挥发和降解。

（3）标准物质评估

在使用新的标准物质时，必须先将新的标准物质与在用的标准物质进行比较，两者的差异必须在±10％以内。

（4）有机溶剂

包括甲醇、丙酮、二氯甲烷、苯、异丙醇（色谱纯或以上）。

以上溶剂在使用前需经蒸馏处理后保存在干净的瓶子中待用。

（5）氘代烷烃和氘代多环芳烃

作为内标物，用于部分目标物质的定量。

3.7.3.3 高纯气体

利用超纯氦气作为载气，配金属减压阀，保证输出压在 50psi（1psi＝6.895kPa）以上。

3.7.3.4 玻璃器皿

所有用到的玻璃器皿都必须仔细清洁，清洁步骤为：先用自来水冲洗；再用去离子水润洗并在室温下晾干；然后用铝箔纸包好后在 550℃ 下烘烤 8h，待冷却至室温后取出并保存在干净处。

注意：只能用铝箔纸的粗糙面接触玻璃器皿。

3.7.3.5 其他材料

（1）滤膜
石英滤膜，用于采样及标定前需预先烘烤。

（2）马弗炉
用于烘烤所有的玻璃器皿、玻璃纤维棉、铝箔纸及空白滤膜。

（3）气溶胶样品
使用石英或玻璃纤维滤膜采集的气溶胶样品才能使用本方法进行分析。镀特氟龙的石英或纤维材料的滤膜也适用。

（4）热脱附玻璃管
本方法使用的热脱附玻璃管为自制的派热克斯玻璃管，尺寸为 78mm（长）× 4mm（内径）×6mm（外径）（其长度与外径尺寸取决于惠普 GC5890、安捷伦 GC6890 或 7890 的进样衬管的尺寸）。

（5）硅烷化玻璃纤维棉
本方法使用的硅烷化玻璃纤维棉在使用前需要预先烘烤，其用途为塞住热脱附管两端，固定管中滤膜碎片位置，并防止在热脱附过程中可能释放出的高分子或极性有机化合物进入色谱柱，从而损伤色谱柱。

（6）容量瓶
用于配置已溶解的标准溶液，需体积由 5～250mL 的多个不同大小容量瓶。

（7）一次性滴管
用于转移标准溶液或有机溶剂。

（8）不锈钢滤膜割刀
方形或圆形的割刀，用于从大张滤膜中切取合适大小的滤膜用于分析；只要能将切割下的滤膜装入热脱附管，允许使用不同尺寸的割刀。每 3 个月需对此切割面积进行校准。

（9）剪刀

用于将切割下的滤膜剪成碎片以方便装入热吸附管中。

（10）铝箔纸

使用前需预先烘烤，可用于放置滤膜。

（11）安瓿瓶

使用前需预先烘烤，用于存储标准溶液。

（12）带特氟龙盖的试管

用于存储已制备完成待分析的热脱附管。

（13）镊子

用于夹取滤膜样品和热脱附管，以避免污染热脱附管外部。

（14）一次性手套

实验人员必须穿戴以避免污染样品。

（15）玻璃注射器

用于抽取内标物或外标物，$0 \sim 10 \mu L$。

（16）玻璃薄片

用作切割滤膜的工作台，大小为 $10cm \times 10cm$。

（17）带特氟龙盖的样品瓶

用于存储标准物质、溶剂及废物等，体积为 2mL 或 4mL。

（18）无尘纸

用于样品制备后的工具及玻璃薄片清洁。

（19）工具套装

含金刚石片、放大镜及扳手等，用于安装和更换 GC 和 MS 部件。

（20）空白 CD 光盘

用于数据备份。

3.7.3.6　分析记录要求

所有样品都应详细记录。单次进样时，样品信息需在软件的"GCMS Instrument Logbook"下登记。每分析完一个样品，必须标注分析日期和样品号。

3.7.4　GC/MS 系统维护

每次进行一批样品分析之前，分析人员都应检查 GC/MS 系统的运行状况和定量准确状况。每一个批处理开始前应先用操作软件对质谱进行调谐，调谐时使用全氟三丁胺（PFTBA）作为标准物质。当 PFTBA 及其同位素达不到理论响应强度时 MS 会进行微调，或实验人员需要对整个系统进行维护。

每日的系统运行状况和维护情况应记录下来。

3.7.4.1 每日例行维护

泄漏检查，检查空气/水分比。

如果在调谐时出现以下情况，则表明无明显的泄漏：a. 出现质荷比为 18、28 和 32 的峰，且峰分离度较好；b. 28 峰高高于 18 峰高，28 峰和 32 峰的比值约为 4：1；c. 18 峰与 19 峰的比值＞10：1；d. 100％计数值（count value）＜500；e. 总离子流值（TIC）＜2000。

3.7.4.2 每周例行维护

（1）更换进样垫

内容包括：a. 关闭柱温箱和检测器；b. 待柱温箱和进样口温度降至室温；c. 关闭进样口气体压力；d. 当进样口防松螺母温度较高时，用扳手拧开防松螺母，取出旧进样垫；e. 如果旧进样垫有黏性，则需要用到较锋利的工具，注意不要损伤进样口内部；f. 如果进样垫的某部分被粘在进样口上，先用一小块钢丝棉、小钳子或小镊子小心地将进样口防松螺母和进样垫托上的残余部分刮下，再用压缩空气或氮气吹扫干净；g. 用镊子装入新的进样垫，注意不要装得过紧；h. 启动 GC 至正常分析条件。

（2）更换 O 形圈

包括：a. 关闭柱温箱和检测器；b. 待柱温箱和进样口温度降至室温；c. 关闭进样口气体压力；d. 找到分流/不分流嵌入螺母，直接用手或用扳手拧开；e. 将衬管垂直取出，避免碰撞损坏，更换 O 形圈；f. 用镊子小心将衬管装回进样口，用扳手拧嵌入螺母至适度松紧；g. 启动 GC 至正常分析条件。

（3）检查前级泵泵油

前级泵泵油应始终保持清洁。检查泵油量，泵油高度应在最低限以上，如果接近或低于最低限时添加泵油。

3.7.4.3 每月例行维护

① 检查光电倍增管电压。

② 检查灯丝发射电流。灯丝发射电流设定值为 $10\mu A$。通常会使用灯丝发射电流程序来验证仪器的运行状况，如果程序需调高电流值，则仪器的背景值会较高。

③ 检查载气流量。

整个分析过程中，当温度达到最高值时 MS 检测器的最佳载气柱流量应为 $1mL/min$。

3.7.4.4 按需维护

（1）更换色谱柱

① 如果系统在开启状态下，先利用软件的自动泄放程序来完成真空泄放过程。

如果真空泄放不当，可能会导致扩散泵液进入分析仪器中，也可能减少光电倍增管寿命或损伤其他 MS 精细部件。

② 关闭柱温箱和检测器。

③ 将柱温箱和进样口冷却至室温。

④ 关闭进样口压力。

⑤ 打开柱温箱前门。

⑥ 如果有旧的毛细管柱，取出旧毛细管柱在进样口和 MS 的部分，在旧柱子两端塞上塞子，做好标记后放回盒子。

⑦ 在切新柱子前先在柱头套上螺母与石墨垫。

⑧ 用沾有丙酮或异丙醇的无尘纸擦拭柱两头 10cm 左右部分以去除指纹和灰尘。

⑨ 展开约 30cm 长的毛细管柱。

⑩ 利用金刚石片切掉约 3～5cm 长的柱头。

⑪ 在进样口端：将毛细管柱伸出石墨垫约 4～6mm，确定后毛细管柱的长度后，在螺母下端的毛细管柱上做个标记。将柱子插入进样口，直至石墨垫和螺母贴近进样口，用手指拧紧螺母。注意根据在毛细管柱上做的标记来调整柱的上下位置。用手拧紧后，再用扳手多拧 1/4 或 1/2 圈以固定。

⑫ 在 GC/MS 接口端：将毛细管柱伸出 GC/MS 接口 1～2mm，用手电筒检查柱子是否进入检测室。在用手拧紧螺母时不要改变柱子的位置。用扳手多拧 1/4 或 1/2 圈以固定。

⑬ 毛细管柱两端均安装完毕后，通载气，加热柱温箱、进样口和检测器，运行一段时间后关闭加热，冷却，经过 1～2 轮的加热后再确认各接口的松紧度是否合适。

⑭ 开启真空。

（2）更换密封垫与垫圈

① 如果系统在开启状态下，先利用软件的自动泄放程序来完成真空泄放过程。如果真空泄放不当，可能会导致扩散泵液进入分析仪器中，也可能减少光电倍增管寿命或损伤其他 MS 精细部件。

② 关闭柱温箱和检测器。

③ 将柱温箱冷却至室温。

④ 关闭进样口压力。

⑤ 打开柱温箱前门。

⑥ 解下进样口的毛细管柱，在解开一端的柱子上塞上塞子以免被污染，如果进样口底座上有绝缘盖，则取下。

⑦ 用 1/2 英寸扳手拧开异径螺母，取下，密封圈和垫圈就在异径螺母内，取下旧的密封圈和垫圈，装上新的。

⑧ 进行更换操作时请佩戴手套，以避免污染新的密封圈和垫圈，先放入垫圈，再放入密封圈。

⑨ 装回异径螺母，并用 1/2 英寸扳手拧紧，重新接好毛细管柱和绝缘盖。

⑩ 开启真空。

（3）更换前级泵泵油

① 如果系统在开启状态下，先利用软件的自动泄放程序来完成真空泄放过程，如果真空泄放不当，可能会导致扩散泵液进入分析仪器中，也可能减少光电倍增管寿命或损伤其他 MS 精细部件。

② 必要时，将前级泵移出放置在方便操作的位置。

③ 用一本书或其他物品将泵垫高。

④ 取下加油口盖。

⑤ 在排油口处放置一个容器。

⑥ 拧开排油口塞子，使泵油流出。

⑦ 拧上排油口塞子，如果塞子上的 O 形圈出现破损，请更换。

⑧ 移走泵下的垫高物。

⑨ 向泵中加入新的泵油，至泵油高度接近但不要超过最高线，前级泵的容量大约为 0.28L。

⑩ 静置几分钟，如果泵油水平线下降，则再添加一些直至重新接近最高线。

⑪ 盖好加油口盖，将泵搬回原来的位置。

⑫ 开启真空。

（4）清洗离子源

① 离子源是否需要清洗，需要通过观察仪器的表现来决定，清洁的频率由样品分析数量、样品类型及各实验室相关规定来决定。

② 详细的清洗步骤可参见仪器说明书。

（5）GC/MS 耗材

包括：

a. 绿色进样垫（安捷伦，货号 5183-4759）；

b. 氟碳 O 形圈；

c. 镀金密封垫（安捷伦，货号 18740-20885）；

d. 石墨垫，内径 0.4mm（安捷伦，货号 5181-3323）；

e. 质谱接口石墨垫，内径 0.4mm（安捷伦，货号为 5062-3508）；

f. 灯丝；

g. PFTBA 标准品套装；

h. 前级泵泵油；

i. 扩散泵液；

j. 研磨片；

k. 光电倍增管更换角管；

l. MS 接口柱螺母；

m. 通用柱螺母。

3.7.5　标准品制备与存储

3.7.5.1　标准品的种类、浓度范围和可追溯性

高纯度化学品（包括烷烃、藿烷、甾烷、烯烃、环乙烷、邻苯二甲酸酯、多环芳烃等）的购买和存储应严格依照相关规定执行。各标准品经认证过的百万分之一天平分别称量后，再混合溶解在有机溶剂中。标准物浓度点设置取决于环境样品的浓度范围，一般在 $1 \sim 30 \mu / mL$ 之间。未使用前的标准物质以固态形式在 $-4 ℃$ 下保存以尽可能减少降解，使用时再用经蒸馏后的苯-异丙醇（1∶1）混合溶剂溶解。配置好的标准溶液密封保存在安瓿瓶中以尽可能减少物质的挥发和降解，安瓿瓶上需注明标准溶液的名称及配置日期。使用过的化学品质量及配置后浓度都必须详细记录下来。

3.7.5.2　标准品的使用

标准品的用途为建立工作曲线，定量样品中的待测物质，详见 3.7.5.1 部分。

3.7.5.3　标准品的精确度

应用 NIST（美国标准物质研究所）生产的参考标准物（SRM）1649a（含 11 种多环芳烃化合物）来评价标准品的精确度。首先，先通过分析不同浓度的 SRM 1649a 标准溶液建立一条工作曲线，再应用这条工作曲线来分析某个标准溶液，得到该标准溶液中 11 种多环芳烃物质的浓度（简称"NIST 溯源浓度"）。图 3-59 显示，通过称重配制出的 11 种多环芳烃标准品浓度和其相应的 NIST 溯源浓度间的误差在 $-5 \% \sim 20 \%$ 之间。

3.7.5.4　校准滤膜的制备

① 每准备一个样品前先用无尘纸清洁所需用到的不锈钢滤膜割刀、镊子及玻璃薄片。

② 用经蒸馏后的混合溶剂润洗 $0 \sim 10 \mu L$ 的玻璃注射器两次以上，废物倒进小样品瓶中。

③ 将空白膜放在干净的玻璃薄片上，并用不锈钢滤膜割刀从空白膜上取下 $1 cm^2$ 面积的滤膜片，被取下的滤膜片转移到另外一块干净的玻璃薄片上。

④ 打开含有外标和内标溶液的安瓿瓶，分别装在干净的样品瓶中，并在瓶上贴好标有名称和日期的标签。

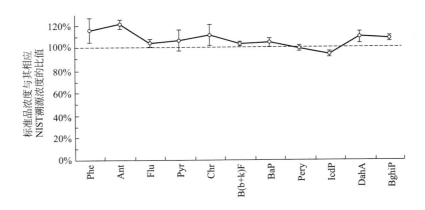

图 3-59　11 种多环芳烃的 NIST 标准品浓度与其相应 NIST 溯源浓度比值

（注：Phe—菲；Ant—蒽；Flu—荧蒽；Pyr—芘；Chr—䓛；$B(b+k)$ F—苯并 $[b+k]$ 荧蒽；

BaP—苯并 $[a]$ 芘；Pery—苝；IcdP—茚并 $[1,2,3-cd]$ 芘；

DahA—二苯并 $[a,h]$ 蒽；BghiP—苯并 $[g,h,i]$ 芘）

⑤ 分别抽取 $1\mu L$、$2\mu L$、$5\mu L$ 和 $10\mu L$ 的外标溶液加入到 4 张不同的预先烘好、切割下的滤膜上，以得到 4 个不同级别的工作曲线浓度（工作曲线可根据实际样品的浓度大小进行调整）。再分别从两种内标溶液中抽取 $2\mu L$，同样加入到以上 4 张滤膜中。

⑥ 滤膜放置在室温下晾干几秒，待有机溶液完全挥发后，用干净的剪刀将制备好的滤膜剪成差不多大小的 4 份（取决于切割下的滤膜大小），以方便装入热脱附管。

⑦ 将剪碎后的滤膜放入预先烘烤的热脱附管中，再用预先处理过的玻璃纤维棉（约 1cm 长）塞住管的两端。

3.7.5.5　标准品的存储

① 分析使用前，制备好的热脱附管应储存在带盖的试管中。

② 一旦将热脱附管装入试管后，应立即在试管上标明样品号和制备日期。

③ 将试管放在试管架上，并保存在室温、干净的环境下。

④ 制备好的样品需在 24h 内分析完成。

3.7.6　样品的制备与存储

3.7.6.1　样品制备

① 每准备一个样品前先用无尘纸清洁所需用到的不锈钢滤膜割刀、镊子及玻璃薄片。

② 用经蒸馏后的混合溶剂润洗 $0\sim10\mu L$ 的玻璃注射器两次以上，废物倒进小

样品瓶中。

③ 打开含有内标溶液的安瓿瓶，装在干净的样品瓶中，并在瓶上贴好标明名称和日期的标签。

④ 内标溶液应存储在−4℃下，其有效期可达 3 个月。

⑤ 将采样后滤膜放在玻璃薄片上，并用不锈钢滤膜割刀从该滤膜上切取 1cm^2 面积的滤膜片，将切取的滤膜片转移到另外一块玻璃薄片上。

⑥ 根据滤膜上负载的气溶胶多少可调整切割下的滤膜面积大小，切割下的滤膜面积最大可到 4cm^2。

⑦ 取 5μL 内标混合溶液加入到切割下的滤膜上（见表 3-21）。

⑧ 室温下晾数秒钟，待内标溶液中的有机溶剂挥发完全后，用干净的剪刀将制备好的滤膜剪成差不多大小的 4 份（取决于切割下的滤膜大小），以方便装入热脱附管。

⑨ 将剪碎后的滤膜放入预先烘烤的热脱附管中，再用预先处理过的玻璃纤维棉（约 1cm 长）塞住管的两端。

表 3-21　内标浓度及用量

物质名称	分子量	特征离子	浓度 /(ng/μL)	用量	
				体积/μL	质量/ng
d10-菲	188	188	3.80	5.0	19.0
d50-二十四烷	388	66	4.00		20.0

3.7.6.2　样品存储

① 分析使用前，制备好的热脱附管应储存在带盖的试管中。

② 一旦将热脱附管装入试管后，应立即在试管上标明样品号和制备日期。

③ 将试管放在试管架上，并保存在室温、干净的环境下。

④ 制备好的样品需在 24h 内分析完成。

3.7.7　GC/MS 系统的开机与关机

（1）开机程序

① 开机前检查仪器所有部分是否连接好。

② 打开载气氦气，调节输出压力在 50psi（1psi＝6.895kPa）或以上。

③ 依次打开 GC、MS 及控制电脑的电源。

④ 启动电脑 windows7 程序。

⑤ 启动分析软件，打开"Instrument♯1-MS Top"和"Instrument♯1-Method Control"。

⑥ 在"Instrument♯-Method Control"窗口下在点击"View"按钮，再点击

"Tune and Vacuum Control"，进入 "Instrument ♯1♯Tune" 界面。

⑦ 选择 "Vacuum" 再点击 "Pump Down"，此时会弹出一个新的界面，提示目前的泵开启进度、前级泵的压力和温度。

⑧ 此时，前级泵会自动开启。待系统压力下降至 300mTorr 后，扩散泵会自动开启并开始加热。注意：如果在数分钟内系统压力没有下降至 300mTorr（1mTorr＝0.133Pa，下同），应检查 GC/MS 系统是否存在泄漏的情况。

⑨ 待系统稳定至少 2h 以上。

⑩ 点击软件 "View" 按钮，再点击 "Instrument Control" 返回方法界面。

⑪ 通过 GC 面板或软件启动进样口、柱温箱和 GC/MS 接口加热。

（2）GC/MS 参数设置

① 柱温箱温度：50℃。

② 进样口温度：275℃。

③ 载气流量：恒定为 1.0mL/min。

④ GC/MS 接口温度：280℃。

⑤ 离子源温度 150℃；MS 检测器温度 230℃；离子源电压 70eV；质谱扫描范围 50～650amu。

⑥ 前级泵压力：＜100mTorr。如果前级泵压力高于此值或扩散泵自动关闭，应检查 GC/MS 系统是否存在泄漏的情况。

（3）关机程序

① 出现以下情况时需要关闭 GC/MS：a. 更换或断开毛细管柱；b. 清洗离子源；c. 其他系统维护。

② 在 "Instrument ♯1-Method Control" 窗口下在点击 "View" 按钮，再点击 "Tune and Vacuum Control"，进入 "Instrument ♯1♯Tune" 界面。

③ 选择 "Vacuum"，再点击 "Vent" 此时会弹出一个新的界面，提示目前的泵关闭进度，前级泵的压力和温度。

④ 利用软件的自动泄放程序来完成真空泄放过程。如果真空泄放不当，可能会导致扩散泵液进入分析仪器中，也可能减少光电倍增管寿命或损伤其他 MS 精细部件。

⑤ 通过 GC 面板或软件关闭进样口、GC/MS 接口和柱温箱的加热。

⑥ 待 GC/MS 接口和离子源温度降至室温后，关闭 GC 和 MS 的电源。

3.7.8　TD-GC/MS 分析程序

除必须对仪器进行维护时，GC/MS 系统不需每天关机，保持系统的高真空度十分重要。

（1）系统和柱空白检查

每天开始分析样品前，都应先检查系统及毛细管柱的空白值，以防止杂质在系统中累积。如果发现 GC 系统的本底值较高，则需要进行相应维护。

① 在"Instrument ♯1-Method Control"窗口下点击"Method"加载分析方法。

② 使用 HP-5MS 柱（内填 5% 联苯/95% 二甲基硅氧烷，30m × 0.25mm × 0.25μm）进行样品分析，柱升温程序为：总时间 25min；初始温度 50℃，保持 2min；升温程序，以 20℃/min 速率升温至 310℃，保持 15min。

③ 参数设置会发送到 GC/MS，待仪器面板上"READY"绿灯变亮后，点击"Data Acquire"。

④ 输入操作者姓名、样品信息、样品存储路径、样品名及其他相关信息，点击"Start Run"。

⑤ 此时软件会弹出是否保存方法的提示窗口，点击"Yes"。

⑥ 软件会弹出"Waiting for Injection"窗口，在 GC 仪器面板上按"PRE-RUN"键。

⑦ 当仪器上绿灯熄灭后，按 GC 仪器面板上"START"键开始柱升温程序，该程序将运行 25min。

⑧ 在记录本上记下样品存储路径和样品名。

⑨ 双击""Instrument ♯1 Data Analysis"打开"Enhanced Date Analysis"。

⑩ 选择"File"，加载需要分析的数据文件，或利用"Take Snapshot"打开正在分析中的样品。

⑪ 检查色谱图的基线波动情况，如未超过 300000 单位，则表明不存在由于进样口、色谱柱及 O 形圈等释放的明显杂质峰。

⑫ 如果发现系统本底值较高，重复进一次空白样，以确认这个现象是否仍存在。

（2）TD 样品分析

① 在"Instrument ♯1-Method Control"窗口下加载分析方法。

② 使用 HP-5MS 柱（内填 5% 联苯/95% 二甲基硅氧烷，30m × 0.25mm × 0.25μm）进行样品分析，柱升温程序为：总时间 56.14min；初始温度 30℃，保持 2min；第一阶段升温程序，以 10℃/min 速率升温至 120℃；第二阶段升温程序，以 7℃/min 速率升温至 310℃，保持 15min。

③ 不得随意改变分析方法，如果有任何变动，请另存为一个新的分析方法，并记录改变内容。

④ 参数设置会发送到 GC/MS，如果所有参数未达到设定值，GC 面板上的"NOT READY"红灯会一直亮。

⑤ 通过 GC 面板或软件将进样口温度设定至 50℃。

⑥ 当 GC 面板上的"NOT READY"红灯灭，而"READY"绿灯亮时，点击软件的"Data Acquire"。

⑦ 输入操作者姓名、样品信息、样品存储路径、样品名及其他相关信息，点击"Start Run"。

⑧ 此时软件会弹出是否保存方法的提示窗口，点击"Yes"。

⑨ 软件会弹出"Waiting for Injection"窗口，在 GC 仪器面板上按"PRE-RUN"键。

⑩ 当绿灯灭时，表明仪器各参数已达到设定值，可以样品分析。

（3）安装 TD 管

① 整个操作过程请佩戴手套，并保证 GC 进样口无堵塞物。

② 利用仪器配套的扳手小心打开进样口，注意不要碰到进样口盖的底部。

③ 用两对镊子取出旧的玻璃衬管，这时 O 形圈在玻璃衬管上。

④ 取下玻璃衬管上的 O 形圈，将其放回进样口中的相应位置。

⑤ 找到装有制备好热脱附管的试管，对照试管上的标签在软件上输入样品名。

⑥ 打开试管盖，将新的热脱附管放入进样口，热脱附管应穿过 O 形圈。

⑦ 一旦放入热脱附管后，立即关闭进样口盖，以尽量减少空气和水汽进入系统。

⑧ 将进样口温度手动设置至 275℃，不分流模式，约 10min 后进样口温度达到设定值。在整个进样口升温期间，GC 柱温箱的温度始终保持在 30℃，以达到气溶胶样品中待测物质被热脱附出来后聚集在 GC 分离柱柱头的目的。

⑨ 记录数据文件的保存路径和文件名。

⑩ 进样口到达 275℃时，立刻按 GC 面板上的"START"键以启动柱温箱升温程序。

⑪ 整个分析过程中，进样口都保持在 275℃。

⑫ 待升温程序结束后，通过 GC 面板或软件将进样口温度设置为 50℃，此时柱温箱温度也会自动恢复至初始温度，待柱温箱和进样口温度均达到设定值后系统才可以进行下一个样品的分析。

⑬ 每分析完一个样品，检查数据文件夹中是否生成一个后缀名为 .ms 的数据文件。

（4）分析结束时

① 取出已完成分析的样品管：a. 通过 GC 面板或软件将进样口温度设置为 50℃；b. 整个操作过程请佩戴手套，并保证 GC 进样口无堵塞物；c. 利用仪器配套的扳手小心打开进样口，注意不要碰到进样口盖的底部；d. 用两对镊子取出旧的玻璃衬管，这时 O 形圈在热脱附管上；e. 取下热脱附管上的 O 形圈，将其放回进样口的相应位置；f. 将一根经预处理的空白玻璃衬管放入进样口，玻璃衬管应穿过 O 形圈；g. 一旦放入玻璃衬管后，立即关闭进样口盖，以尽量减少空气和水汽进入系统。

② 将仪器状态恢复到正常操作状态。

③ 保持 GC/MS、电脑、软件在运行状态：a. 每天分析完后无需关闭 GC/MS、控制电脑和 MS 控制软件；b. 关闭控制电脑显示器以节约用电。

3.7.9 数据处理

(1) 峰积分

① 双击 "Instrument ♯1 Data Analysis"，打开 "Enhanced Data Analysis"。

② 选择 "File"，加载需要分析的标准物质文件、样品文件，或利用 "Take Snapshot" 打开正在分析中的样品。

③ 在色谱图上任意位置点击鼠标右键可打开其对应的质谱图，点击鼠标左键可拖拽、放大色谱图或质谱图。

④ 选择 "Chromatogram"，然后选择 "Extracted Ion Chromatograms" 以提取内标物的特征离子峰，$m/z=66$（d50-二十四烷），$m/z=92$（1-苯基十二烷），$m/z=188$（d10-菲），$m/z=40$（d12-䓛）。

⑤ 选择 "Chromatogram"，然后选择 "Extracted Ion Chromatograms" 以提取目标物的特征离子峰，各目标物的特征离子峰见表 3-22。

⑥ 选择 "Chromatogram"，然后选择 "Intergrate" 或 "AutoIntegrate" 对样品峰进行自动积分。如果需要手动积分，则选择 "Tool"，再 "Options" 以激活 "Manual Integration"。

⑦ 选择 "Chromatogram"，然后选择 "Intergrate Results" 以保存峰面积，将积分好的峰面积拷贝或直接输出到 excel 文件，该 excel 数据处理文件应根据样品分析批处理号来命名。数据分析过程期间注意保存该 excel 数据处理文件。

(2) 浓度计算

① 利用目标物质和相应内标物（如烷烃使用 d50-二十四烷作为内标，多环芳烃使用 d10-菲作为内标）峰面积比，与标准溶液中目标物质的含量，建立标准曲线。

② 本方法中使用的峰面积为特征离子的峰面积，非总离子流峰面积。各目标物的分子量和特征离子见表 3-22。

表 3-22 各目标物的分子量和特征离子

化合物	分子量	特征离子	化合物	分子量	特征离子
多环芳烃			多环芳烃		
萘	128	128	苯并[a]蒽	228	228
苊烯	152	152	䓛	228	228
苊	154	154	苯并[b]荧蒽	252	252
芴	166	166	苯并[k]荧蒽	252	252
菲	178	178	苯并[a]荧蒽	252	252
蒽	178	178	苯并[e]芘	252	252
荧蒽	202	202	苯并[a]芘	252	252
芘	202	202	苝	252	252

续表

化合物	分子量	特征离子	化合物	分子量	特征离子
多环芳烃			多环芳烃		
茚并[1,2,3-cd]芘	276	276	蔻	300	300
二苯并[a,h]蒽	278	278	二苯并[a,e]芘	302	302
苯并[g,h,i]菲	276	276	惹烯	234	219
苉	278	278			
直链烷烃（C17～C40）			直链烷烃（C17～C40）		
十七烷	240	57	二十九烷	408	57
十八烷	254	57	三十烷	422	57
十九烷	268	57	三十一烷	436	57
二十烷	282	57	三十二烷	450	57
二十一烷	296	57	三十三烷	464	57
二十二烷	310	57	三十四烷	492	57
二十三烷	324	57	三十六烷	506	57
二十四烷	338	57	三十七烷	521	57
二十五烷	352	57	三十八烷	535	57
二十六烷	366	57	三十九烷	549	57
二十七烷	380	57	四十烷	563	57
二十八烷	394	57			
异构烷烃/反异构烷烃			异构烷烃/反异构烷烃		
异二十九烷	408	57	反异三十二烷	450	57
反异二十九烷	408	57	异三十三烷	464	57
异三十烷	422	57	反异三十三烷	464	57
反异三十烷	422	57	异三十四烷	478	57
异三十一烷	436	57	反异三十四烷	478	57
反异三十一烷	436	57	异三十五烷	492	57
异三十二烷	450	57	反异三十五烷	492	57
支链烷烃			支链烷烃		
降植烷	268	57	角鲨烷	422	57
植烷	282	57			
藿烷			藿烷		
22,29,30-trisnorneophopane（Ts）[①]	370	191	β,α-降藿烷	398	191
22,29,30-三降藿烷	370	191	α,β-藿烷	412	191
α,β-降藿烷	398	191	C30-α,α-藿烷	412	191
C29-Ts[①]	398	191	β,α-藿烷	412	191
			α,β,S-升藿烷	426	191

续表

化合物	分子量	特征离子	化合物	分子量	特征离子
藿烷			藿烷		
α,β,R-升藿烷	426	191	22S-四升藿烷	468	191
α,β,S-双升藿烷	440	191	22R-四升藿烷	468	191
α,β,R-双升藿烷	440	191	22S-五升藿烷	482	191
22S-三升藿烷	454	191	22R-五升藿烷	482	191
22R-三升藿烷	454	191			
甾烷			甾烷		
$\alpha,\alpha,\alpha,20S$-胆甾烷	372	217	$\alpha,\beta,\beta,20S,24S$-甲基胆甾烷	386	218
$\alpha,\alpha,\alpha,20R$-胆甾烷	372	217	$\alpha,\alpha,\alpha,20R,24R$-甲基胆甾烷	386	217
$\alpha,\beta,\beta,20R$-胆甾烷	372	218	$\alpha,\alpha,\alpha,20S,24R/S$-乙基胆甾烷	400	217
$\alpha,\beta,\beta,20S$-胆甾烷	372	218			
$\alpha,\alpha,\alpha,20S,24S$-甲基胆甾烷	386	217	$\alpha,\beta,\beta,20R,24R$-乙基胆甾烷	400	218
$13\alpha(H),17\alpha(H)$-24-乙基双胆甾烷	400	217	$\alpha,\beta,\beta,20S,24R$-乙基胆甾烷	400	218
$\alpha,\beta,\beta,20R,24S$-甲基胆甾烷	386	218	$\alpha,\alpha,\alpha,20R,24R$-乙基胆甾烷	400	217

① 由于异构烷烃/反异构烷烃和部分藿烷、甾烷缺乏标准物，这一类物质通过假设其响应强度与其同分异构体或有相同碳数的直链烷烃的响应强度相同，从而半定量得到其浓度。

③ 每条标准曲线至少包含3个浓度点，标准曲线基本形式为：

$$y=mx+b$$

式中　m，b——标准曲线的斜率和截距；

　　　y，x——峰面积和目标物含量。

④ 所有采样及样品信息都必须输入上述 excel 数据处理文件中。

⑤ 单个物质的定量也是通过该物质和其相应内标物（如烷烃使用 d50-二十四烷作为内标，多环芳烃使用 d10-菲作为内标）峰面积比得到的。

⑥ 计算目标物 i 质量浓度 M_i 的公式如下（以 ng 为单位）：

$$M_i=\frac{\dfrac{PA_i}{PA_{IS}}-b}{m}$$

式中　PA_i——目标物 i 的峰面积；

　　　PA_{IS}——其相应内标物的峰面积；意义同上。

⑦ 计算得到的各目标物浓度需与最低检出限相比，如果检出浓度低于最低检出限，则该物质浓度标记为"ND"。

⑧ 利用以下公式将目标物 i 的质量浓度 M_i（以 ng 为单位）换算成环境浓度 N_i（以 ng/m^3 为单位）：

$$N_i=\frac{M_i}{V_{air}}\times\frac{A_{whole\_filter}}{A_{filter\_TD}}$$

式中　　　　V_{air}——总采样体积；

　　A_{whole_filter}——滤膜总面积；

　　A_{filter_TD}——切割下用于分析的滤膜面积。

3.7.10　质控要求

3.7.10.1　系统性能测试

（1）系统和柱空白检查（详见 3.7.8 部分）

每日对系统进行本底测试，以确定分析结果无系统偏差。系统污染可能存在以下几个来源：a. 毛细管柱流失；b. 进样垫、O 形圈和密封垫污染；c. 前级泵泵油；d. 扩散泵液；e. 进样口或柱螺母未拧紧。

（2）空气和水分检测

① 点击"View"按钮，"Instrument ♯1-Method Control"窗口下再点击"Tune and Vaccum Control"，进入"Instrument ♯1 Tune"界面。

② 点击"Vaccum"，进入"Air and Water Check"，软件会自动检测 MS 中的空气和水分含量，并生成检测报告。

（3）质谱自动调谐

① 以下情况需对 MS 进行自动调谐：a. 正常运行情况下至少 1 周进行 1 次调谐；b. 每次重新抽真空后；c. 分析下一批样品或标准品前；d. 在分析过程中发现 MS 性能出现变化时。

② 点击"Vies"，"Instrument ♯1-Method Control"窗口下再点击"Tune and Vaccum Control"进入"Instrument ♯1 Tune"界面。

③ 选择"Tune"，然后选择"Autotune"，此时软件会对 MS 进行自动调谐，并生成检测报告。

④ 检查标准物 PFTBA 的特征峰，$m/z = 69，219，502$。

⑤ 以上 3 个峰的峰宽需在 $0.50 \sim 0.70$ 之间。

⑥ 峰 69、219、502 的同位素比例需分别在 1、5、10 左右，并且 3 个峰的绝对丰度与上次的检测结果相差不应较大。

⑦ 保存自动调谐文件，将其保存在相应文件夹下，并记录各参数。

3.7.10.2　重复性测试

本方法的精确性可以通过对某一个标准样品或一个高流量膜采样气溶胶样品的重复分析来得到。中国香港的研究结果显示，对一个环境样品重复 10 次检测，其检测结果间的相对标准偏差在 $2.7\% \sim 4.0\%$ 之间；对一个标准品重复 5 次检测，其检测结果间的相对标准偏差在 $0.2\% \sim 4.2\%$ 之间。

本方法的重复性测试基于 10 个样品的样品组进行，即每分析 10 个样品后立即进行一个重复样品的分析，随机选择重复样品，分析人员可以相同也可以不同，以减少不同实验室间可能带来的误差。经重复进样后测得的某一个样品中各目标组分浓度均需与第一次进样测得的该样品中各目标组分浓度相比较，两个目标组分浓度间的平均误差不能超过 10％。

如果重复性测试结果超过目标要求，则需检查样品或分析过程中是否有异常情况。较常出现的样品异常情况包括样品分布不均匀、采样过程或分析过程中受的污染。如果找不到导致重复性测试失败的原因，则需要重新再进行一次测试。

3.7.10.3　数据确认与反馈

数据确认是指待分析完成后，在 GC/MS 控制软件中手动检查内标物的峰面积和数据文件信息。这部分工作由实验室管理人员或指定人员来进行。

（1）数据文件信息确认

需检查以下数据文件信息：a. 滤膜编号、文件夹名称以及分析编号；b. 样品分析的日期与时间；c. 用于分析的滤膜切割面积。

以上信息如果出现问题，需记录下来，并报告给实验室管理人员。

（2）内标物峰面积确认

标样和环境样品中检出的内标物面积与内标物的平均面积差异需在 10％以内，如果超过这个限值则需标记出该标样/样品，并重新分析。

3.7.11　数据管理

每产生一批样品结果后，需将结果刻录进 CD 或 DVD 中进行保存，需要保存的内容包括：a. 每个标样/样品的原始 GC/MS 数据文件；b. 记录样品保留时间、峰面积及浓度计算结果的 excel 数据结果文件。

参 考 文 献

［1］　Birch，M. E.，Cary，R. A. Elemental carbon-based method for monitoring occupational exposures to particulate diesel exhaust. Aerosol Sci. Technol.，1996，25，221-241.

［2］　Chow，J. C.，Watson，J. G.，Pritchett，L. C.，Pierson，W. R.，Frazier，C. A.，and Purcell，R. G. (1993). The DRI Thermal/Optical Reflectance Carbon Analysis System：Description，Evaluation and Applications in U. S. Air Quality Studies，Atmos. Environ. 27A：1185-1201.

［3］　NIOSH Method 5040，"Elemental Carbon (Diesel Particulate)，" NIOSH Manual of Analytical Methods，4th ed.，Cincinnati，Ohio，January 15，1997.

［4］　Research Triangle Institute，"Standard Operating Procedure for the Determination of Organic，Elemental，and Total Carbon in Particulate Matter Using a Thermal/Optical Transmittance Carbon Analyzer"，Research Triangle Park，North Carolina，USA，available at http：//epa. gov/ttn/amtic/files/ambient/pm25/spec/semsop. pdf.

［5］　Sunset Laboratory，Sample Analysis Method for Organic and Elmental Carbon Aerosols，available at http：//sunlab. com/uploads/assets/file/Sunlab-Analysis-Method. pdf.

［6］ Sunset Laboratory，A Guide to Operating and Maintaining the Thermal/Optical Carbon Aerosol Analy-zer，Version 6. 4.

［7］ Atmoslytic Inc.，DRI Model 2001 OC/EC Carbon Analyzer Instruction Manual，January 2014.

［8］ Desert Research Institute，DRI Standard Operating Procedure for DRI Model 2001 Thermal/Optical Car-bon Analysis (TOR/TOT) of Aerosol Filter Samples-Method IMPROVE_A，DRI SOP ♯2-216. 1，No-vember 2005.

［9］ U. S. Environmental Protection Agency，Definition and Procedure for the Determination of the Method Detection Limit-Revision 1. 11，Pt. 136，Appendix B.

［10］ California Environmental Protection Agency，Air Resources Board，Standard Operating Procedure for Organic and Elemental Carbon Analysis of Exposed Quartz Microfiber Filters，SOP MLD 065，June 2007.

［11］ Hays M. D.，Smith N. D.，Kinsey J.，Dong Y.，Kariher P.，2003. Polycyclic aromatic hydrocarbon size distributions in aerosols from appliances of residential wood combustion as determined by direct ther-mal desorption-GC/MS. J. Aerosol Sci. 34 (8)，1061-1084.

［12］ Ho S. S. H.，Yu J. Z.，2004. In-injection port thermal desorption and subsequent gas chromatography-mass spectrometric analysis of polycyclic aromatic hydrocarbons and n-alkanes in atmopsheric aerosol samples. J. Chromatogr. A 1059 (1-2)，121-129.

［13］ Miller J. C.，Miller J. N.，1993. Statistics for Analytical Chemistry，3rd ed.，Ellis Horwood，New York，46，115.

［14］ 自动称量系统（AWS-1）操作指南。康姆德润达（无锡）测量技术有限公司，2016.

［15］ Desert Research Institute，X-ray Fluorescence (XRF) Analysis of Aerosol Filter Samples (PANalytical Epsilon 5)，DRI SOP ♯2-209. 1，Revised October 2004. PANalytical，Epsilon 5 EDXRF Spectrometer System User's Guide.

第4章

VOCs手工采样标准操作程序

本章主要介绍 3 种主要的 VOCs 手工采样方法标准操作程序，涵盖苏玛罐瞬时和定量手工采样及采样管手工采样，为后续 VOCs 物种分析提供可靠的样品。

4.1 苏玛罐手工采样（瞬时）

4.1.1 概述

此标准操作流程是参考 ATEC 8001 型 VOC 罐自动采样器操作指南进行制订。本标准操作流程需要结合 ATEC 8001 型自动采样器操作指南使用，该操作指南提供了本标准操作流程中没有具体介绍的其他细节。由于这是一份关于如何运行 VOC 罐自动采样器的标准操作流程，因此本文档将重点描述 ATEC 8001 型自动采样器的操作流程。

来自不同领域的众多用户对本标准操作流程的制订提供了帮助，这些用户在关于 ATEC 8001 系统的安装、规划、操作、质量检查、维护，或者关于仪器产生数据的质量保证、校验和发布等一个或多个方面具有专长。本标准操作流程中一些图片和逐步步骤来自操作指南和已有标准操作流程。我们还要特别感谢在本次示范性标准操作流程制订过程中 ATEC 和其他贡献者的合作。

本标准操作流程中 4.1.2～4.1.6 部分概述了一些相关的背景信息。实际操作用户可以在 4.1.7 "安装流程" 和 4.1.8 "维护与质量控制流程" 找到本标准操作流程中最有用的信息。安装通常只发生一次（或可能由于重新安置而偶尔发生），包括收货、站点和外壳选择、初始检查和开机。维护和质量控制（QC）包括定期维护（例如更换氮气、清洗）和日常的 QC 流程。4.1.9 部分介绍了数据有效性校验流程。

本标准操作流程尽可能地尝试指出常见的误区，重点强调了操作过程的细节，以帮助操作者避免过失和挫折。这些内容的介绍是为了便于理解本流程的基本原理，其他机构可能希望在他们的标准操作流程中排除类似的细节。如果认为合适，本标准操作流程中的部分内容可以被摘录、编辑或者删除。例如，因为安装通常是仅此一次的过程，可以认为安装流程在一个覆盖日常操作的标准操作流程中不是必要的。正文中提到的清单和表格见附件，作为范例可以完整或部分地使用它们。

4.1.2 使用范围和适用性

本标准操作流程旨在使用户熟悉大气监测数据采集的操作流程。从任何仪器获得数据的准确性都取决于仪器的性能和操作人员的技术。为了获得高质量的数据，用户需要熟悉本标准操作流程和制造商的说明手册。本标准操作流程可作为大纲来使用，但不能替代制造商提供的仪器操作手册或规程。本标准操作流程介绍了ATEC 8001 型自动采样器的安装、运行、校准、检查与维护的正确操作流程。

4.1.3 方法总结

使用此 ATEC 8001 型自动采样器，可采集 24h 环境空气样品。空气被吸入采样罐以便后续的 VOCs 分析。监测方法已经按照美国环保局（EPA）的 TO—11A 和 TO—15 方法预设好。

采样器使用一个单级泵将环境空气抽入到采样罐。为了控制和监测采样流量，每一个采样通道都装有一个独立的质量流量控制器。

站点操作员携带实验室提供的以抽真空的采样罐进入现场（注意：实验室应至少提前 2d 为现场操作人员提供所需物品）。采样人员需安装采样器、设定采样程序，采样结束后收回采样器，填写采样记录，将样品带回实验室分析。采样前，需对 ATEC 8001 型自动采样器的采样管路进行吹扫。分析结束后，实验室将会把分析结果提交相关人员进行复审。

4.1.4 术语

本标准操作流程中的技术术语在它们出现的时候进行定义，以便于能够清楚地解释它们在正文中的含义。此部分对一些一般性术语予以解释。

本标准操作流程全篇中使用的两个术语是"确认"和"校验"。这两个术语有着相似但截然不同的含义。确认指的是检查中间的操作步骤以保证它们是正确的，判断系统是否稳定，是否符合标准，是否使用可靠的方法，是否以正确的方式运行选择的功能。确认程序在数据采集过程中进行，包括检查清单和标样对比等等事情。例如气密性检查就是 ATEC 8001 型采样器确认程序中的一个例子。校验程序是验证系统是否符合要求，是否实现预期功能，是否满足单位目标和用户需求。它是对数据正确性的判定，通常仅偶尔或在项目结束时进行。

同样地，术语"质量控制（QC）"和"质量保证（QA）"也经常被交换着使用，然而实际上它们有着重大区别。QC 指的是为满足质量要求所采取的作业技术和活动，是现场技术人员在 ATEC 8001 系统上进行维护和确认程序时的实践内容。日常的 QC 过程，例如流量检查，在此被认为是 QC 程序。QA 指的是为满足质量要求提供信任所采取的有计划有系统的活动，例如独立审核就是一个 QA 活动的例子。

术语"审核"在一般的情况下经常被用于表达核对、视察、检测或评定的意思，许多标准操作流程使用该术语来指代 QC 程序，即那些由现场技术人员在正常操作和维护过程中实施的程序。在 ATEC 8001 中，术语"审核"用于指代那些检验但是不改变值的过程。

术语"校准"指的是在与标样对比之后校正仪器的行为。当涉及仪器软件内容时，术语"校准"指的是那些能够改变仪器输出的流程。"校准检验"指的是仅仅利用标样检验仪器，并不对仪器进行校正。

4.1.5　健康和安全警示

在 ATEC 8001 型自动采样器安装和操作过程中必须注意安全防护。必须遵守关于用电和电动工具的通用安全规则。所有仪器外壳都可能存在高电压，需要维修仪器时先从电源上断开电源线。

4.1.6　干扰

ATEC 8001 型自动采样器是一种性能稳定的仪器，可能的干扰很少。然而，布置不合理、电力不足或接地不良、明显的振动等都是已知的可能造成干扰的来源。由于仪器放置不当所造成的干扰可以通过谨慎选址来避免。安装时应对电气连接进行全面的检查；作为安装过程中的一个步骤，必须测量接地电位。

4.1.7　安装流程

ATEC 8001 型自动采样器的安装过程包括许多步骤，需要对细节高度重视。由 ATEC 提供的用户手册中利用众多图片示例介绍了全面的逐步流程。应将此手册作为安装的主要参考。本标准操作流程罗列了主要的步骤，并强调了在执行过程中需要特别注意的一些工作。

与安装相关的主要工作包括：a. 开箱并检查 ATEC 8001 型自动采样器；b. 安装 ATEC 8001 型自动采样器和外围支撑硬件的一系列连续步骤；c. 完成连接后的检查。

4.1.7.1　开箱并检查 ATEC 8001 型自动采样器

在收到 ATEC 的仪器时应对 ATEC 8001 型自动采样器进行一次实物检查。运输包装箱上任何可见的损坏都应通知承运人。系统组件应和包装清单一一确认，若发现任何组件丢失或损坏应立即通知制造商。

4.1.7.2　验收测试

与其他任何设备一样，需要进行基本的验收测试。一些建议的测试包括：a. 系统的漏气检查；b. 流量测试；c. 对比新采样器与现有采样器（在可行的情况下）运行状况；d. 对比新采样器在实验室和野外场地的运行状况。

与大多数空气质量监测仪器类似，ATEC 8001 型自动采样器在运送给用户之前已通过了工厂测试和校准。验收测试应当确认系统在运输后和野外使用前能够正常运行。用户在对系统进行调校之前一定要仔细地评估所发现的任何差异，因为曾经出现过为了抵消一个以为的而实际上并不存在的错误对仪器进行了错误的调校。验收流程随机构的不同可能不同，但用户反馈表明在部署到野外站点之前，能够先在一个可控的环境中如实验室或工作坊内装配仪器来测试仪器通常是很有价值的，这样就可以和监测站点相关问题区分开来对仪器问题进行评估。

4.1.7.3　ATEC 8001 型自动采样器的安装步骤

ATEC 8001 型自动采样器的操作手册提供了详细的安装流程。操作手册提供了许多关于实际安装相关的有用的图片，给出了对主要部分的"安装考虑"。

本标准操作流程按照顺序明确了主要的安装任务，并特别强调了那些作为一个完善的安装整体的任务。一些特别的预防措施罗列如下，一旦安装完成，就需要进行 ATEC 8001 自动采样器的初始化检查。

安装流程包括以下主要步骤：a. 确定 ATEC 8001 自动采样器的准确安装位置；b. 将管线裁剪至合适的长度；c. 安装歧管；d. 安装并连接其他管线；e. 连接电源。

4.1.7.4　注意事项

一些系统组件安装之前的事前筹划能够避免后面的很多问题，对下面列出的内容应特别考虑。ATEC 8001 型自动采样器是按照安装在机架上进行设计的。

① 确保系统的前门有足够的空间可以完全打开，以方便维护。操作员应该能够获得最佳的视角来进行系统的日常检查。

② 提供足够的空间进入仪器的背面以进行维护和维修。

③ 使用切管器将管线裁剪到需要的长度，避免碎片掉入管线内，保证所有的切割都垂直于管线。

4.1.7.5　安装所需工具

表 4-1 列出了安装 ATEC 8001 型自动采样器所需的基本工具和材料。任何考虑到的安装可能也需要其他的工作和材料，具体视情况而定。

表 4-1　安装 ATEC 8001 型自动采样器所需的工具和材料

工具和物品	备注
手动工具	螺丝刀套装、套筒套装、螺母起子、铅垂、卷尺、直尺、锉刀
切管器	切割特氟龙管
通用电源线	为仪器供电
NIST 认证 BIOS 校准流量计 （100mL/min～7L/min）	进行流量检查
NIST 认证压力表	进行气压检查

4.1.7.6　仪器安装

ATEC 8001 型自动采样器需要安装在不受天气影响的地方，并需提供 220V 交流电。虽然没有硬性要求，但建议仪器在温度 20～30℃内的可控环境下运行。

在野外采样现场组装仪器，接上 220V 交流电源。打开电源开关，使系统预热约 30s。系统通过 1/4″视频图形阵列液晶彩色触摸屏进行操作。该显示屏可以显示仪器当前状态，并容许输入信息至系统电脑中。一支笔可用作"触控笔"来操作触摸屏按键。

将一根 1/4″直径的不锈钢管伸出采样箱体外作为采样管。用 1/4″Swagelok 接头和金属垫圈将采样管连接在采样器背面标有"进气口"处。

剪两根长约 2ft(约 0.6m) 的 1/8″不锈钢管线（或能够连接到采样罐的其他长度）。将 1/8″Swagelok 接头和金属垫圈安装在这两根连接采样罐管线的两端。每根管线的一端分别连接在采样器背面标有"通道 1"、"通道 2"处，另一端装有快速接头用于连接采样罐以便采样。

4.1.7.7　电源连接

ATEC 8001 型采样器可在 85-240V 交流电下运行。

安全第一：a.使用适当的、符合标准的、接地的电源插座，如果对仪器的电源供应是否合适有疑问，请联系有资质的电工；b.连接应容易接近；c.不要试图忽视接地要求，为了安全和防止静电累积，这是必需的。

4.1.7.8　采样设置操作

以下为日常采样设置的必需操作步骤。数字可以输入或预先设定好，并可在 8001 型仪器的触摸屏上查看，参见图 4-1。

4.1.7.9　采样器程序设定

在屏幕上点击 Setup 按钮，将出现显示"Canister Parameters"的绿色屏幕。

将"Canister Parameters"各参数设定成以下值。

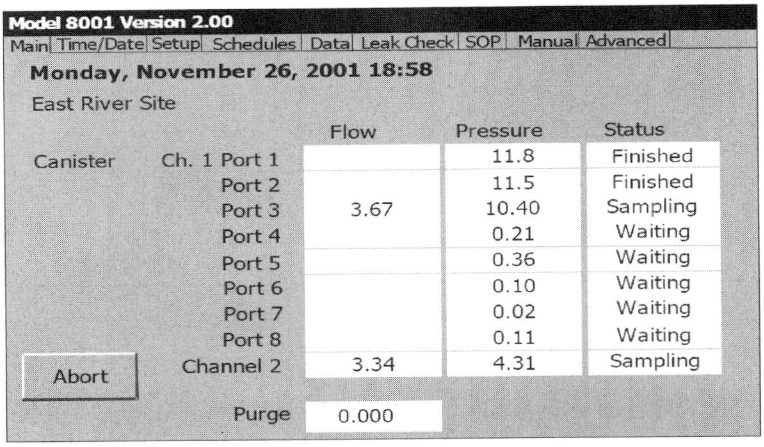

图 4-1　ATEC 8001 型采样器触摸屏截图

① 压力限值：2.00psi(lb/in^2)。

② 末端压力：(ATEC Amb-2) in psia。

③ 漏气速率限值：0.10psi/s [lb/(in^2·s)]。

④ 采样罐体积：6L。

⑤ 可用采样罐压力限值：0.5psi。

⑥ 吹扫时间：60min。

⑦ 数据写入时间间隔：5min。

⑧ 站点标签：输入站点名称。

注：1psi＝6.896kPa。

最后，点击"Set"。

4.1.7.10　真空采样罐的安装

在未连接采样罐时，将8001型采样仪主界面上显示的采样罐压力值记录在野外采样表上。由于此时采样器尚未连接采样罐，"canister pressure"屏幕上显示的数值应是采样器测量的环境大气压。

通过NIST认证的压力表来确认采样罐的压力，做法是使用快速接头将压力表直接连接到采样罐上。此时压力表读数应约为27～30in汞柱高度，在采样记录表上记下压力值，用以下公式将采样前罐压力值的单位转化为psi：

"英寸汞柱"到"磅/平方英寸"的单位换算：

$$环境压力(英寸汞柱)－真空压力表读数(英寸汞柱)＝Y$$

$$Y×0.4912＝用"磅/平方英寸"表示的压力值$$

式中　Y——用"英寸汞柱"表示的绝对压力值。

在采样记录表上记录转换后的压力值，取下NIST认证压力表。

完成所有采样前检查工作后，将采样罐连接到采样器的通道 1（和通道 2，如果需采平行样）。连接后，从 ATEC 8001 型自动采样器的显示屏主界面上读出采样罐压力值，并记录在采样记录表上。由 NIST 压力表测出的采样罐压力值与 ATEC 采样器测出的压力值之间的绝对偏差应在 ±0.6psi（1psi＝6.896kPa，下同）以内。

4.1.7.11　进行漏气检查/设置

点击"SOP"，将弹出一个对话框。选择要采样的采样罐，点击"Next"，进入漏气检查页面。采样器会对之前界面选定的采样罐进行漏气检查。点击"Next"来开始漏气检查，采样罐漏气检查将运行 60s。如果泄漏速率不能满足要求，需将采样罐连接处拧紧后再次进行漏气检查。如果上述操作仍不能解决问题，应与 ATEC 公司联系。在采样记录表上记录所有采样罐的泄漏速率。采样罐漏气检查将会检测从采样罐连接口到采样罐电磁阀（电磁阀 6 和电磁阀 7）之间的采样系统部分。

漏气检查完成后，继续在 SOP 界面进行操作来设置下一次采样运行的计划。输入采样开始日期、开始时间以及采样罐计划采样持续时间。输入采样罐标签。一个采样罐安排好之后，点击"Next"来继续对下一个采样罐安排进行设置。以上完成后，SOP 汇总页面会显示所有以计划运行的事件的汇总。计划表确认无误后，点击"Next"，回到主界面。计划运行采样罐的状态框应显示"waiting"。

4.1.7.12　样品收集过程

（1）数据下载

数据必须在采样后检查开始之前下载，否则，在这 5min 检查期间的数据将会丢失。

在采样器前端的"Data"接口插上 U 盘，点击采样器屏幕上的"Data"按钮。显示屏界面上会显示采样开始日期、结束日期、流量和时间。点击"Store"按钮。当数据传输完成后，将会出现一个界面显示数据已经下载完成。点击"OK"按钮。如果在采样过程中发生断电，恢复供电后采样器会按原设定计划继续采样。数据不会丢失，然而在已下载的数据中，将会显示"断电"错误，而且断电期间不会有数据。对于 24h 运行来说，将会产生约 300 行的数据。

（2）采样罐收集

数据下载完成后，继续在 Data 界面读取采样后采样罐压力。读取采样罐通道 1 的"运行时间"并记录在采样记录表上，然后从采样管路上移除采样罐。将 NIST 压力表与采样罐相连，并从 NIST 压力表读取最终压力值。将所有读数记录在采样记录表上。如果进行平行采样，对 2 号采样罐同样重复上述操作。

4.1.8 维护与质量控制流程

一旦 ATEC 8001 型自动采样器安装和连接好之后，就必须建立定期的反复的维护和质量控制程序规定，以保证获得高质量连续的 VOCs 浓度数据。

表 4-2 列出了 Synsepc b. v. 的维护和 QC 程序、建议的重复频率，在实际操作中，给负责实施这些程序的现场技术人员提供一个实际日历，或一个包含特定站点每个规定目标日期的简单表格，可能会很有帮助。

表 4-2　ATEC 推荐的仪器维护及质量控制内容、频率

项目	任务描述	频率
1	采样罐过滤膜更换	每年一次
2	质量流量控制器校准	每年一次
3	压力传感器校准	每年一次
4	吹扫泵膜片更换	每年一次

这些程序实施的频率是根据站点和机构而特定的。一些机构以比表中所列更高的频率实施其中的某些程序，以减少无效数据的需求，这是由于一些故障可能要求作废这些数据直到回到最近记录的可接受的值。这种频率的增加通常是根据经验。

流量认证的耐受度必须明确，这样现场技术人员能够明白什么时候需要校正什么时候不需要校正。很重要的一点是认识到可能不需要频繁的仪器校正，否则甚至会造成数据质量有更高的不确定度。应由站点负责人来决定和环境更适合的重复规划和耐受度。

采样罐的滤膜需要每年更换或者当通过采样罐的流量无法维持时进行更换。

质量流量控制器和压力传感器应该每年进行校准。当校准质量流量控制器时，传输标准测定的流量需要校正到标准温度和标准压力下（即 0℃ 和 1.01325×10^5 Pa）。

（1）质量流量控制器校准

质量流量控制器每年都需进行校准，或者在任何时候对仪器进行重大维修后都需要进行校准。断开质量流量控制器（MFC）的连接管件（7/16 管件）。将低量程 Bios（或读数在 10～20mL/min 的控制装置）与通道 1 或通道 2 的质量流量控制器相连。在手动模式下，读取正在校准通道的流量。如果读数超过 ±0.02 范围，则需要调节质量流量控制器上的调零旋钮。在 Advanced 菜单中，确认截距读数是否为 0.000；如果不为 0.000，则手动输入 0.000。将真空罐与正校准的通道连接。在手动模式下，确保流量被设定至仪器正常运行时的流量。通过选择正校准的通道来打开电磁阀，此时流量应该启动；不要打开泵，此时应显示流量读数。记录 Manual 界面上通道流量的读数。记录 Bios 在实际环境中的读数并将其转换成标准状态下的读数。计算实际流量/采样流量的斜率。在 Advanced 界面中，输入流量

控制器的新计算出的斜率。进入 Schedule 界面，设定采样器在几分钟内开始工作。采样开始之后，确认主界面上显示的流量与流量校准设备显示的流量是否相同。如果两者流量偏差在±2％以内，则这个通道已经被校准准确了。

（2）压力传感器校准

压力传感器每年都需要进行校准，或者在任何时候对仪器进行重大维修后都需要进行校准。将真空罐与采样管道连接。在 Manual 界面中，可以从 PRESS 1 获取通道 1 压力读数或从 PRESS 2 获得通道 2 压力读数。进入 Advanced 界面，在 PRESS INTERCEPT 下面输入的 PRESS 1 读数的负值（例如，如果读数为正数，则输入对应的负数）。然后，取下采样罐，取下采样管，使仪器恢复到环境大气压，重新连接采样管。

计算斜率：在 Manual 菜单中，读取 PRESS 1 中读数（即 14.00），再从传递标准（手持式气压计）中获取读数并转换成单位为 psi 压力值（即 28.85×0.4912＝14.17）；然后，计算斜率，即斜率＝气压计读数/手动模式下 Press 1 读数（即 14.17/14.00＝1.012）。

将这个新计算出的斜率输入到 Advance 界面中的 PRESS SLOPE。然后，重新连接真空罐，从主界面上读取 CH1 的压力值，此时的压力值读数应该接近零。

4.1.9　数据有效性和质量保证

建议定期进行现场质量保证。在实际操作中，这些规程是基于一些基本原则，也就是如果认真地执行这些流程，它们实现达到提高数据采集率和减少作废数据的需求。

4.1.9.1　现场质量控制对质量保证的影响

避免无效数据的第一道防线是每天对影响数据采集过程的操作执行最佳实践：a. 理解设备操作的原则；b. 设备的验收测试；c. 谨慎的站点选择以及随后严格的安装程序；d. 日常维护程序的规划和实施；e. 质量控制规定的规划和实施；f. 所有现场 QC 结果和相应现场工作的文件记录/报告；g. 在线数据的每日检查；h. 任何发现操作问题的迅速地排除故障。

4.1.9.2　数据有效性

与 ATEC 8001 型采样器获得的 VOC 数据校验直接相关的 4 个原始资料信息分别为：a. Syntech Spectras 955 POCP 系统产生并存储在内的数据；b. 调查数据组；c. 记录了周围环境和仪器运行的站点日志信息；d. 包含定期维护和 QC 过程结果的标准化表格。

（1）采样罐校验

检查 5min 采样数据，确认流量（最大值-最小值/平均值）×100＜30％。最大值、最小值和平均值在运行文件的前端、5min 采样数据之前给出。

对于不能满足 30% 标准的情形，利用下载的仪器 "run files" 数据作图。图的 Y 轴表示采样罐的压力（psi），X 轴表示时间。如果目测发现在采样期间采样罐压力上升曲线不是线性，则该采样罐将作废，并在采样记录表上做好标记。

（2）化学组分分析

1）VOC 分析　目标 VOCs 是由一个多检测器（GC-FID/ECD/MSD）系统进行分析。

首先，体积为 $2440cm^3 \pm 3cm^3$（标准温度和压力下）的空气样品被预浓缩在填充有玻璃珠并浸没在液氮内的不锈钢环中。样品被加热至约 80℃ 进样，然后利用超高压氢气作载气将样品分流进入 5 个不同的色谱柱/检测器组合中。第 1 个分流气路经过 DB-1 色谱柱（J&W；60m，0.32mm 内径，1μm 涂层厚度）进入火焰离子化检测器（FID）进行分析。第 2 个分流气路经过 DB-5 色谱柱（J&W；30m，0.25mm 内径，1μm 涂层厚度），再串联一根 RESTEK 1701 色谱柱（5m，0.25mm 内径，0.5μm 涂层厚度）进入电子捕获检测器（ECD）进行分析。第 3 个分流气路直接经过 RESTEK 1701 色谱柱（60m，0.25mm 内径，0.5μm 涂层厚度）进入电子捕获检测器进行分析。第 4 个分流气路经过 PLOT 柱（J&W GS-Alumina；30m，0.53mm 内径），再串联一根 DB-1 色谱柱（J&W；5m，0.53mm 内径，1.5μm 涂层厚度）进入火焰离子化检测器进行分析。最后一个分流气路经过 DB-5ms 色谱柱（J&W；60m，0.25mm 内径，0.5μm 涂层厚度）进入四级杆质谱检测器（MSD，HP5973）进行分析。MSD 设定的扫描方式为选择离子扫描（SIM），其中每个化合物选择一个离子进行定量以达到最大的选择性并避免潜在干扰。本研究中使用的所有气相色谱仪和检测器均由惠普公司制造。

对于目标化合物，非甲烷碳氢由 FID 和 MSD 共同检测分析；卤代烃由 ECD 和 MSD 共同检测分析；二甲基硫（DMS）和羰基硫（OCS）由 MSD 检测分析；烷基硝酸酯由 ECD 检测分析。

2）CO 和 CH_4 分析　甲烷是由配备有 FID 检测器的气相色谱仪（HP 5890）检测分析。气体样品由采样罐转移至不锈钢环，在这里 1.05mL 气样被进样到填充有 80/100 目碳分子筛的 3ft 长（1/8″外径）的色谱柱中。检测器温度为 250℃，炉温保持在 75℃ 恒温，载气为氮气。

一氧化碳分析是由配备有 FID 检测器和一根 3m 长（1/8″外径）的分子筛填充柱的气相色谱仪（HP 5890）检测分析。前 3.5min 的填充柱流出气排空到实验室中；然后，在 3.5min 时，转动四通阀将填充柱出气导入到 Ni 催化剂（2%Ni 粉涂于 Chromosorb G 表面），在这里 CO 与 H_2 反应转化成 CH_4。CH_4 再进入 FID 进行检测。检测器温度为 250℃，炉温在 60℃ 保持 2min，然后以 70℃/min 升温至 110℃。5min 之后炉温回到 60℃ 准备下一次分析。载气为氮气，进样量为 1.3mL ［2mL 不锈钢环装载 500torr(66661Pa) 气体］。

4.1.10　故障诊断与检修

ATEC 8001 采样器操作手册提供了故障诊断的概述，解释了记录的错误状态代码。

4.2　苏玛罐手工采样（定量）

4.2.1　概述

这是一份关于瞬时采样的标准操作流程，因此本章将重点描述瞬时采样的标准操作流程。

本标准操作流程尽可能地指出常见的误区，并强调操作过程的细节，避免操作者的过失和失误。该介绍是为了便于理解本流程的基本原理，如有其他机构可能希望以后在他们的标准操作流程中减少这样的细节，本标准操作流程中的部分内容可以被适当的摘录、编辑或者删除。正文中提到的清单和表格见附件，作为范例可以整个或部分地使用。

4.2.2　标准操作流程

除了使用 ATEC 8001 自动采样器进行采样罐采样，手动瞬时采样是另一种采集环境空气样品的方法。具体操作流程如下。

① 确保采样者的手和衣服清洁，没有被任何强烈的溶剂类物质污染，例如汽油、三氯乙烯、香水、须后水、香精油和消毒液。

② 应避免由吸烟者进行采样操作。如果确实需要由吸烟者进行采样，要求采样者在瞬时采样前至少 10min 不要吸烟。

③ 确保采样点周围环境没有明显的 VOCs 污染源（LPG 机动车除外），例如，空载运行的汽车或发动机（尤其是会排放大量烟尘的二冲程发动机）、香水、除臭剂、发胶或啫喱膏、香烟（烟斗或雪茄烟）、新粉刷墙壁、黏合剂和烹饪油烟等。如果这些污染源无法避免，需在采样点日志表上做好记录并拍照留证。

④ 在整个采样过程中禁止吸烟。注意附近的垃圾箱或烟灰缸里是否含有没有完全熄灭的烟头。

⑤ 确保采样人员（操作员）将采样罐举过头顶并在打开前站在上风向位置（见图 4-2）。

⑥ 在采样时间点打开采样罐上装有限流装置的阀门（见图 4-3）。

⑦ 3min 之后，采样结束（嘶嘶声应停止），关闭阀，然后除去限流装置，重新打开阀门。此操作是为了确保采样罐已充满（见图 4-4）。

图 4-2　将采样罐举过头顶

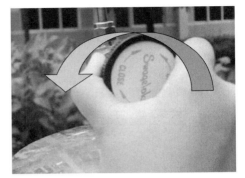

图 4-3　打开限流阀的阀门

⑧ 取下限流装置后打开采样罐时如果没有听见嘶嘶声，则关上阀门。

⑨ 如果出现很大声的嘶嘶声，那就意味着限流装置有问题，然后直至听不见嘶嘶声时关闭阀门。并在采样罐标签和采样记录表上做好记录。

⑩ 正确地填写采样罐标签：在标签上记录采样罐编号、操作人员、采样日期、采样地点、采样原因及天气状况等信息。

⑪ 用黄色或黑色帽盖上采样罐（见图 4-5）。

⑫ 将采样罐放回采样箱内。

图 4-4　关闭限流阀的阀门

图 4-5　盖上采样罐

4.3　采样管采样

4.3.1　概述

① 本方法利用填充了单一或复合吸附剂的采样管来吸收大气中的 VOCs 物质。采集了 VOCs 样品的采样管可用热脱附的方法，将其中吸附的 VOCs 物质解析出来，并可送入 GC/MS 进行后续的化学成分分析。

② 相对于采样罐采样，本方法涉及的设备更为轻便小巧、便于运输。

4.3.2　采样管和吸附剂的选择

（1）采样管的选择

① 可根据需要选择不锈钢、玻璃或者有玻璃内衬的不锈钢管作为采样管。

② 一般选择直径为 1/4in(6mm) 的采样管，长度应根据需求而定，建议每根采样管应至少可以装填 200mg 的固体吸附剂，但吸附剂也不宜填充太多，以免对采样泵产生较大阻力。

（2）吸附剂的选择

应根据目标 VOCs 物种化学特性，选择不同的单一或组合吸附剂来填充采样管，以达到最大程度吸附 VOCs 物质（特别是极性 VOCs 物质）的需求。若目标 VOCs 物种的挥发性较强，则需要使用吸附力强的吸附剂；若同时使用多种吸附剂来制作的吸附管，其可吸收的 VOCs 物种更多，高分子物种一般停留在吸附管前部，而高挥发性物质则更多吸附在后部，这样就可以将不同挥发特性的物质分开，以提高后续热脱附效率。不同吸附剂的吸附特性如表 4-3 所列。

表 4-3　不同吸附剂的吸附特性

序号	吸附剂种类	适用物种/物质挥发温度范围	最大适用温度/℃	特征表面积值/(m²/g)
1	CarbotrapC® CarbopackC® Anasob® GCB2	C8～C20	＞400	12
2	Tenax® TA	C7～C26 100～400℃	350	35
3	Tenax GR	C7～C30 100～450℃	350	35
4	Carbotrap® Carbopack B® Anasorb® GCB1	C5～C14	＞400	100
5	Chromosorb® 102	50～200℃	250	350
6	Chromosorb 106	50～200℃	250	750
7	Porapak Q	C5～C12 50～200℃	250	550
8	Porapak N	C5～C8 50～150℃	180	300
9	Spherocarb	C3～C8 −30～150℃	＞400	1200
10	Carbosieve SIII® Carboxen 1000® Anasorb® CMS	−60～80℃	400	800

序号	吸附剂种类	适用物种/物质挥发温度范围	最大适用温度/℃	特征表面积值/(m²/g)
11	Zeolite Molecular Sieve 13X	−60~80℃	350	—
12	Coconut Charcoal	−80~50℃	>400	>1000

4.3.3 采样前准备

4.3.3.1 采样管的老化与保存

① 新购买或重复使用的采样管，在正式采样前，都需要进行加热老化，以去除采样管中可能残留的被测物种。

② 老化温度应根据吸附剂材质、实验的目标物种等来确认。一般建议在 50mL/min 的高纯氮（纯度在 99.999% 或以上）载气下，350℃下烘烤采样管 2h 或以上。

③ 处理后的空白采样管，应用特氟龙盖密封好两端，并尽快使用。

4.3.3.2 采样管的空白测试

① 在正式采样前，每批次的采样管应进行空白测试，以确定采样管性能是否可靠。空白测试采取抽样检查的方式，每批应抽取 5% 的采样管进行测试，每批最少测试 1 根。

② 空白管的目标化合物检出含量应小于分析仪器检出限。当同时有若干根采样管同时进行空白测试时，仅其中一根的空白管检出含量高于分析仪器检出限，可将该采样管再进行一次加热老化后再进行空白测试，如多根采样管同时超出检出限，则应检查该批次采样管的性能。

4.3.3.3 穿透实验与有效采样体积的确定

① 在正式采样前，每批采样管都应进行穿透实验，得到穿透体积，以确定采样管的有效采样体积范围。

② 穿透体积：采样时从吸附管流出浓度达到测试浓度的 5% 时，吹扫气体通过吸附管的体积，称为穿透体积。穿透体积与被吸附物种的浓度、吸附剂的种类与粒度、吸附剂的温度、气体采集流速及温度有关。

③ 有效采样体积一般为穿透体积的 2/3。

4.3.3.4 采样泵选择与校准

① 对于一般的采样管，建议采样流速在 10~200mL/min 之间，并根据采样管

路设计选择合适的采样泵。

②　采样泵应保证流量稳定且易于校准。

③　应有备用的采样泵，以确保某个采样泵出现故障时可以及时替换。

④　每次采样前，应使用标准流量计对可能用到的采样泵进行流量校准，以控制流量误差在±2％以内。

⑤　每次采样后也应使用标准流量计对采样泵流量进行检查，采样前后流量误差范围应控制在±5％以内。

4.3.3.5　滤膜或化学试剂准备

①　采样时，可在采样管前端放置滤膜或一些特定的化学试剂，以达到去除颗粒物、水分或臭氧等干扰物质的目的。

②　使用的滤膜或化学试剂不应对目标物种有明显吸附，不应对采样流路产生影响。

③　使用的化学试剂应进行纯化，以避免带来污染物。

4.3.3.6　采样辅助设备的准备

（1）特氟龙管

用于连接采样流路，管路应保持清洁，管内壁不应有杂质。

（2）流量计

用于校准采样泵的采样流量，应在有效期内使用。

（3）特氟龙盖

用于密封采样管，与规格尺寸应与采样管相配。

（4）样品箱

用于运输过程中存放采集的样品。

（5）冷藏设备

用于较长时间存放样品。

4.3.4　样品采集

（1）采样步骤

①　观察周围环境，布设好采样设备及管路。

②　从样品箱中取出采样管，取下采样管两端的特氟龙盖，将采样管连接在管路中。

③　检查管路无漏气情况后，开启采样泵，调节采样流量，设置采样时间。

④　采样完成后，小心取下采样管，并用特氟龙盖密封好，放回样品箱。

⑤　正确地填写采样标签，做好采样记录。

⑥　特别注意，采样管在采样前及采样后应始终保持密封状态。

⑦ 按照实验需求，同步采集空白样品和平行样品。

采样流路示意见图 4-6。

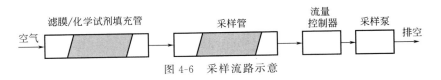

图 4-6　采样流路示意

（2）采样过程中注意事项

① 确保采样者的手和衣服清洁，没有被任何强烈的溶剂类物质污染，例如汽油、三氯乙烯、香水、须后水、香精油和消毒液。

② 应避免由吸烟者进行采样操作。如果确实需要由吸烟者进行采样，要求采样者在瞬时采样前至少 10min 不要吸烟。

③ 确保采样点周围环境没有明显的 VOCs 污染源（LPG 机动车除外），例如，空载运行的汽车或发动机（尤其是会排放大量烟尘的二冲程发动机）、香水、除臭剂、发胶或啫喱膏、香烟（烟斗或雪茄烟）、新粉刷墙壁、黏合剂和烹饪油烟等。如果这些污染源无法避免，需在采样点日志表上做好记录并拍照留证。

④ 在整个采样过程中禁止吸烟。（注意附近的垃圾箱或烟灰缸里是否含有没有完全熄灭的烟头）

⑤ 每批样品同步采集现场空白样和平行样，其占样品数量的 20%。

4.3.5　样品保存

① 样品采集后，应尽快分析，尽量在 7d 内分析完毕。

② 若分析周期较长，应将样品保存在 4℃ 下。

参 考 文 献

［1］ Center for Environmental Research Information Office of Research and Development，U. S. Environmental Protection Agency. Compendium of Methods for the Determination of Toxic Organic Compounds in Ambient Air (Compendium Method TO-17)，Determination of Volatile Organic Compounds in Ambient Air Using Active Sampling Onto Sorbent Tubes. January 1999.

［2］ 冯志诚. 城市典型恶臭源的挥发性有机物的分子标志物初步研究［D］.广州：暨南大学，2009.

VOCs实验室分析标准操作程序

本章主要介绍两种不同原理的 VOCs 离线分析标准操作程序：一种为目前常用方法——苏玛罐采样-气相色谱/质谱（GC/MS）法；另一种为将在线设备用于离线分析的新型方法——在线挥发性有机物质谱仪法。

5.1 苏玛罐采样-气相色谱/质谱（GC/MS）法

5.1.1 概述

5.1.1.1 适用范围

该方法描述了 97 种挥发性有机化合物的采样和分析过程，此 97 种挥发性有机化合物（VOCs）中包含在美国 1990 年清洁空气法案修正案（HAPs）第三章所规定的 189 个危险的空气污染物中，在这里挥发性有机化合物是指在 25℃ 条件下具有蒸汽压大于 10 托或 760mmHg 的化合物（1mmHg＝133Pa）。

这种方法适用于环境空气中浓度高于 0.5×10^{-9} 的 VOCs，方法要求浓缩 1L 的样本量进行分析。

5.1.1.2 原理

空气样品被采集到苏玛罐中，使用抽真空和加压抽样两者方式清洗苏玛罐。大多数采样需要一个带泵采样管路，加压采样需要额外的泵给苏玛罐提供正压。空气样品通过采样部件以设定的流速进入事先钝化并抽成真空的苏玛罐里。

样品分析时，一定体积的样品从苏玛罐通过盛装复合吸附剂的浓缩器，部分水蒸气穿透浓缩器，穿透程度与复合吸附剂组分、采集时间以及其他因素有关，样品水分含量可以通过用氦气干燥吹扫而减少，但目标化合物能保存下来。浓缩和干燥步骤完成后，VOCs 被热解析，并随载气聚焦在装有复合吸附剂的低温阱里，样品通过热解析释放，并进入气相色谱柱分离。减少样品量可以替代使用复合填料吸附剂/干燥吹扫措施来减少水蒸气的量，例如少量样品被浓缩到冷阱里直接释放到气相色谱柱里。减少样品体积就需要提高检测器的灵敏度。

5.1.2 检测步骤

5.1.2.1 预浓缩前处理

(1) 样品收集条件

如表 5-1 所列。

表 5-1 样品收集条件

项目	低温阱	吸附阱
设置温度	−150℃	27℃
样品体积	最大 100mL	最大 1000mL
载气流速	无	可选择

(2) 样品解析条件

如表 5-2 所列。

表 5-2 样品解析条件

项目	低温阱	吸附阱
解析温度	120℃	可变化
解析流速	3mL/min(He)	3mL/min(He)
解析时间	<60s	<60s

(3) 吸附阱重置条件

如表 5-3 所列。

表 5-3 吸附阱重置条件

项目	低温阱	吸附阱
初始加热	120℃(24h)	可变化(24h)
程序结束后	120℃(5min)	可变化(5min)仪器分析

5.1.2.2 推荐的 GC-MS 操作条件

优化化合物色谱分离的条件和灵敏性。使用 100% 甲基聚硅氧烷作为固定相分离苯和四氯化碳，可以得到较好的色谱分离条件。

(1) 色谱条件

色谱分析过程中可以使用 $50m \times 0.3mm \times 1\mu m$ 的色谱柱，色谱条件如表 5-4 所列。

表 5-4 色谱条件

项目	条件
载气	氦气
流速	约为 1～3mL/min(具体数值视具体仪器条件)
温度	－50℃保持 2min,以 8℃/min 速率升温至 200℃(直至所有化合物均流出)

（2）质谱条件

如表 5-5 所列。

表 5-5 质谱条件

项目	条件
电子能量	70V
质量范围	35～300amu
扫描时间	每个峰至少扫描 10 次,但每次扫描不超过 1s

（3）仪器性能检查

用 50ng 的四溴氟苯检查分析仪器性能。四溴氟苯加入苏玛罐再进入 GC/MS 进行分析的。

① 技术验收标准：分析任何样品，空白或校准标准之前，必须建立的 GC/MS 分析系统符合质谱离子丰度的标准，具体见表 5-6。

② 相关性：如果四溴氟苯回收率没有达到标准要求，质谱必须重新调整。需要清洗离子源，或采取必要的行动来获取可接受的标准。

表 5-6 四溴氟苯的关键离子及其离子丰度标准

荷质比	离子丰度标准
50	质量数 95 的 8.0%～40.0%
75	质量数 95 的 30%～66%
95	基峰,其相对丰度为 100%
96	质量数 95 的 5%～9%
173	小于质量数 174 峰的 2%
174	质量数 95 的 50%～120%
175	质量数 174 的 4%～9%
176	质量数 174 的 93%～101%
177	质量数 176 的 5%～9%

（4）每 24h 取校准曲线中某一浓度的标准样品进行日校正

① 每种化合物相对偏差（RSD）必须小于 30%，最多允许有两种化合物超过 40% 的范围。

② 每种化合物的时间差别必须在 0.06 个单位范围内。

③ 对内标的响应值必须在 40% 范围内；时间漂移必须在 20s 范围内。

④ 内标物质为溴氯甲烷、氯苯-d5、1，4-二氟苯。

5.1.3　定性定量方法评价

5.1.3.1　定性方法

根据保留时间和目标物的特征质谱图进行定性，见表5-7。

表 5-7　VOCs 清单化合物定量特征离子

化合物	CAS 号	基本离子	第二离子
氯甲烷 CH_3Cl	74-87-3	50	52
硫化羰 COS	463-S8-1	60	62
氯乙烯 C_2H_3Cl	7S-01-4	62	64
重氮甲烷 CH_2N_2	334-88-3	42	41
甲醛　CH_2O	50-00-0	29	30
1,3-丁二烯　C_4H_6	106-99-0	39	54
溴甲烷 CH_3Br	74-83-9	94	96
光气　$CC_{12}O$	75-44-5	63	65
溴乙烯 C_2H_3Br	593-60-2	106	108
环氧乙烷 C_2H_4O	75-21-8	29	44
氯乙烷　C_2H_5Cl	75-00-3	64	66
乙醛 C_2H_4O	75-07-0	44	29,43
1,1 二氯乙烯 $C_2H_2C_{12}$	75-35-4	61	96
环氧丙烷 C_3H_6O	75-56-9	58	57
碘甲烷　CH_3I	74-88-4	142	127
二氯甲烷 CH_2Cl_2	75-09-2	49	84,86
异氰酸甲酯 C_2H_3NO	624-83-9	57	56
氯丙烯 C_3H_5Cl	107-05-1	76	41,78
二硫化碳 CS_2	75-15-0	76	44,78
甲基叔丁基醚 $C_5H_{12}O$	1634-04-4	73	41,53
丙醛 C_2H_5CHO	123-38-6	58	29,57
1,1-二氯乙烷　$C_2H_4C_{12}$	75-34-3	63	65,27
氯丁二烯 C_4H_5Cl	126-99-8	88	53,90
氯甲基甲基醚 C_2H_5ClO	107-30-2	45	29,49
丙烯醛 C_3H_4O	107-02-8	56	55
1,2-环氧丁烷 C_4H_8O	106-88-7	42	41,72
氯仿 $CHCl_3$	67-66-3	83	85,47
亚乙基亚胺 C_2H_5N	151-56-4	42	43

续表

化合物	CAS 号	基本离子	第二离子
二甲基联氨　$C_2H_8N_2$	57-14-7	60	45,59
己烷 C_6H_{14}	110-54-3	57	41,43
丙烯亚胺 C_3H_7N	75-55-8	56	57,42
丙烯腈 C_3H_3N	107-13-1	53	52
1,1,1-三氯乙烷 $C_2H_3Cl_3$	71-55-6	97	99,61
甲醇 CH_4O	67-56-1	31	29
四氯化碳 CCl_4	56-23-5	117	119
乙酸乙烯酯 $C_4H_6O_2$	108-05-4	43	86
2-丁酮 C_4H_8O	78-93-3	43	72
苯 C_6H_6	71-43-2	78	77,50
乙腈 C_2H_3N	75-05-8	41	40
1,2-二氯乙烷 $C_2H_4Cl_2$	107-06-2	62	64,27
N,N-二乙基乙胺 $C_6H_{15}N$	121-44-8	86	58,101
甲基肼 CH_6N_2	60-34-4	46	31,45
1,2-二氯丙烷 $C_3H_6Cl_2$	78-87-5	63	41,62
2,2,4-三甲基戊烷(异辛烷)C_8H_{18}	540-84-1	57	41,56
1,4-二氧六环(二噁烷)$C_4H_8O_2$	123-91-1	88	58
双氯甲醚 $C_2H_4Cl_2O$	542-88-1	79	49,81
丙烯酸乙酯 $C_5H_8O_2$	140-88-5	55	73
甲基丙烯酸甲酯 $C_5H_8O_2$	80-62-6	41	69,100
1,3-二氯丙烯(顺)$C_3H_4Cl_2$(cis)	542-75-6	75	39,77
甲苯 C_7H_8	108-88-3	91	92
三氯乙烯 C_2HCl_3	79-01-6	130	132,95
1,1,2-三氯乙烷 $C_2H_3Cl_3$	79-00-5	97	83,61
四氯乙烯 C_2Cl_4	127-18-4	166	164,131
环氧氯丙烷 C_3H_5ClO	106-89-8	57	49,62
1,2-二溴乙烷 $C_2H_4Br_2$	106-93-4	107	109
N-甲基-N-亚硝基脲 $C_2H_5N_3O_2$	684-93-5	60	44,103
2-硝基丙烷 $C_3H_7NO_2$	79-46-9	43	41
氯苯 C_6H_5Cl	108-90-7	112	77,114
乙苯 C_8H_{10}	100-41-4	91	106
二甲苯(异构体混合)C_8H_{10}	1330-20-7	91	106
苯乙烯　C_8H_8	100-42-5	104	78,103
对二甲苯 C_8H_{10}	106-42-3	91	106
间二甲苯 C_8H_{10}	108-38-3	91	106

续表

化合物	CAS 号	基本离子	第二离子
甲基异丁基酮 $C_6H_{12}O$	108-10-1	43	58,100
溴仿 $CHBr_3$	75-25-2	173	171,175
1,1,2,2-四氯乙烷 $C_2H_2C_{14}$	79-34-5	83	85
邻二甲苯 C_8H_{10}	95-47-6	91	106
二甲氨基甲酰氯 C_3H_6ClNO	79-44-7	72	107
N-二甲基亚硝胺 $C_2H_6N_2O$	62-75-9	74	42
β-丙内酯 $C_3H_4O_2$	57-57-8	42	43
枯烯 C_9H_{12}	98-82-8	105	120
丙烯酸 $C_3H_4O_2$	79-10-7	72	45,55
N,N-二甲基甲酰胺 C_3H_7NO	68-12-2	73	42,44
1,3-丙烷磺内酯 $C_3H_6O_3S$	1120-71-4	58	65,122
苯乙酮 C_8H_8O	98-86-2	105	77,120
硫酸二甲酯 $C_2H_6O_4S$	77-78-1	95	66,96
苄基氯 C_7H_7Cl	100-44-7	91	126
二溴氯丙烷 $C_3H_5Br_2Cl$	96-12-8	57	155,157
二氯乙醚 $C_4H_8Cl_2O$	111-44-4	93	63,95
氯乙酸 $C_2H_3ClO_2$	79-11-8	50	45,60
苯胺 C_6H_7N	62-53-3	93	66
1,4-二氯苯 $C_6H_4Cl_2$	106-46-7	146	148,111
氨基甲酸乙酯 $C_3H_7NO_2$	51-79-6	31	44,62
丙烯酰胺 C_3H_5NO	79-06-1	44	55,71
N,N-二甲基苯胺 $C_8H_{11}N$	121-69-7	120	77,121
六氯乙烷 C_2Cl_6	67-72-1	201	199,203
六氯丁二烯 C_4Cl_6	87-68-3	225	227,223
异佛尔酮 $C_9H_{14}O$	78-59-1	82	138
4-碘-1H-咪唑 $C_4H_8N_2O_2$	59-89-2	56	86,116
环氧苯乙烷 C_8H_8O	96-09-3	91	120
硫酸二乙酯 $C_4H_{10}O_4S$	64-67-5	45	59,139
甲酚(对间邻位的混合) C_7H_8O	1319-77-3	/	/
邻甲酚 C_7H_8O	95-48-7	108	107
邻苯二酚 $C_6H_6O_2$	120-80-9	110	64
苯酚 C_6H_6O	108-95-2	94	66
1,2,4-三氯苯 $C_6H_3Cl_3$	120-82-1	180	182,184
硝基苯 $C_6H_5NO_2$	98-95-3	77	51,123

5.1.3.2　定量结果评价

无论检测是以单离子扫描或以全扫描操作模式进行分析，都应达到下文中介绍的限值。

（1）初始校正

内标法定量，在分析样品和空白前，用四溴氟苯检查仪器的性能标准能否得到满足，每个 GC/MS 分析系统校准必须在 5 个浓度跨越范围内进行初始校正，以确定仪器对目标物的灵敏度和线性度。例如，检测范围为（2~20）$\times 10^{-9}$ 时，5 个浓度点可以分别为 1×10^{-9}、2×10^{-9}、5×10^{-9}、10×10^{-9} 和 25×10^{-9}。日校准必须达到可接受的标准，否则每个 GC/MS 系统必须重新校正。

1）初始校正评价因子　引入以下 2 个因子来评价初始校正结果好坏。

① 相对响应因子（RRF）：

$$RRF = \frac{A_x C_{is}}{A_{is} C_x}$$

式中　RRF——相对响应因子；

A_x——主要离子的化合物的峰面积；

A_{is}——内标物化合物的峰面积；

C_{is}——内标浓度；

C_x——标准曲线中目标化合物浓度。

② 平均相对响应因子（RRF）：

$$\overline{RRF} = \sum_{i=1}^{n} \frac{x_i}{n}$$

式中　$\overline{RRF}$——平均响应因子；

x_i——化合物在 i 浓度的响应因子；

n——浓度曲线个数。

2）初始校正结果评价方法　每种化合物相对偏差 RSD% 必须小于 30%，最多允许有 2 种化合物的超过 40% 的范围。

每种化合物的时间差别必须在 0.06 个单位范围内。

对内标的响应值必须在 40% 范围内。

内标物的时间漂移必须在 20s 范围内。

注意，如果标准曲线的初始校正不能满足，需要检查仪器系统。需要清洗离子源，更换色谱柱，或者采取其他措施使其达到标准。在做样品或空白前都应者初始校正。

（2）检测限

方法检测限定义为重复进样分析 7 个加标平行样品，其浓度范围为 5 倍检测限范围内，计算其标准偏差，然后再 3.14（99% 置信度值）。

本方法检测限应低于 0.5×10^{-9}。部分物质的检测限如表 5-8 所列。

表 5-8　方法检测限　　　　　　单位：ppbv

物质名称	检测方式1:全扫描	检测方式2:选择离子
苯	0.34	0.29
苄基氯	—	—
四氯化碳	0.42	0.15
氯苯	0.34	0.02
氯仿	0.25	0.07
1,3-二氯苯	0.36	0.07
1,2-二溴苯	—	0.05
1,4-二氯苯	0.70	0.12
1,2-二氯苯	0.44	—
1,1-二氯乙烷	0.27	0.05
1,2-二氯乙烷	0.24	—
1,1-二氯乙烯	—	0.22
顺-1,2-D二氯乙烯	—	0.06
二氯甲烷	1.38	0.84
1,2-二氯丁烷	0.21	—
顺-1,3-二氯丁烯	0.36	—
反-1,3-二氯丁烯	0.22	—
乙苯	0.27	0.05
氯乙烷	0.19	—
三氯一溴乙烷	—	—
三氯三氟乙烷	—	—
1,2-二氯四氟乙烷	—	—
二氯二氟甲烷	—	—
六氯丁二烯	—	—
溴甲烷	0.53	—
氯甲烷	0.40	—
苯乙烯	1.64	0.06
四氯乙烷	0.28	0.09
四氯乙烯	0.75	0.10
甲苯	0.99	0.20
1,2,4-三氯苯	—	—

续表

物质名称	检测方式1:全扫描	检测方式2:选择离子
1,1,1-三氯乙烷	0.62	0.21
1,1,2-三氯乙烷	0.50	—
三氯乙烯	0.45	0.07
1,2,4-三乙基苯	—	
1,3,5-三乙基苯	—	
氯乙烯	0.33	0.48
对(间)二甲苯	0.76	0.08
邻二甲苯	0.57	0.28

（3）精密度

精密度计算公式如下：

$$精密度 = \frac{|X_1 - X_2|}{X} \times 100$$

式中　X_1——第 1 次测试结果；

　　　X_2——第 2 次测试结果；

　　　X——测试结果平均值。

每种化合物的精密度值必须在 25% 范围内。

（4）准确度

准确度计算公式如下：

$$准确度 = \frac{加标量 - 原含量}{加标量} \times 100$$

每种化合物准确度必须在 30% 范围内。

5.2　在线挥发性有机物质谱仪法

5.2.1　适用范围

① 适用于禾信公司在线挥发性有机物质谱仪的基本操作及数据采集。

② 适用于在线挥发性有机物质谱仪质谱仪的日常维护。

5.2.2　方法原理

在线挥发性有机物质谱仪采用 PDMS 膜进样，通过 VUV 紫外灯对气体分子进行电离，利用飞行时间质谱原理进行化学成分的分子量鉴定。如图 5-1 所示。

有关工作原理细节，请参见相应《SPI-MS 系列仪器操作手册》。

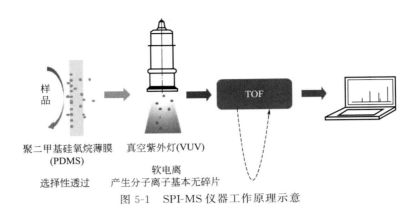

样品

聚二甲基硅氧烷薄膜   真空紫外灯(VUV)
(PDMS)

软电离
选择性透过   产生分子离子基本无碎片

图 5-1   SPI-MS 仪器工作原理示意

5.2.3   校准条件

(1) 正常工作条件
仪器在下列条件下应能正常工作。

① 环境温度：5～35℃。

② 相对湿度：≤80％。

③ 供电电源：电压 AC220V（±10％），电源频率 50Hz（±10％）。

④ 大气压力：86～106kPa。

⑤ 附近无强电磁场，无剧烈震动，无腐蚀性气体。

(2) 真空要求
仪器真空度（全程规）：$<5×10^{-3}$ Pa；

(3) 标准器具及物品配置
① 性能技术指标符合要求的在线挥发性有机物质谱仪。

② 进样管路包含以下内容：a.1/8 特氟龙管；b.1/4 特氟龙管；c.金属过滤器（SS-4F-7，世伟洛克）；d.1/4 转 1/8 转接头；e.保温棉。

③ 仪器校准系统包含以下内容：a.经过认证的标气（57 组分 PAMS 标气，大连大特）；b.氮气（纯度优于 99.999％）；c.气体校准仪（2010 型，美国 Sabio）。

5.2.4   操作项目及具体操作步骤

5.2.4.1   开机前准备工作

开机前需做好以下准备工作：a.确认前级泵排气口无异物堵塞；b.检查真空管路中各个连接处的紧固与密封情况；c.检查所有的连接点（包括泵的电源线、通信线、分析器各路供电等）是否有效连接。

5.2.4.2　开机

(1) 真空系统开启

① 启动仪器背面左下角的电源总开关，此时仪器机箱散热风扇开始工作。

② 前级泵默认保持常开状态，此时前级泵已开始工作。

③ 打开工控机，以管理员身份运行 SPI-MS 挥发性有机物数据分析系统软件，然后对 SPI-MS 仪器进行通讯设置，具体设置步骤见《SPI-MS 数据采集与分析软件操作手册 V2.1》第 4 章。

④ 设置完毕后，点击电控菜单栏，在下拉菜单中选择【打开真空系统】，则仪器会自动打开真空规，当在前级真空达到 $500Pa$ 以下时开启分子泵，此时，在软件左侧的运行参数窗口可看到分子泵状态显示为"加速"，分子泵满转（约 $90000r/min$）后，分子泵状态显示为"满转"；分子泵开启后若真空规读数小于 $5\times10^{-3}Pa$，可进行下一步操作。需要注意的是，当仪器长时间停机或者破真空后，重新开机时抽真空时间不得少于 6h 才能进行下一步操作。

(2) 质量分析器开启

① 确保真空规读数在 $5\times10^{-3}Pa$ 以下，方可开启质量分析器电系统。

② 在 SPI-MS 软件的快捷工具栏上点击【打开质量分析器】，系统会依次开启中低压—正、负脉冲—高压—采样泵；可通过软件左侧的运行参数查看分析器电压情况，其中，MCP 电压采用的是程序升压模式，电压会逐渐升高至设定值。

5.2.4.3　数据采集

① 编辑方法。软件默认有标准方法，用户可结合实际情况对方法进行编辑，添加或删除 MIC 因子，设置实验名称，数据保存路径等，详细操作请参照《SPI-MS 数据采集及分析软件操作手册 V2.1》第 4 章。

② 选择所采用的方法，点击"开始"即开始采集数据，若无法选择方法，请到方法中确认所选用的采集卡类型是否正确，仪器默认使用采集卡为"U5309A"。

③ 样品分析完后，点击"停止"按钮即停止数据采集。

5.2.4.4　关机

① 关闭质量分析器，并在运行参数窗口确认是否所有质量分析器电压均已降到 0 后才能进行下一步。

② 在电控菜单栏下，点击"关闭真空系统"，则分子泵开始减速，可在软件左侧运行窗口查看分子泵的转速；当分子泵转速降到 0 才能进行下一步。

③ 关闭电脑，关闭仪器背面的总开关，将仪器总电源线拔下收好，整个仪器关机完成。

注意：如没特殊情况（断电、仪器维护或清洁），仪器的真空系统保持开启状态，即无需进行步骤②、③操作。

5.2.4.5　系统维护

（1）进样系统的维护

SPI-MS 仪器的进样系统包括进样管路、过滤器、膜装置和采样泵 3 部分。

1）进样管路

① 当发现管理有明显的折痕、破裂时应更换进样管。

② 当管路长时间使用，明显泛黄时，应更换进样管。

③ 当样品中含颗粒物较多时，应每次进样后给进样管路进行反吹干净。

2）过滤器

① 过滤器使用一段时间后会堵塞，所以过滤器应定期清洗或反吹。连续监测时，每周应至少对过滤器反吹一次，每月应至少对过滤器进行超声清洗一次，若现场烟尘较大则应加大清洗频率。

② 不同样品连续交替进样时，应每个样品之间对过滤器进行反吹一次。有条件时可每天多过滤器进行超声清洗。

3）膜装置

① 膜装置是消耗品，具有一定的寿命，需要定期更换。一般来说，膜装置使用 6～12 个月就会出现真空无法满足实验条件的情况，需联系厂家进行膜装置的更换。

② 当膜受污染严重时，可用氮气进行反吹，直至膜上的残留物质完全去除（质谱峰降至基线以下），当残留难以去除时可通过膜加热的方式加快膜上残留物质的去除。

③ 若通过氮气反吹的方式无法将残留去除，可将膜装置拆开，用酒精清洗。

4）采样泵　采样泵属于消耗品，使用一段时间后会出现抽速衰减的情况，依据仪器使用情况，可每月进行一次流量测定，当采样泵流量衰减至标准值的 80% 时则需联系厂家更换新的采样泵。

（2）仪器校准

1）质量校正

① 质量偏移范围：小于 ±0.5amu。

② 校正周期。包括：a. 分析器电压改变时需进行质量校正；b. 每天采样前检查质量偏移情况，若偏移范围大于 ±0.5amu，需进行质量校正。

③ 质量偏移检查。每天采样前，先采集 1min 的空气样品，分别查看 20 张质谱图的质量偏移情况。其中，以 $^{28}N_2^+$ 为统计对象。如果质量数偏移理论值 ±0.5amu，需进行质量校正。

④ 质量校正。质量校正具体操作见《SPI-MS 数据采集及分析软件操作手册 V2.1》第 4 章。校正后，需查看校正后的离子峰偏移情况，若仍达不到要求则需

再次校正。

2）浓度校准

① 校准周期。包括：a.每两周 1 次；b.停机较长一段时间或发生较大位置移动，再次投入使用前；c.影响线性的维护（如改变分析器电压等）后；d.表现出严重的不准确时。

② 在线校准。在执行在线校准前，先将校准方法编辑好，详见《SPI-MS 数据采集及分析软件操作手册 V2.1 分析软件操作说明书》第 4 章。校准方法准备好后，将经过认证的标准气体和载气（高纯氮气）连接到稀释仪上，稀释仪标气出口连接到 SPI-MS 仪器，打开质量分析器，开始浓度的在线校准。校准前应查看确认真空是否满足实验条件（$<5×10^{-3}\mathrm{Pa}$），若真空不满足实验条件，则应放弃校准，并查找原因。

在线校准进样系统的连接如图 5-2 所示。

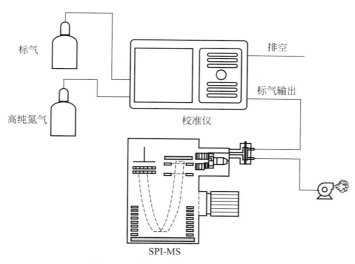

图 5-2　在线校准进样系统的连接

③ 离线校准。进行离线校准时，预先配置好一定浓度梯度的标准气体与气袋中备用。确认真空满足实验条件后，由低浓度到高浓度依次进样，注意应等上一个样品的质谱峰下降至基线以下才能进下一个样品。所有样品数据采集完成后，停止数据采集，关闭质量分析器。参照《SPI-MS 数据采集及分析软件操作手册 V2.1》第 4 章的校准部分进行离线校准。

注意：气袋应使用 Tedlar 气袋，每次使用前应确保气袋完好不漏气，并通氮气清洗干净。

离线校准进样系统的连接如图 5-3 所示。

3）校准数据的保存　校准文件要保存在特定文件夹，并在该文件夹里建一个文档用以注明浓度校准数据采集的时间、操作人员、质量分析器电压、温湿度、天气状况等条件，以备日后查看并调用数据。

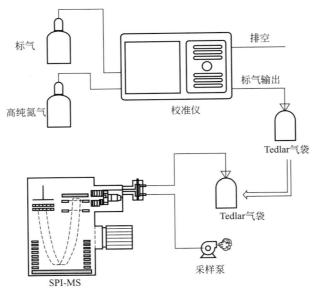

图 5-3　离线校准进样系统的连接

参 考 文 献

［1］　Judith C. Chow，John G. Watson，Dale Crow，Douglas H. Lowenthal ＆ Thomas Merrifield，Compari-
son of IMPROVE and NIOSH Carbon Measurements，Aerosol Science and Technology，2001，34（1），
23-34.

［2］　《SPI-MS 系列仪器操作手册》，广州禾信仪器股份有限公司.

［3］　《SPI-MS 数据采集及分析软件操作手册 V2.1》，广州禾信仪器股份有限公司.

第6章

数据确认与评估

本章主要介绍 PM$_{2.5}$ 样品分析后的数据确认与评估程序，包括细颗粒物（PM$_{2.5}$）化学组成监测数据有效性确认、颗粒物采样器的比对、颗粒物化学分析方法比对、颗粒物化学分析实验室间比对以及颗粒物离线检测与在线监测结果比较，为颗粒物理化特性分析与来源解析基础数据提供可靠保障。

6.1 细颗粒物（PM$_{2.5}$）化学组成监测数据有效性确认

PM$_{2.5}$ 化学组成监测网络所采集到的样品，通常会进行以下实验室分析：a. 对 47mm 特氟龙滤膜样品进行重量分析，计算 PM$_{2.5}$ 质量浓度；b. 对 47mm 特氟龙样品进行 X 射线荧光光谱（XRF）分析，测量元素周期表中由 Na 至 U 等元素的浓度；c. 对 47mm 石英滤膜样品，利用离子色谱法（Ion Chromatography）分析主要的水溶性无机离子（如 Na$^+$、NH$_4^+$、K$^+$、Cl$^-$、NO$_3^-$ 及 SO$_4^{2-}$ 等）的浓度；d. 对 47mm 石英滤膜样品，利用热光法分析有机碳（OC）及元素碳（EC）的浓度。

对于从不同实验室分析中获取的数据，至少需要进行两个级别的数据有效性确认。第一个级别的数据有效性确认主要包括从重复样和空白样的分析中获取分析精密度的数据。第二个级别的数据有效性确认用于确保 PM$_{2.5}$ 质量浓度及其化学组分的相关一致性。相关性分析包括：a. 化学组分总和与重量分析的相关性；b. 硫酸根离子浓度与总硫浓度的比较；c. 水溶性钾离子浓度与总钾浓度的比较；d. 铵根离子平衡；e. 电荷平衡；f. 质量重构。

在以下章节中，将使用香港科技大学团队于 2011～2012 年所采集的样品为例子对数据确认的步骤进行说明。香港科技大学团队自 2011 年 3 月起在香港科技大学空气质量研究超级站使用大流量采样器（Tisch Environmental Inc.，OH，USA）和多通道中流量采样器 SASS（Met One Instrument，Inc.，OR，USA）进行 PM$_{2.5}$ 手工采样。大流量采样器中放置 8″×10″ 石英纤维滤膜，多通道采样器中放置 47mm 特氟龙、尼龙及石英纤维滤膜。采样完成后，特氟龙滤膜用于称重分析和无机元素分析，尼龙滤膜用于主要水溶性离子分析，石英纤维滤膜则用于碳组分分析。

6.1.1 化学分析精密度

精密度在统计上指某测定值与测定平均值的差异程度，用于标线从同一样品中多重取样，在规定条件下所得到的一系列测量值之间的接近程度（或分散程度）。根据美国环保署发布的美国联邦法规第 40 卷附录 A 至 58 部分（40CFR Appendix A to part 58），分析方法的精密度可用以下公式进行计算：

$$\overline{C}_i = \frac{X_i + Y_i}{2} \tag{6-1}$$

$$d_i = \frac{Y_i - X_i}{\overline{C}_i} \times 100\% \tag{6-2}$$

$$CV = \sqrt{\frac{n \times \sum_{i=1}^{n} d_i^2 - \left(\sum_{i=1}^{n} d_i\right)^2}{2n(n-1)}} \cdot \sqrt{\frac{n-1}{\chi_{0.1,n-1}^2}} \tag{6-3}$$

式中　　　CV——分析方法精密度；

　　X_i 和 Y_i——重复样分析结果；

　　　　n——重复样数目；

　　$\chi_{0.1,n-1}^2$——自由度为 $n-1$、分位数为 0.1 的卡方分布。

6.1.2 化学组分浓度总和与重量分析的相关性

$PM_{2.5}$ 化学组分总和由元素、主要水溶性无机离子和碳组分计算所得。为避免重复计算，元素氯（Cl）、金属钠（Na）和总硫（S）不纳入计算。图 6-1 显示，化学组分浓度总和与滤膜重量分析所得的 $PM_{2.5}$ 质量浓度呈显著线性相关（$R^2 = 0.96$），而化学组分浓度总和略低于滤膜称重所得颗粒物质量浓度，此差异是由未被测量的组分引起，如其他无机离子、金属氧化物中的氧元素、有机化合物中的氧、氢、氮、硫等元素。

根据美国环保署（USEPA）$PM_{2.5}$ 化学组分监测网络的数据有效性确认标准，化学组分浓度总和与颗粒物质量浓度的比值大于 1.32 或小于 0.60 则归类为异常值。这组数据中有一个样品被标记为异常值，其化学组分浓度总和与颗粒物质量浓度的比值为 0.54，主要是由于此样品的 $PM_{2.5}$ 质量浓度较低（7.81$\mu g/m^3$），实验室分析的不确定度随之增大。

6.1.3 硫酸根离子浓度与总硫浓度的比较

在实验室分析中，硫酸根离子浓度由对石英滤膜进行离子色谱分析获得，总硫

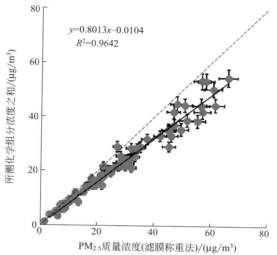

图 6-1　化学组分浓度总和与滤膜称重所得的 PM$_{2.5}$ 质量浓度的相关性分析

浓度由对特氟龙滤膜进行 X 射线荧光光谱分析获得。硫酸根离子浓度与总硫浓度的比值应该小于或等于 3。由图 6-2 可见，样品所测得的硫酸根离子浓度与总硫浓度相关性显著（$R^2 > 0.93$）且线性回归所得斜率为 2.56。

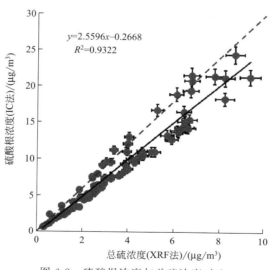

图 6-2　硫酸根浓度与总硫浓度对比

根据 USEPA PM$_{2.5}$ 化学组分监测网络的数据有效性确认标准，总硫浓度与硫酸根离子浓度的比值大于 0.45 或小于 0.25 则归类为异常值。本组数据有 27 个样品的总硫浓度与硫酸根离子浓度比值大于 0.45，这说明颗粒物样品中的硫元素并不仅仅以硫酸根离子的形式存在，推测在科大超级站收集的样品可能含有较高浓度的有机硫化合物（organosulfur compounds）。

6.1.4 水溶性钾离子浓度与总钾浓度的比较

在本次实验室分析中，水溶性钾离子浓度由对石英滤膜进行离子色谱分析获得，总钾浓度由对特氟龙滤膜进行 X 射线荧光光谱分析获得。钾离子浓度与总钾浓度应呈现显著的相关性，比值应该小于或等于 1（图 6-3）。

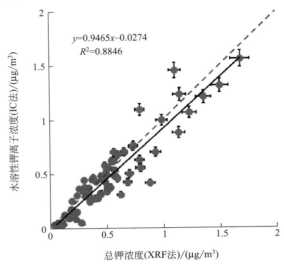

$$y=0.9465x-0.0274$$
$$R^2=0.8846$$

图 6-3　水溶性钾离子浓度与总钾浓度对比

6.1.5 铵根离子平衡

进行铵根离子平衡分析旨在进一步确认离子浓度数据的有效性。铵根离子是由对石英滤膜进行离子色谱分析中获得。在颗粒物中，铵根离子主要以硫酸铵 $[(NH_4)_2SO_4]$、硫酸氢铵（NH_4HSO_4）、硝酸铵（NH_4NO_3）以及氯化铵（NH_4Cl）的形式存在。因氯化铵含量通常很低，铵根离子浓度可使用以下公式进行重构。

假设 NH_4^+ 以硫酸铵和硝酸铵的形式存在：

理论计算值 $[NH_4^+]=0.29\times[NO_3^-]+0.374\times[SO_4^{2-}]$

假设 NH_4^+ 以硫酸氢铵和硝酸铵的形式存在：

理论计算值 $[NH_4^+]=0.29\times[NO_3^-]+0.187\times[SO_4^{2-}]$

NH_4^+ 浓度的理论计算值与实测值的对比见图 6-4。无论铵根离子是以硫酸铵或是硫酸氢铵的形式存在，铵根离子浓度的计算值与实测值均有显著的相关性（$R^2>0.97$）。由两组数据线性回归所得斜率推测，硫酸铵和硝酸铵应该是香港地区 NH_4^+ 的主要存在形式。

6.1.6 电荷平衡

颗粒物中主要水溶性无机离子应维持在基本电荷平衡的状态。主要阴、阳离子电荷摩尔浓度的计算公式如下：

$$阳离子电荷浓度 = \left(\frac{NH_4^+}{18.04} + \frac{Na^+}{23.0} + \frac{K^+}{39.098} \right)$$

$$阴离子电荷浓度 = \left(\frac{Cl^-}{35.453} + \frac{NO_3^-}{62.005} + \frac{SO_4^{2-}}{96/2} \right)$$

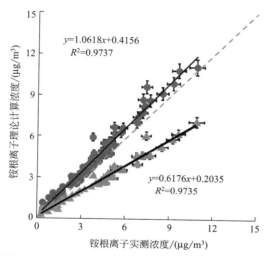

图 6-4　铵根离子浓度的理论计算值与实测值对比

（圆形数据点为硫酸铵与硝酸铵；三角形数据点为硫酸氢铵与硝酸铵）

从阴、阳离子电荷摩尔浓度散点图（图 6-5）中可以看出，阴离子电荷摩尔浓度与阳离子电荷摩尔浓度呈现显著的相关性（$R^2 > 0.97$），且达到电荷基本平衡。

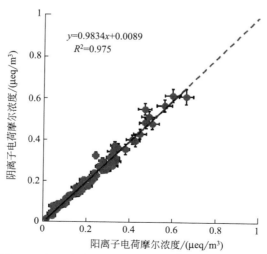

图 6-5　主要水溶性阴、阳离子电荷摩尔浓度对比

根据 USEPA $PM_{2.5}$ 化学组分监测网络的数据有效性确认标准，阴、阳离子电荷摩尔浓度比值大于 2.82 或小于 0.86 则归类为异常值。在本组数据中不存在异常值。

6.1.7 质量重构

$PM_{2.5}$ 的主要组成成分可分为地壳物质、有机物、元素碳、硫酸铵、硝酸铵、微量元素及其他。使用已测化学成分进行质量重构的计算公式如下。

重构质量

$=1.89\times[Al]+2.14\times[Si]+1.4\times[Ca]+1.43\times[Fe]$（地壳物质）

$+1.4\times[OC]$（有机物）

$+[EC]$（元素碳）

$+[SO_4^{2-}]$（硫酸根离子）

$+[NO_3^-]$（硝酸根离子）

$+[NH_4^+]$（铵根离子）

$+[Na^+]$（水溶性钠离子）

$+[K]$（总钾）

$+$微量元素（不包括 Na、Al、Si、K、Ca、Fe 和 S）

图 6-6 显示，重构获得的 $PM_{2.5}$ 质量浓度与滤膜称重获得的 $PM_{2.5}$ 质量浓度呈显著线性相关（$R^2=0.97$），进一步表明滤膜实验室分析工作的可靠性。未解析部分占 $PM_{2.5}$ 质量浓度的 10%，主要来自各种分析方法的不确定度，以及化学重构方法中系数的选取，例如有机物与有机碳的倍数关系等。

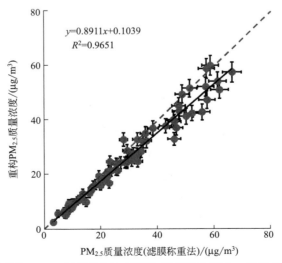

图 6-6　重构获得的 $PM_{2.5}$ 质量浓度与滤膜称重获得的 $PM_{2.5}$ 质量浓度相关性分析

6.2 颗粒物采样器比对

6.2.1 中流量多通道采样器间比对

在进行大气二次污染颗粒物手工采样监测及来源解析时，不同采样站点可能采用不同品牌型号的手工采样器，为了解不同采样器所采集到的滤膜的差异，评估其差异是否能够满足后续数据分析的可比性或来源解析等工作的需要，需对相同采样流量的多台不同型号 $PM_{2.5}$ 手工采样器进行比对，以评估其可比性。

6.2.1.1 比对方法

在采样平台上安放 4 台不同品牌型号的 $PM_{2.5}$ 手工采样器（编号分别为 $1^{\#}$、$2^{\#}$、$3^{\#}$ 及 $4^{\#}$），进行 15 天的平行比对，采样时长为每天 23h。其中 $1^{\#}$ 和 $2^{\#}$ 为进口仪器、$3^{\#}$ 和 $4^{\#}$ 为国产仪器，采样流量均为 16.7L/min。所采集到的特氟龙滤膜样品，送至实验室进行称重分析。

6.2.1.2 比对结果

图 6-7 为 4 台 $PM_{2.5}$ 手工采样器采集到的滤膜质量浓度变化趋势，由图可见，4 台采样器的质量浓度变化趋势基本一致。4 台采样器质量浓度平均值和标准偏差见图 6-8，其相对标准偏差为 1.8%～5.2%，平行性相对标准偏差（CP）值为 3.5%，小于 10%，说明这 4 台采样器的数据平行性整体较好。

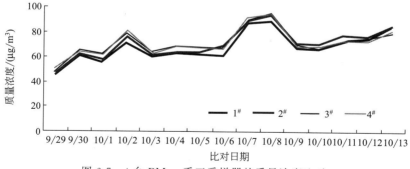

图 6-7　4 台 $PM_{2.5}$ 手工采样器的质量浓度比对

对 4 台不同品牌型号 $PM_{2.5}$ 手工采样器质量浓度进行两两比较，计算其斜率、截距和相关系数（图 6-9）。由图中可见，4 台采样器两两比较的斜率介于 0.884～1.038 之间，在 1±0.15 的范围内，截距小于 10μg/m³。两台进口采样器之间（$1^{\#}$ 和 $2^{\#}$）以及两台国产采样器之间（$3^{\#}$ 和 $4^{\#}$）的相关性较好，R^2 分别为 0.9809 和 0.9796。而进口采样器和国产采样器之间的相关性稍低，R^2 在 0.92～

0.94 之间，均大于 0.90。

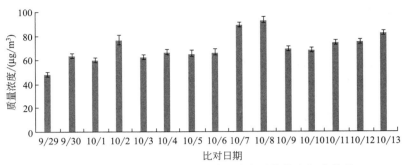

图 6-8　4 台 $PM_{2.5}$ 手工采样器质量浓度平均值和标准偏差

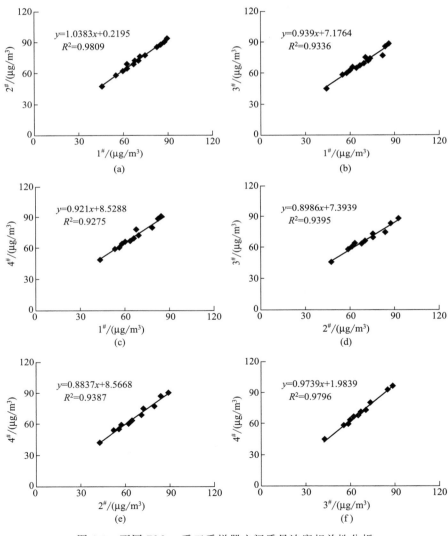

图 6-9　不同 $PM_{2.5}$ 手工采样器之间质量浓度相关性分析

6.2.2　中流量采样器不同通道之间的比对

在进行颗粒物来源解析工作时，为了满足对离子、元素、EC、OC 等 $PM_{2.5}$ 不同化学组分分析的需要，经常会选择多通道手工采样器同时采集多个样品，因此需对同一台多通道 $PM_{2.5}$ 手工采样器不同通道所采集到的滤膜样品进行比对，以评估其平行性。

6.2.2.1　比对方法

使用同一台多通道颗粒物手工采样器的 6 个不同通道同时进行 $PM_{2.5}$ 手工采样，采样时长为每天 23h，各通道采样流量均为 16.7L/min。所采集到的特氟龙滤膜样品，送至实验室进行称重分析。

6.2.2.2　比对结果

$PM_{2.5}$ 手工采样器不同通道之间滤膜质量浓度变化趋势见图 6-10，由图可见，除通道 1 在后面 4d 略有偏离外，其他 5 个通道的质量浓度变化趋势非常吻合。采样器各通道滤膜质量浓度平均值及标准偏差见图 6-11，其相对标准偏差介于 1.3%～5.2%，平行性相对标准偏差（CP）值为 3.4%，小于 10%，说明该台采样器各通道之间滤膜质量浓度的平行性整体较好。

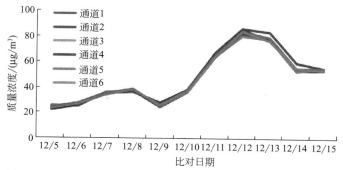

图 6-10　同一台 $PM_{2.5}$ 手工采样器不同通道之间质量浓度比对

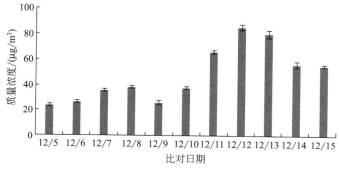

图 6-11　同一台 $PM_{2.5}$ 手工采样器不同通道之间质量浓度平均值及标准偏差

6.2.3 大流量采样器间比对

在进行有机气溶胶来源解析工作时，有机示踪物的分析测量非常关键。由于有机示踪物的浓度比其他主要化学组分低 2～3 个数量级，需要使用大流量采样器采集滤膜样品，以确保收集到足够的颗粒物样品进行实验室分析。为了解不同采样器所采集到的滤膜的差异，评估其差异是否能够满足后续数据分析的可比性或来源解析等工作的需要，需对不同品牌的 $PM_{2.5}$ 大流量采样器进行比对，以评估其可比性。

6.2.3.1 比对方法

在采样平台上安放 3 台 $PM_{2.5}$ 大流量采样器，其中两台品牌型号相同，编号分别为 $1^{\#}$，$2a^{\#}$，及 $2b^{\#}$，进行 7d 的平行比对，采样时长为每个样品 24h。其中 $1^{\#}$ 为进口仪器、$2a^{\#}$ 和 $2b^{\#}$ 为国产仪器，$1^{\#}$ 采样流量为 $1.13m^3/min$，$2a^{\#}$ 和 $2b^{\#}$ 采样流量为 $1.05m^3/min$。所采集到的 $8''\times10''$ 石英滤膜样品，送至实验室使用热光法进行碳组分分析。

6.2.3.2 比对结果

计算每个样品的总碳浓度，利用以下公式进行样品浓度的差异比对，结果见表 6-1。

$$样品浓度差异(\%Diff) = \frac{总碳浓度_{2a^{\#}or2b^{\#}} - 总碳浓度_{1^{\#}}}{总碳浓度_{1^{\#}}}\% \tag{6-4}$$

表 6-1　不同品牌 $PM_{2.5}$ 大流量采样器差异比对

采样日期	$1^{\#}$总碳浓度 /($\mu gC/m^3$)	$2a^{\#}$总碳浓度 /($\mu gC/m^3$)	$2a^{\#}$ 与 $1^{\#}$浓度 的百分比差异/%	$2b^{\#}$总碳浓度 /($\mu gC/m^3$)	$2b^{\#}$ 与 $1^{\#}$浓度 的百分比差异/%
2014—12—17	15.74	17.51	11.3	14.69	−6.7
2014—12—18	20.25	19.01	−6.1	19.00	−6.1
2014—12—21	17.66	19.02	7.7	18.28	3.5
2014—12—23	21.48	23.09	7.5	22.83	6.3
2014—12—25	22.34	20.78	−7.0	20.81	−6.8
2014—12—29	26.08	26.69	2.4	26.07	0.0
2015—01—02	21.02	21.82	3.8	24.03	14.3

为验证颗粒物在滤膜上的分布是否均匀，在不同品牌采样器所采集的样品中各随机选取一张，在滤膜的不同位置切取 7 个 $1cm^2$ 大小的样品，进行碳组分分析。利用所获取的浓度数据计算变异系数进行评估（表 6-2）。

表 6-2　不同品牌 PM$_{2.5}$ 大流量采样器所采集滤膜样品的均匀性分析

1# _141223	总碳浓度/(μgC/m³)	2a# _141223	总碳浓度/(μgC/m³)
样品 1#	84.41	样品 1#	85.84
样品 2#	84.28	样品 2#	81.33
样品 3#	82.36	样品 3#	79.33
样品 4#	82.54	样品 4#	83.91
样品 5#	83.00	样品 5#	81.35
平均值	83.32	平均值	82.35
标准差	0.97	标准差	2.54
变异系数①	1.2%	变异系数①	3.1

① 变异系数：标准差与平均值之比。

　　由比对结果可见，不同品牌 PM$_{2.5}$ 大流量采样器所采集样品的总碳浓度相关性较好，且可认为颗粒物在 8″×10″石英滤膜上分布均匀。

6.3　颗粒物化学分析方法比对

6.3.1　有机碳（OC）和元素碳（EC）检测方法比对

　　由于不同含炭颗粒物转化为气体所需的温度和氧化条件不同，我们可通过热/光分析法区别颗粒物 EC 和 OC 的含量［Research Triangle Institute，2003；Chow et al.，1993］。此方法利用激光监测滤膜透射率和反射率，测得 EC 和热解所产生的 EC，从而将 EC 和 OC 区分开。本项目中 PM$_{2.5}$ 滤膜样品将利用两种方法进行分析，即 NIOSH（热/光透射法，TOT）和 IMPROVE_A（热/光反射法，TOR）。

　　NIOSH_TOT 和 IMPROVE_A_TOR 是 OC/EC 分析中两种广泛使用的热/光分析方法，在升温程序和热解焦炭校正光分析方法方面存在差异。NIOSH 方法和 IMPROVE_A 方法的详细升温程序见表 6-3。两种方法的主要差异如下。

　　① 在氦气（He）载气阶段，NIOSH 方法的最高温度达到 870℃，而 IMPROVE_A 最高温度为 580℃，所形成的热解焦炭含量不同。

　　② NIOSH 方法利用透射率信号值修正热解焦炭含量，而 IMPROVE_A 方法利用反射率信号值。滤膜上的热解焦炭和 EC 有着不同的穿透深度［Chow et al.，2004］，滤膜的透射率和反射率对于滤膜上热解焦炭和 EC 的敏感度呈现显著差异。

　　③ NIOSH 方法中，每个温度阶段的分析时间固定，其时长显著低于 FID 信号值返回至基线所需的时间。

　　IMPROVE_A 方法中，每个温度阶段的分析时间是不固定的，其时长由 FID 信号斜率决定，以确保每个温度段碳组分的完全分离。这导致了 IMPROVE 方法的分析时间大约是 NIOSH 方法分析时间的 2 倍［Wu et al.，2012］。

表 6-3　NIOSH ＿ TOT 和 IMPROVE ＿ A ＿ TOR 热/光分析方法对比

载气	碳组分	NIOSH_TOT 温度,分析时间	IMPROVE_A_TOR 温度,分析时间
He purge		25℃,10s	25℃,10s
He-1	OC1	310℃,80s	140℃,150～580s
He-2	OC2	475℃,60s	280℃,150～580s
He-3	OC3	615℃,60s	480℃,150～580s
He-4	OC4	870℃,90s	580℃,150～580s
He-5		Cool oven	—
$O_2/He-1$	EC1	550℃,45s	580℃,150～580s
$O_2/He-2$	EC2	625℃,45s	740℃,150～580s
$O_2/He-3$	EC3	700℃,45s	840℃,150～580s
$O_2/He-4$	EC4	775℃,45s	
$O_2/He-5$	EC5	850℃,45s	
$O_2/He-6$	EC6	870℃,45s	

　　在实验室分析中广泛使用的热/光气溶胶碳分析仪有实验室 OC-EC 气溶胶分析仪（Sunset Laboratory，Forest Grove，OR，USA）和 DRI Model 2001A 热/光碳分析仪（Atmoslytic，Calabasas，CA，USA）。两种分析仪均包含一套热学系统和一套光学系统。热学系统包含一根放置于加热器内的石英管，控制流经加热器的电流以达到设定时间范围内的预设温度。石英滤膜样品放置于加热区域内，在无氧和含氧环境下加热至不同温度。光学系统包含一个激光源、一个纤维光学透射器和接收器和一个光电管。滤膜有样品的一面面向石英光管，以监测穿过滤膜的反射激光束强度和透射激光束强度。

　　在 Sunset 碳分析仪上通常使用 NIOSH ＿ TOT 方法对滤膜样品进行分析；在 DRI Model 2001A 碳分析仪上则使用 MPROVE ＿ A ＿ TOR 方法对滤膜样品进行分析。两种方法均利用实验室配制的蔗糖标准溶液作为外部校正，利用甲烷氦气混合气体作为内标，而邻苯二甲酸氢钾（KHP）标准溶液则用于标定蔗糖标准溶液中碳浓度。

　　香港科技大学环境研究所分别采用 NIOSH ＿ TOT 和 IMPROVE ＿ A ＿ TOR 两种方法对在珠江三角洲地区的磨碟沙、鹤山和南沙 3 个不同地方采集的共 36 套 $PM_{2.5}$ 样品进行了碳组分分析比对（图 6-12）。

　　统计分析结果表明使用 NIOSH ＿ TOT 方法和 IMPROVE ＿ A ＿ TOR 方法所得到的总碳浓度相当一致（$R^2 = 1.00$），斜率为 1.01 ± 0.01，截距为 -0.23 ± 0.05，TOR ＿ 总碳/TOT ＿ 总碳平均比率为 0.95 ± 0.06。而两种热光法在升温程序和热解焦炭校正光分析方法上的差异，导致 OC 和 EC 的测定结果不完全一致。本次数据比对中 TOT ＿ OC/TOR ＿ OC 以及 TOT ＿ EC/TOR ＿ EC 的平均比值分别为 1.07±0.15 和 0.71±0.20。一般来说，TOT 方法测定的 EC 浓度会比 TOR 方法所测定的低。

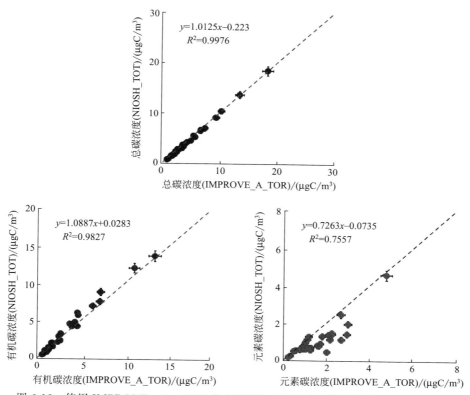

图 6-12　使用 IMPROVE _ A _ TOR 和 NIOSH _ TOT 方法测定的碳组分浓度对比

6.3.2　金属元素检测方法比对

PM$_{2.5}$ 所含有的元素物质中，有相当一部分元素可以作为各种排放源的指标。例如，铝、硅、钛主要来源于土壤颗粒，钠、镁主要来源于海盐颗粒，铁来源于土壤颗粒和工业排放，钾主要来源于生物质燃烧，也有少部分来自土壤颗粒，镍、钒来源于重油燃烧等。这些元素可应用于大气颗粒物源解析受体模型中对污染源进行识别。

PM$_{2.5}$ 化学组分分析中的无机元素包括钠（Na）、镁（Mg）、铝（Al）、硅（Si）、磷（P）、硫（S）、氯（Cl）、钾（K）、钙（Ca）、钪（Sc）、钛（Ti）、钒（V）、铬（Cr）、锰（Mn）、铁（Fe）、钴（Co）、镍（Ni）、铜（Cu）、锌（Zn）、镓（Ga）、锗（Ge）、砷（As）、硒（Se）、溴（Br）、铷（Rb）、锶（Sr）、钇（Y）、锆（Zr）、铌（Nb）、钼（Mo）、铑（Rh）、钯（Pd）、银（Ag）、镉（Cd）、铟（In）、锡（Sn）、锑（Sb）、碲（Te）、碘（I）、铯（Cs）、钡（Ba）、镧（La）、铈（Ce）、钐（Sm）、铕（Eu）、铽（Tb）、铪（Hf）、钽（Ta）、钨（W）、铱（Ir）、金（Au）、汞（Hg）、铊（Tl）、铅（Pb）及铀（U）。

同步检测滤膜颗粒物样品中多种无机元素的常用方法，包括 ICP-MS（Inductively Coupled Plasma-Mass Spectrometry）、ICP-OES/ICP-AES（ICP-Optical Emission Spectrometry/ICP-Atomic Emission Spectrometry）等湿式分解方法以及能量弥散 X 射线荧光分析法（Energy Dispersed X-Ray Fluorescence，XRF）。

XRF 分析法属于无损伤分析法，无需对滤膜样品进行预处理，具有可以处理大量滤膜样品的优势，进行分析后的滤膜样品还可以用其他方法进行分析。XRF 分析法被 USEPA 和美国加州空气资源委员会（CARB）等广泛应用于美国 $PM_{2.5}$ 化学组分监测网络的金属元素分析中。

ICP-MS 法在中国大陆地区公共单位的研究机构和民间分析机构的普及率较高，一般认为其灵敏度也较高。但由于需要进行繁复的样品预处理工作，如何使溶液化条件达到最佳化、降低预处理过程的污染以及分析大批量的样品，成为使用 ICP-MS 法对颗粒物样品进行分析需要解决的问题。

香港科技大学和北京大学深圳研究生院分别采用 ED-XRF 和 ICP-MS 法对在珠江三角洲地区的磨碟沙、鹤山和南沙 3 个不同地方采集的共 12 套 $PM_{2.5}$ 样品进行了金属元素分析比对。以下主要使用 Bland-Altman 法（简称 B-A 法）［Bland and Altman，1986］对两套无机元素数据的一致性进行评价。B-A 法在国内外医药卫生领域中被广泛应用于临床检验方法的比较。B-A 法使用两种方法检测结果的差值的均数（Mean）进行偏倚（Bias）估计，使用差值的标准差 SD 描述 Mean 的变异情况。取 $\alpha = 0.05$，差值 Mean 的 $(1-\alpha) = 95\%$ 一致性界限则为（$-1.96SD$，$+1.96SD$）。如果差值服从正态分布，则 95% 的差值应该位于 Mean$-1.96SD$ 和 Mean$+1.96SD$ 之间。如果两种测量结果的差异位于 95% 一致性界限内在实际上是可以接受的，则可以认为这两种方法具有较好的一致性。

本次比对选取绝大部分浓度检测结果在检测限以上的元素进行分析。对每种元素均作以下 3 幅图：a. 散点图及线性回归；b. 用差值进行 B-A 分析；c. 用百分比反映检测的一致性。在 B-A 图中，上下两条水平虚线代表 95% 一致性界限的上下限，中间实线代表差值的均数。差值均数越接近零，一致性界限外的点数越少，则表明两组测量数据的一致程度越高。

以 Ca 元素为例进行简要说明。图 6-13（a）使用香港科技大学实验室检测结果（横坐标）和北京大学深圳研究生院实验室（纵坐标）作散点图，将截距设为零的线性回归的结果显示，相关系数（R）为 0.874（$P < 0.001$），斜率为 1.269。图 6-13（b）显示 11 对样品检测结果差值的均值为 $0.06\mu g/m^3$，95% 的差值位于 $-0.07 \sim 0.19\mu g/m^3$ 之间。图 6-13（c）中，横坐标是每对检测结果的平均值，即 $\dfrac{(C_1+C_2)}{2}$，纵坐标是每对检测结果的百分比差异，即 $\dfrac{(C_1-C_2)}{(C_1+C_2)/2}$。在求一致性界限时，先计算两种方法检测结果的百分比差异，然后根据百分比差异的均数和标准差计算一致性界限。如图 6-13（c）显示，11 对样品检测结果的平均百分比差异为

29.54％，95％的百分比差异位于－41.7％～100.6％之间。图 6-14～图 6-23 显示对其他 10 种元素进行比对的结果。图 6-24 总结使用两种不同的化学分析方法测量 11 种元素所得结果的一致性。

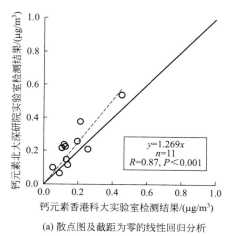

(a) 散点图及截距为零的线性回归分析

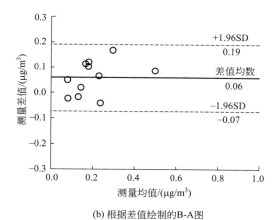

(b) 根据差值绘制的B-A图

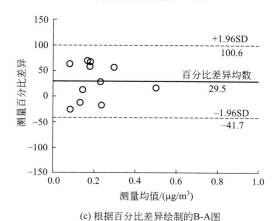

(c) 根据百分比差异绘制的B-A图

图 6-13　钙元素检测方法比对 （ED-XRF vs. ICP-MS）

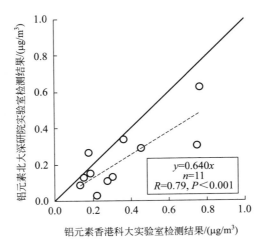

(a) 散点图及截距为零的线性回归分析

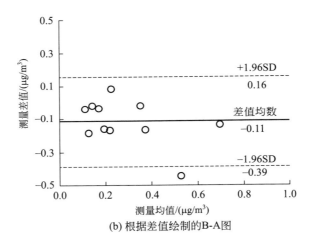

(b) 根据差值绘制的B-A图

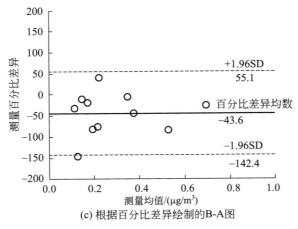

(c) 根据百分比差异绘制的B-A图

图 6-14　铝元素检测方法比对（ED-XRF vs. ICP-MS）

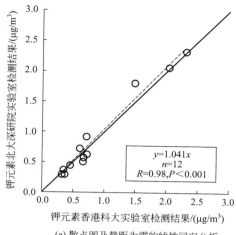

(a) 散点图及截距为零的线性回归分析

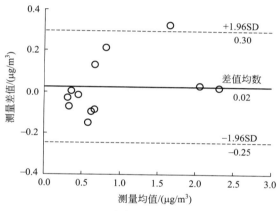

(b) 根据差值绘制的B-A图

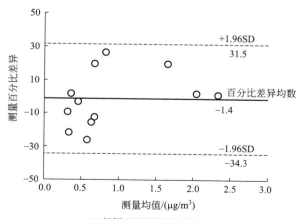

(c) 根据百分比差异绘制的B-A图

图 6-15　钾元素检测方法比对（ED-XRF vs. ICP-MS）

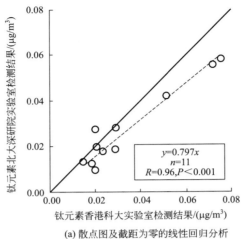

(a) 散点图及截距为零的线性回归分析

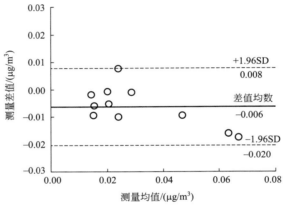

(b) 根据差值绘制的B-A图

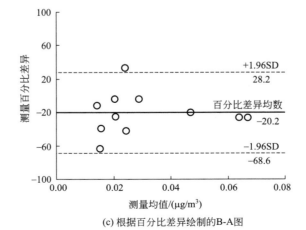

(c) 根据百分比差异绘制的B-A图

图 6-16　钛元素检测方法比对（ED-XRF vs. ICP-MS）

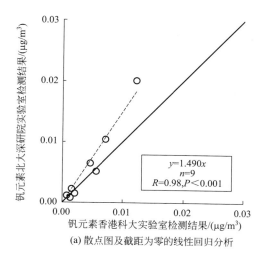

(a) 散点图及截距为零的线性回归分析

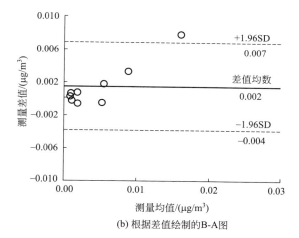

(b) 根据差值绘制的B-A图

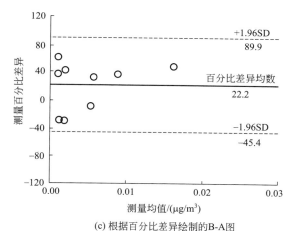

(c) 根据百分比差异绘制的B-A图

图 6-17 钒元素检测方法比对（ED-XRF vs. ICP-MS）

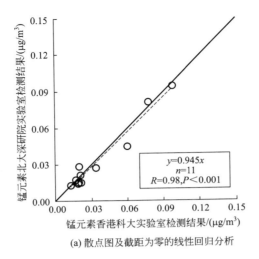

(a) 散点图及截距为零的线性回归分析

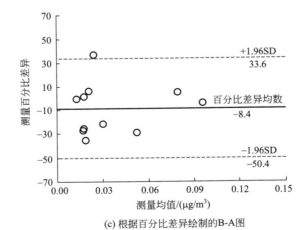

(b) 根据差值绘制的B-A图

(c) 根据百分比差异绘制的B-A图

图 6-18　锰元素检测方法比对（ED-XRF vs. ICP-MS）

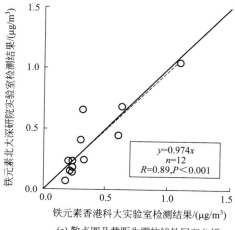

(a) 散点图及截距为零的线性回归分析

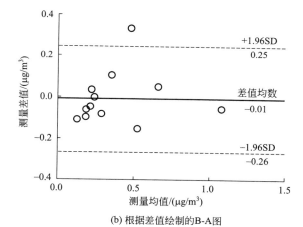

(b) 根据差值绘制的B-A图

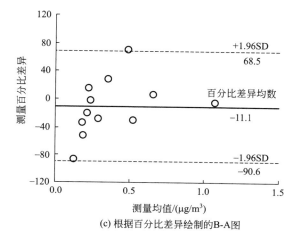

(c) 根据百分比差异绘制的B-A图

图 6-19 铁元素检测方法比对（ED-XRF vs. ICP-MS）

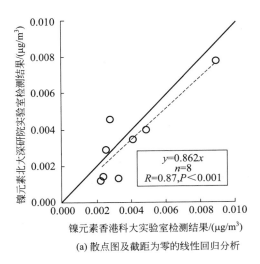

(a) 散点图及截距为零的线性回归分析

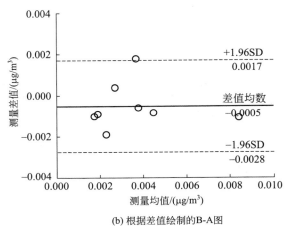

(b) 根据差值绘制的B-A图

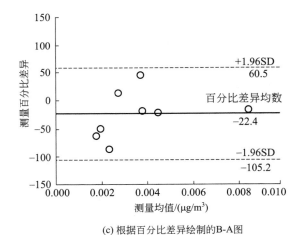

(c) 根据百分比差异绘制的B-A图

图 6-20　镍元素检测方法比对（ED-XRF vs. ICP-MS）

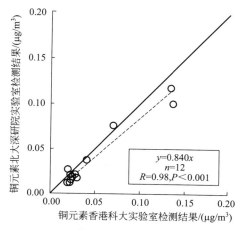

(a) 散点图及截距为零的线性回归分析

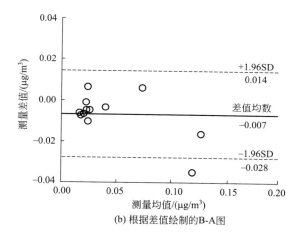

(b) 根据差值绘制的B-A图

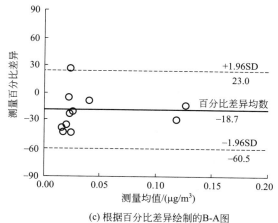

(c) 根据百分比差异绘制的B-A图

图 6-21　铜元素检测方法比对（ED-XRF vs. ICP-MS）

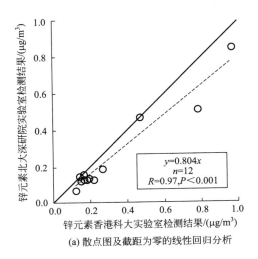

(a) 散点图及截距为零的线性回归分析

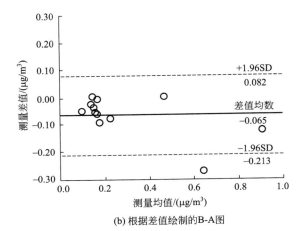

(b) 根据差值绘制的B-A图

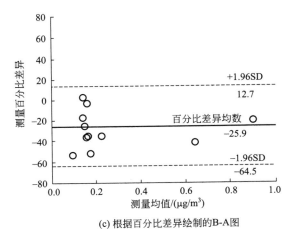

(c) 根据百分比差异绘制的B-A图

图 6-22　锌元素检测方法比对（ED-XRF vs. ICP-MS）

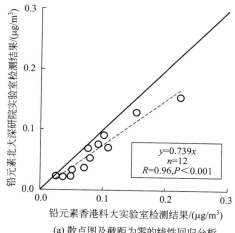

(a) 散点图及截距为零的线性回归分析

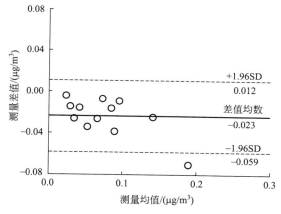

(b) 根据差值绘制的B-A图

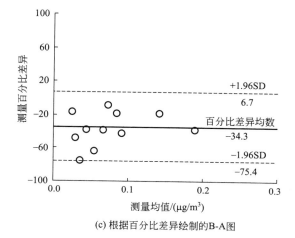

(c) 根据百分比差异绘制的B-A图

图 6-23 铅元素检测方法比对（ED-XRF vs. ICP-MS）

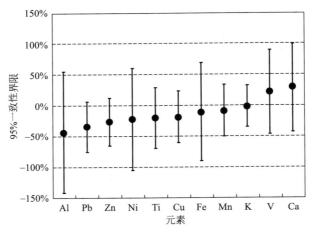

图 6-24　两种方法测量 11 种元素结果差值的均数和 95％一致性界限（limits of agreement）

表 6-4 列出对 11 种元素的测量结果进行线性回归分析的结果。由数据中可以看出，金属钾测定结果的平均百分比差异最小（－1％），其次为金属锰（－8％）和铁元素（－11％），差异最显著的是铝元素（－44％）和铅元素（－34％）。K、Mn、Fe、Ni、Cu 和 Zn 等 6 种元素的线性回归斜率与 1 的差异小于 20％，Ca、Ti 和 Pb 的线性回归斜率与 1 的差异小于 30％，Al 和 Pb 的线性回归斜率与 1 的差异小于 50％。

表 6-4　不同分析方法测定 11 种元素所得结果的线性关系

元素	n①	R	斜率②	$\Delta / \%$③
Al	11	0.79	0.64	－44
K	12	0.98	1.04	－1.4
Ca	11	0.87	1.27	29
Ti	11	0.96	0.80	－20
V	9	0.98	1.49	22
Mn	11	0.98	0.94	－8.4
Fe	12	0.89	0.97	－11
Ni	8	0.87	0.86	－22
Cu	12	0.98	0.84	－19
Zn	12	0.97	0.80	－26
Pb	12	0.96	0.74	－34

① 用于进行比对的样品数量。

② 截距为零的线性回归所得斜率。

③ 平均百分比差异 $\Delta\%$ 使用以下公式进行计算：$\Delta\%\ (C_1,\ C_2) = \dfrac{1}{n}\sum_n^i \dfrac{C_1 - C_2}{\text{average}\ (C_1,\ C_2)}$。

6.4　颗粒物化学分析实验室间比对

2013 年中国香港环保署牵头开展名为"PM$_{2.5}$ 监测技术及数据质量保证研究"

的粤港澳合作交流项目,旨在促使粤港澳三方团队就 $PM_{2.5}$ 采样和分析方法以及 $PM_{2.5}$ 成分检测中质量控制与质量保证过程进行经验共享和深入交流。

项目在香港、澳门和广东省各选取一个站点作为研究学习的采样站点;在每个站点均安装一台超级 SASS $PM_{2.5}$ 采样器和一台大流量 $PM_{2.5}$ 采样器。采样于 2014 年 6 月 12 日开始,2014 年 8 月 11 日结束。超级 SASS 采样器和大流量 $PM_{2.5}$ 采样器以 6 天一次的采样频率在 3 个站点同时进行 $PM_{2.5}$ 样品采集。三个实验室(以下简称实验室 A、B、C)参与了对所采集样品进行的实验室分析。其中,实验室 A 进行了 $PM_{2.5}$ 重量分析、主要离子分析、碳组分分析、元素分析和非极性有机物分析。实验室 B 进行了 $PM_{2.5}$ 重量分析、主要离子分析、碳组分分析和非极性有机物分析。实验室 C 进行了 $PM_{2.5}$ 重量分析和主要离子分析。各实验室遵照标准操作程序进行分析,相关结果随即制成表格,利用大气水平浓度真实样品进行统计检验以评估检测过程的变异性。

进行实验室间比对主要为达成实验室间共识,而非阐述精确度。更重要的是,实验室间比对通过评价各实验室分析测得某大气样品一致性数据的能力,为未来联合项目提供支撑。

6.4.1 滤膜样品处理

实验室 A 将 47mm 特氟龙滤膜分批运送至验室 B 和实验室 C。滤膜随后在各实验室的称重室中进行平衡,之后进行预称重。每次超级 SASS 采样均装载 4 片 47mm 特氟龙滤膜,其中 1 片由实验室 B 预称重,1 片由实验室 C 预称重,2 片由实验室 A 预称重。预称量过的 47mm 特氟龙滤膜和在实验室 A 预先烘烤过的 8″×10″石英滤膜被分配至三地采样组进行采样。采样任务结束后,特氟龙滤膜被送至相应的实验室进行后称重。2 片从 8″×10″石英滤膜切割下来的 47mm 直径的滤膜分配至三间实验室进行化学分析。

6.4.2 比对结果

在对从不同实验室获得的数据进行进一步比对分析时,首先对数据应用筛选程序,选取浓度值均高于 $2 \times LOD$ 的数据组。随后对所选取的数据组进行偏差和精度的计算。计算方法如下:

$$\overline{C_l} = \frac{X_i + Y_i}{2}$$

$$\%RB_i = \frac{(Y_i - X_i)}{\overline{C_l}} \times 100\%$$

$$\overline{\%RB} = \frac{1}{n} \sum_{i=1}^{n} \frac{(Y_i - X_i) \times 100\%}{\overline{C_l}}$$

$$\%RSD_i = \frac{|\%RB_i|}{\sqrt{2}}$$

$$\overline{\%RSD} = \sqrt{\frac{1}{n}\sum_{i=1}^{n}\%RSD_i^2}$$

式中 X_i——采样器 X 所采集样品 i 的大气浓度值，$\mu g/m^3$；

        Y_i——平行采样采样器 Y 所采集样品 i 的大气浓度值，$\mu g/m^3$；

        N——样品组数量；

      $\%RB_i$——相对偏差百分比；

      $\overline{\%RB}$——相当偏差百分比平均值；

    $\%RSD_i$——相对标准偏差（精度）百分比；

    $\overline{\%RSD}$——相当标准偏差（精度）百分比平均值。

对 3 个实验室分析所得 $PM_{2.5}$ 质量浓度进行线性回归分析的结果显示在图 6-25 及表 6-5 中；6 种主要离子（Na^+、NH_4^+、K^+、Cl^-、NO_3^- 和 SO_4^{2-}）的结果显示在图 6-26 及表 6-6 中。实验室 A 和实验室 B 使用 NIOSH_TOT 方法进行碳组分分析。对两个实验室分析所得的有机碳、元素碳和总碳的浓度值进行线性回归分析的结果显示在图 6-27 及表 6-7 中。实验室 A 和实验室 B 以及实验室 A 和实验室 C 之间的统计分析比对结果如表 6-8 和表 6-9 所列。

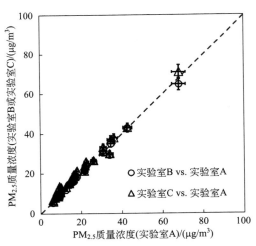

图 6-25　$PM_{2.5}$ 质量浓度的实验室间比对

表 6-5　实验室间 $PM_{2.5}$ 质量浓度的线性回归分析

项目	实验室 B（y 轴）vs. 实验室 A（x 轴）	实验室 C（y 轴）vs. 实验室 A（x 轴）
斜率	0.96 ± 0.01	1.00 ± 0.02
截距	0.40 ± 0.31	1.40 ± 0.49
皮尔森相关系数 R	1.00	0.99

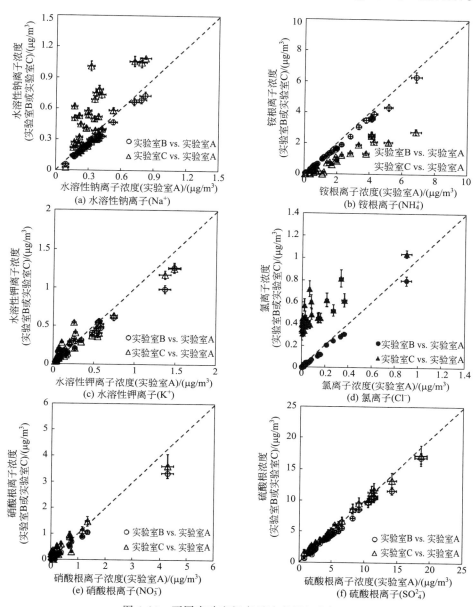

图 6-26　不同实验室间离子浓度回归分析图

表 6-6　不同实验室间离子浓度对比线性回归分析结果

项目		实验室 B(y 轴)vs. 实验室 A(x 轴)	实验室 C(y 轴)vs. 实验室 A(x 轴)
Na$^+$	斜率	0.92±0.02	1.43±0.23
	截距	−0.02±0.01	0.03±0.08
	皮尔森相关系数 R	0.99	0.76
NH$_4^+$	斜率	0.91±0.01	0.50±0.03
	截距	−0.04±0.02	−0.11±0.07
	皮尔森相关系数 R	1.00	0.95

续表

项目		实验室 B(y轴)vs. 实验室 A(x轴)	实验室 C(y轴)vs. 实验室 A(x轴)
K^+	斜率	0.80 ± 0.02	0.81 ± 0.04
	截距	0.04 ± 0.01	0.06 ± 0.02
	皮尔森相关系数 R	0.99	0.96
Cl^-	斜率	0.88 ± 0.01	0.77 ± 0.09
	截距	-0.01 ± 0.002	0.39 ± 0.02
	皮尔森相关系数 R	1.00	0.84
NO_3^-	斜率	0.79 ± 0.01	0.83 ± 0.04
	截距	-0.01 ± 0.01	0.16 ± 0.03
	皮尔森相关系数 R	1.00	0.97
SO_4^{2-}	斜率	0.90 ± 0.01	0.90 ± 0.01
	截距	0.04 ± 0.08	0.82 ± 0.08
	皮尔森相关系数 R	1.00	1.00

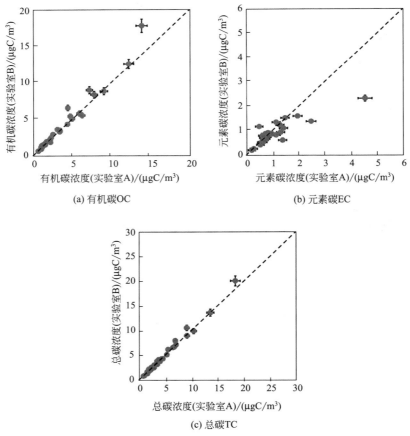

(a) 有机碳OC

(b) 元素碳EC

(c) 总碳TC

图 6-27　碳组分浓度的实验室间比对

表 6-7　不同实验室间碳组分浓度对比线性回归分析结果

项目		实验室 B（y 轴）vs.实验室 A（x 轴）
OC	斜率	1.16±0.04
	截距	−0.22±0.19
	皮尔森相关系数 R	0.98
EC	斜率	0.50±0.05
	截距	0.37±0.07
	皮尔森相关系数 R	0.86
总碳	斜率	1.06±0.02
	截距	−0.09±0.12
	皮尔森相关系数 R	0.99

表 6-8　实验室 A 和实验室 B 所测组分平均相对偏差百分比和平均相对标准偏差百分比

项目	$\overline{RB}/\%$	$\overline{RSD}/\%$
$PM_{2.5}$ Mass	−1.1	3.4
Na^+	−17.1	13.1
NH_4^+	−15.7	12.3
K^+	3.6	15.7
Cl^-	−25.1	19.2
NO_3^-	−24.5	17.8
SO_4^{2-}	−9.8	8.5
TOT_OC	8.2	10.3
TOT_EC	−7.3	20.7
TOT_Total Carbon	4.0	6.2

表 6-9　实验室 A 和实验室 C 所测组分平均相对偏差百分比和平均相对标准偏差百分比

项目	$\overline{RB}/\%$	$\overline{RSD}/\%$
$PM_{2.5}$ Mass	10.4	10.5
Na^+	32.5	38.1
NH_4^+	−80.4	60.5
K^+	20.3	34.1
Cl^-	117.4	88.4
NO_3^-	23.6	36.0
SO_4^{2-}	16.6	18.0

　　3 个实验室重量分析结果呈现显著相关性。K^+、NO_3^- 和 SO_4^{2-} 浓度值比对结果呈现很强的一致性。实验室 C 测得的 Na^+ 浓度高于实验室 A 和实验室 B 测量值，其原因很可能在于样品处理使用的是玻璃器具，玻璃器具会逐渐释放 Na^+ 于溶液中。实验室 C 测得的 Cl^- 浓度值也高于实验室 A 和实验室 B 测量值，其原因可能在于用于萃取滤膜样品的超纯水纯度不够。实验室 C 测得的 NH_4^+ 浓度低于实验室 A 和实验室 B 测量值，其原因很可能在于各实验室分析方法和生成的校正曲

线具有差异性。

6.5 颗粒物离线监测与在线监测结果比较

　　大气颗粒物在线分析技术是指在采集大气颗粒物的过程中进行实时样品分析，现今用于颗粒物组分的在线分析方法主要包括颗粒物质量浓度在线监测、水溶性离子组分在线分析、有机碳/元素碳在线分析、金属离子在线分析等。在线分析技术具有时间分辨率高、数据量大、所需人力较少等优点，但往往受到某些物种检测准确度和精密度不高、仪器表现不稳定等缺点的限制。

　　目前，大气颗粒物化学组分的离线分析监测技术较为成熟，可满足对颗粒物中无机元素、主要水溶性离子、碳组分等的准确测定。将在线与离线监测两套数据进行比对，有助于评估在线监测数据的准确性，以及更进一步了解应如何进行在线仪器的操作及数据确认。

6.5.1　主要水溶性离子

　　气体-气溶胶在线收集和检测系统（GAC）可以在线监测大气 $PM_{2.5}$ 中的水溶性阴阳离子，时间分辨率可达 30min（采集样品 15min，检测 15min），检测方法为离子色谱法。GAC 的在线监测数据与同期离线检测的结果进行对比分析表明，对于主要的水溶性离子，包括 SO_4^{2-}、NO_3^-、NH_4^+ 和 Cl^- 等，两组监测数据基本一致，R^2 大于 0.9，最高可达 0.99；斜率为 0.92～1.08，偏差小于 10%（图 6-28）。

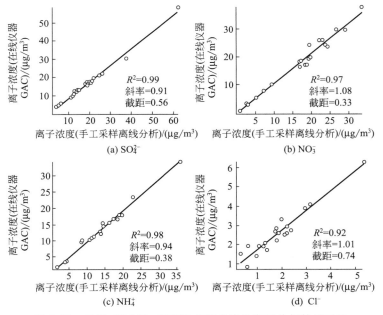

图 6-28　在线（GAC）和离线主要水溶性离子分析结果对比

MARGA 在线分析仪（Metrohm Applikon，the Netherlands）是一套可连续监测气体（SO_2、HNO_3、NH_3 等）及气溶胶中阴阳离子的采样和测量系统，时间分辨率为 1h，采用离子色谱内标法对阴、阳离子进行测定[Markovic et al.，2012；Rumsey et al.，2014]。本次比对所采用的离线分析方法为手工采集尼龙膜 $PM_{2.5}$ 样品，每次采集时间为 24h，检测仪器为美国 Thermo Scientific 公司代理的 Dionex 离子分析仪。

比对结果（图 6-29）显示，NH_4^+、NO_3^- 和 SO_4^{2-} 的浓度数据较为一致，线性回归所得斜率为 0.78～0.93，相关系数（R^2）为 0.90～0.95。Na^+ 和 Cl^- 的浓度数据比对则较分散，主要是由于样品浓度低，测量不确定度相应增大。其中值得注意的是，在线测得的 K^+ 浓度平均仅为离线测量结果的 60%，具体原因有待进一步分析求证。

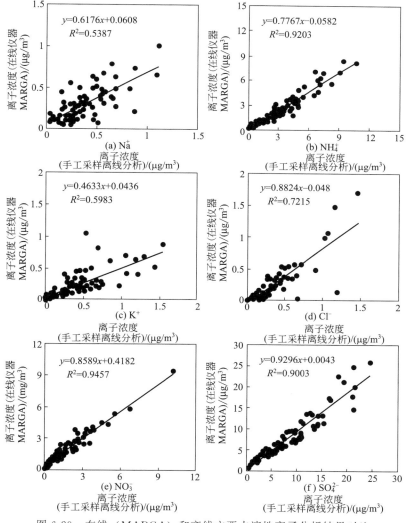

图 6-29 在线（MARGA）和离线主要水溶性离子分析结果对比

6.5.2　有机碳和元素碳

　　美国 Sunset 公司生产的半连续 EC-OC 分析仪可实现大气 PM$_{2.5}$ 中元素碳（EC）和有机碳（OC）的在线测量，该仪器采用石英膜采集样品，时间分辨率为 1h（采样 40min，检测 20min）。本次比对所采用的离线分析方法为手工采集石英膜 PM$_{2.5}$ 样品，每次采集时间为 24h，检测仪器为美国 Sunset 公司生产的 EC-OC 实验室分析仪。

　　在线与离线两套数据的比对如图 6-30 所示，总碳（TC）数据线性回归分析的斜率和相关系数均接近 1，说明在线仪器和离线仪器在测定 TC 时的偏差很小。离线检测的 OC 比在线测量的 OC 高 3%，在线测量的 EC 则比离线高约 12%，且当 EC 浓度值越低时，两组数据的偏差比较小。总体而言，在线和离线 EC-OC 分析仪对 TC 的测定结果具有很好的可比性和一致性，对 EC 的测量两者存在着一定的偏差，在使用数据时需对其不确定性予以注意。

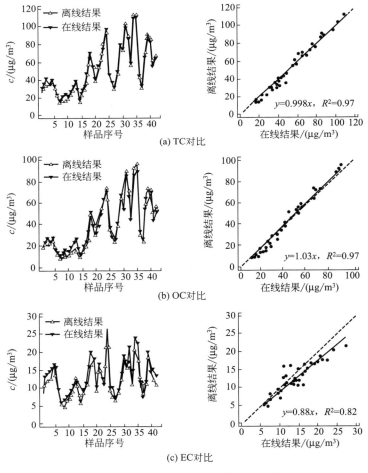

图 6-30　在线和离线碳组分分析结果对比

参 考 文 献

［1］ Judith C. Chow，John G. Watson ，Dale Crow，Douglas H. Lowenthal &. Thomas Merrifield，Comparison of IMPROVE and NIOSH Carbon Measurements，Aerosol Science and Technology，2001，34（1），23-34.

［2］ Bland，J. M. ，and D. Altman (1986). Statistical methods for assessing agreement between two methods of clinical measurement. The lancet，327（8476），307-310.

［3］ Chow，J. C.，J. G. Watson，L. C. Pritchett，W. R. Pierson，C. A. Frazier，and R. G. Purcell（1993），The Dri Thermal Optical Reflectance Carbon Analysis System-Description，Evaluation and Applications in United States Air-Quality Studies，Atmos. Environ.，27A，1185-1201.

［4］ Chow，J. C.，J. G. Watson，L. W. A. Chen，W. P. Arnott，and H. Moosmuller（2004），Equivalence of Elemental Carbon by Thermal/Optical Reflectance and Transmittance with Different Temperature Protocols，Environ. Sci. Technol.，38，4414-4422.

［5］ Markovic，M. Z.，T. C. VandenBoer，and J. G. Murphy（2012），Characterization and optimization of an online system for the simultaneous measurement of atmospheric water-soluble constituents in the gas and particle phases，J. Environ. Monitor.，14，1872-1884.

［6］ Research Triangle Institute（2003），Standard Operating Procedure for the determination of organic，elemental，and total carbon in particulate matter using a thermal/optical transmittance carbon analyzer.

［7］ Rumsey，I. C.，K. A. Cowen，J. T. Walker，T. J. Kelly，E. A. Hanft，K. Mishoe，C. Rogers，R. Proost，G. M. Beachley，G. Lear，T. Frelink，and R. P. Otjes（2014），An assessment of the performance of the Monitor for AeRosols and Gases in ambient air（MARGA）：a semi-continuous method for soluble compounds，Atmos. Chem. Phys.，14，5639-5658.

［8］ Wu，C.，W. M. Ng，J. X. Huang，D. Wu，and J. Z. Yu（2012），Determination of Elemental and Organic Carbon in PM2.5 in the Pearl River Delta Region：Inter-Instrument（Sunset vs. DRI Model 2001 Thermal/Optical Carbon Analyzer）and Inter-Protocol Comparisons（IMPROVE vs. ACE-Asia Protocol），Aerosol Sci. Technol.，46，610-621.